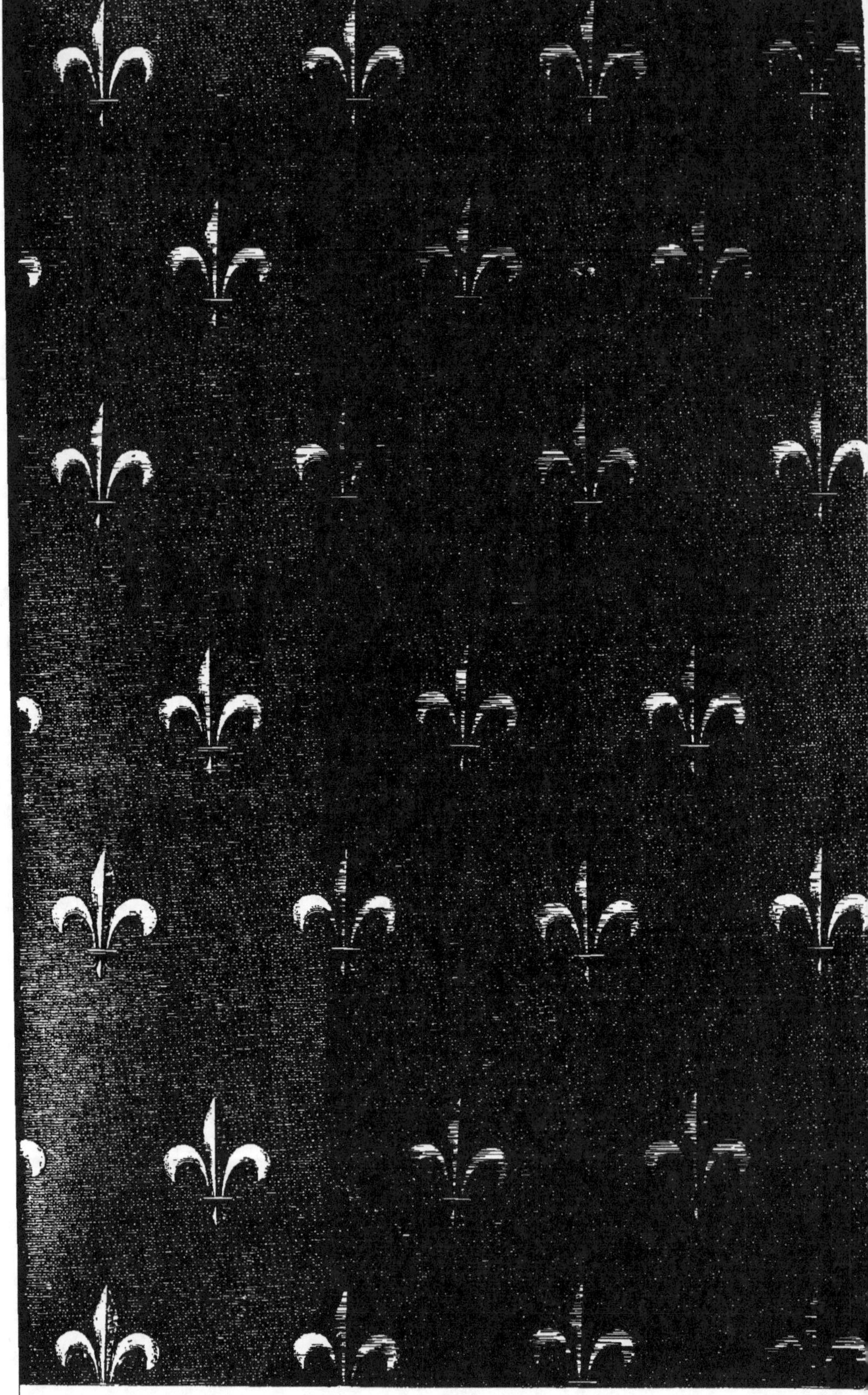

LES
IRIS CULTIVÉS

SOCIÉTÉ NATIONALE D'HORTICULTURE DE FRANCE

COMMISSION DES IRIS

LES
IRIS CULTIVÉS

Actes et Comptes-Rendus
de la 1re Conférence Internationale des Iris
tenue à Paris en 1922

*Ouvrage honoré du Prix Joubert de l'Hiberderie
et de plusieurs subventions.*

AU SIÈGE DE LA SOCIÉTÉ

84, Rue de Grenelle, 84

PARIS

—

1923

INTRODUCTION

L'origine de la Conférence des Iris, remonte avant guerre : Le 11 juin, 1914, M. Philippe L. de Vilmorin faisait déposer, par M. S. Mottet, au Comité de Floriculture, une note proposant, pour 1915, l'organisation d'une Conférence spécialement consacrée aux Iris.

Les tristes événements qui survinrent quelques semaines plus tard firent naturellement ajourner ce projet à des temps meilleurs.

Le 25 mai, 1921, M. de Vilmorin n'étant, hélas, plus là, M. S. Mottet déposa, en son nom, une nouvelle note rappelant ce projet et proposant l'organisation de la Conférence pour 1922, en raison du centenaire de l'obtention des premières variétés d'*Iris* des jardins, par M. de Bure, en 1822. L'opportunité s'en faisait de plus en plus sentir, en raison des variétés nombreuses obtenues, tant en France qu'à l'étranger, qui attiraient l'attention des spécialistes et des amateurs.

Une Société spéciale aux Iris s'était même formée en Amérique pendant la guerre ; ses rapides succès indiquaient la faveur grandissante des Iris à l'étranger. La France, qui fut le berceau des Iris des jardins, ne pouvait donc pas rester étrangère à ce mouvement qui ramenait au premier plan la fleur qui fût longtemps celle des armes de ses rois.

Une Commission composée de spécialistes et d'amateurs se forma au sein de la Société nationale d'Horticulture de France qui, après s'être organisée, décida :

1° que la Conférence serait internationale.

2° qu'elle embrasserait toutes les espèces et variétés du genre Iris et porterait plus particulièrement ses efforts sur l'étude, la comparaison, la détermination des Iris des jardins dont les variétés sont devenues excessivement nombreuses et leur nomenclature très confuse.

3° qu'il serait fait appel aux Sociétés d'horticulture françaises et étrangères, aux amateurs et aux semeurs, pour participer aux travaux de la Conférence par l'apport de fleurs coupées et par celui de mémoires, notes, etc., horticoles ou scientifiques.

4° que la Commission se réunirait, au besoin tous les jeudis, aussi longtemps que durerait la floraison des Iris.

5° qu'au moment de l'exposition de printemps et du Congrès annuel de la Société, la Commission tiendrait une séance plénière pour examiner et discuter toutes les questions relatives aux Iris, et en particulier les mémoires qui lui seraient présentés, en vue de leur publication.

La Commission a été particulièrement heureuse de recevoir, tant de ses compatriotes que de nombreux spécialistes étrangers, des mémoires du plus grand intérêt, tous insérés *in-extenso* dans cet ouvrage. Les mémoires rédigés en langue étrangère sont accompagnés d'un résumé en français. La Commission saisit cette occasion pour exprimer à nouveau sa reconnaissance à leurs auteurs. Elle adresse également ses remerciements aux horticulteurs et amateurs qui ont contribué par leurs apports de plantes et de fleurs coupées au succès des travaux qu'elle s'était assignée et aux étrangers qui lui ont prêté leur bienveillant concours et honoré de leur présence la séance plénière.

La Commission des Iris.

SOMMAIRE

Actes et Comptes rendus.

Introduction. — Résumé des travaux de la Conférence. — Liste des souscripteurs. — Présentations faites à la Conférence en 1922. — Excursions aux Établissements de MM. Cayeux et Le Clerc, à Vitry (Seine), et de MM. Vilmorin-Andrieux et C¹ à Verrières-le-Buisson (S.-et-O.). — La collection des aquarelles d'Iris de Mme Ph. de Vilmorin, présentée à la séance plénière de la Conférence. — Choix des 25, 50 et 100 meilleures variétés. — Liste des variétés nouvelles et peu connues. — Liste des variétés les plus appréciées en Amérique. — Calendrier des Iris.

Mémoires.

Introduction à l'étude des Iris, par M. J. Gérôme. — Les caractères botaniques du genre Iris, par M. A. Guillaumin. — Les Iris chez les Anciens, par M. F. Lesourd. — Histoire et développement des Iris des Jardins, par M. E. Krelage. — L'hybridation chez les Iris, par M. Dykes. — Some results in hybridization of bearded Iris, par M. Bliss. — Résumé en français, par M. Meunissier. — The range and distribution of color in *Pogoniris*, par M. R. S. Sturtevant. — Résumé en français, par M. S. Mottet. — How I obtained vigour and branching habit in Iris raising, par M. G. Yeld. — Résumé en français, par M. S. Mottet. — Classification des variétés d'Iris des Jardins (groupe *Pogoniris*), par M. S. Mottet. — Historique de l'introduction de l'hybridation et des variétés des Iris du groupe *Apogon*, par M. Laplace. — Espèces, variétés et hybrides d'Iris du groupe *Oncocyclus*, *Regelia*, *Regelio-cyclus*, *Xiphium* et *Juno*, par M. Hoog. — Résumé en français et remarques, par M. Denis. — Les races horticoles des Iris bulbeux, par M. E. Krelage. — Culture et multiplication des Iris des groupes *Pogoniris*, *Apogon*, *Oncocyclus*, *Regelia*, *Regelio-cyclus*, *Xiphion* et *Juno*, par M. Massé. — L'emploi des Iris dans l'ornementation des jardins, des serres froides et pour la production des fleurs coupées, par M. Ph. Lavenir. — Les Iris dans les jardins et les arts décoratifs, par M. G. Bellair. — The use of Iris in medicine and perfumery, by Miss H. Ricketts. — Résumé en français, par M. Meunissier. — La culture de l'Iris à parfum, par MM. Bretin et Abrial. — Les monstruosités observées chez les Iris, par M. A. Guillaumin. — Les maladies des Iris, par M. Et. Foëx. — Les insectes nuisibles aux Iris, par M. Lesne.

ACTES ET COMPTES RENDUS

RÉSUMÉ DES TRAVAUX DE LA CONFÉRENCE DES IRIS

ORGANISÉE PAR LA

SOCIÉTÉ NATIONALE D'HORTICULTURE DE FRANCE

A l'occasion du centenaire de l'obtention des premières variétés
d'Iris des jardins par M. de Bures en 1822, la Société nationale
d'Horticulture a décidé, en juillet 1921, d'organiser en 1922 une
conférence s'occupant spécialement des Iris, en particulier de la détermination et de la synonymie des variétés très nombreuses et dont la
nomenclature est devenue confuse.

Ont adhéré à cette conférence :

MM. Abrial, Bellair, Billiard, Bois, Blot, Bretin, Brochet,
Cayeux, Maison Cayeux et Le Clerc, Chantepie, Chaussé, Chenault, Clause, Clément, Delafon, Denaiffe, Denis, Dessert, de Fels
(Comte), Foëx, Forestier, Gérome, Gibault, Guillaumin, Laplace,
Laumonnier-Férard, Lavenir, Lemoine, Leray, Lesne, Lesourd,
Lhuile, Maron, Massé, Millet, Claude Monnet, Mottet, Nomblot,
Nonin, Pinelle, Régnier, Rivoire, Sallier, Tesnier, Thiebaut,
Turbat, Mme de Vilmorin (Ph.), M. de Vilmorin (J.), Maison Vilmorin-Andrieux et Cie, Sociétés d'Horticulture du Nord de la France,
de Meaux, d'Orléans et du Loiret, Société des Amateurs de jardins,
École municipale et départementale d'Horticulture de St-Mandé
(Seine), Muséum national d'Histoire naturelle, en France; MM. Bliss,
Bonnewitz, Correvon, Mme Harding, Hoog, Hort (Sir A.) Lynch,
Parkinson, Amos Perry, Miss Ricketts, Sturtevant, Valvassori,
van Tubergen, Whitelegg, Wister, Miss Willmott, Yeld, le
Directeur du Jardin botanique de Tokio, Sociétés américaine des
Iris, d'Horticulture de Londres et sicilienne de Palerme.

Le 10 novembre 1921, la Commission des Iris élisait son bureau.

Président :   M. Bois.
Présidents d'Honneur : MM. Dykes, Wister.
Vice-Présidents : MM. Cayeux, de Vilmorin (J.).
Secrétaires : MM. Guillaumin, Mottet, Pinelle.
Vice-Secrétaire :   M. Millet.

Les questions à mettre à l'étude étaient fixées et il était décidé que, durant l'année 1922, la Conférence examinerait toutes les présentations soumises à son examen, s'efforcerait de déterminer les variétés critiques, douteuses ou innommées, établirait la liste des variétés les plus recommandables et examinerait les mémoires présentés en réponse aux questions mises à l'étude.

Dans la séance du 23 février 1922, l'échelle des points à employer pour juger les variétés était fixée et une souscription était ouverte dans le but de fonder un prix spécial dénommé « Prix de la Commission des Iris ».

A la séance du 11 mai 1923, il a été décidé que les mémoires admis à l'impression le seraient dans leur langue originale mais que ceux en langue étrangère seraient accompagnés d'une courte analyse en français.

Le 16 mai 1922, MM. Bois, Guillaumin et Mottet se sont rencontrés au Muséum national d'Histoire naturelle avec MM. Bonnewitz et Wister, délégués de la Société américaine des Iris, afin d'étudier et de discuter les questions de nomenclature qui devaient être réglées à la séance plénière.

*
* *

En ouvrant la séance plénière, le 27 mai 1922, dans la grande salle de la Société d'horticulture de France, M. Bois, président, remercia les 61 congressistes venus de France, d'Amérique, d'Angleterre, de Suisse et d'Italie, les auteurs ayant traité les questions portées au programme de la Conférence, les souscripteurs ayant donné des prix spéciaux ou contribué à la publication des mémoires, et Mme Philippe Lévêque de Vilmorin qui avait exposé dans la salle une collection de 288 aquarelles d'Iris, de nombreux documents iconographiques et des herbiers se rapportant aux Iris.

La discussion des questions portées à l'ordre du jour est ensuite abordée.

M. Dykes montre qu'il existe une confusion entre le vrai *Iris filifolia* du nord de l'Afrique et de Gibraltar et une variété d'*Iris Xiphium* à grandes fleurs répandue dans le commerce sous le nom erroné d'*Iris filifolia*; il prouve que les *Iris espagnols* sont des

A. Chatenay.

Dᵣ Viger.

A. Nomblot.

COMMISSION DES IRIS

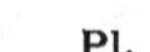

Pl. I.

F. Cayeux.

D. Bois.

J. L. de Vilmorin.

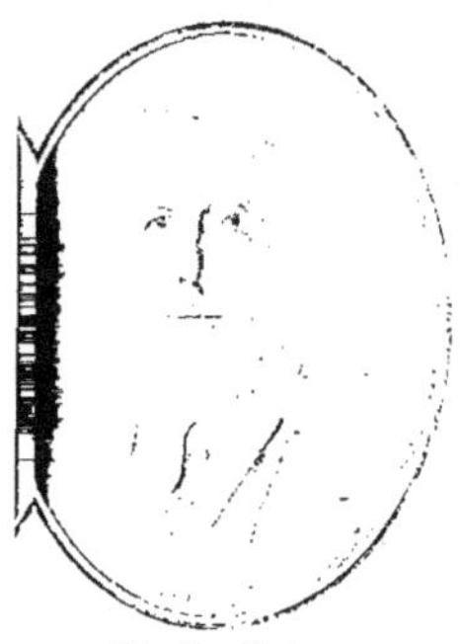

W.-R. Dykes.

S. Mottet.

J.-C. Wister.

A Guillaumin.

J. Pinelle.

L. Millet.

obtentions horticoles de l'*Iris Xiphium* et les *Iris hollandais* des hybrides obtenus par le croisement du faux *Iris filifolia* par le pollen des *Iris espagnols*.

M. Mottet présente une classification des Iris des jardins, établie dans les cultures de la Maison Vilmorin-Andrieux et Cie, à Verrières-le-Buisson, basée sur les caractères des espèces primitives qui dominent dans les variétés obtenues par hybridation. M. Dykes conteste la valeur de cette classification en indiquant que certains hybrides se trouvent à mi-chemin entre deux espèces ; il préfère une classification par couleurs.

M. Correvon propose d'employer pour cela l'échelle des couleurs publiées par la Société française des Chrysanthémistes, M. Rivoire d'utiliser le répertoire des couleurs d'Oberthur et Dauthenay. M. Wallace, de concert avec M. Dykes, a pris pour base de sa classification par couleurs, des variétés connues d'Iris; c'est à ce dernier système que M. J. de Vilmorin propose de se rallier en attendant qu'on ait pu éditer des tableaux de couleurs spécialement adaptés aux Iris avec le nom des couleurs en anglais et en français.

M. Correvon fait remarquer qu'on ne peut utiliser l'odeur pour classer les Iris, car elle dépend essentiellement du climat et du sol.

Au sujet de l'emploi des Iris dans les arts décoratifs, M. Dykes indique que la plus ancienne reproduction d'un Iris que l'on connaisse est un bas-relief égyptien du xve siècle avant Jésus-Christ, représentant un *Oncocyclus* et un *Pogoniris*.

M. Guillaumin passe ensuite en revue les principales monstruosités des Iris et pense que la particularité d'avoir les divisions supérieures tombantes comme chez les *Iris Kœmpferi* est due aux conditions climatériques. M. Correvon fait connaître que ce port est pourtant resté constant pendant près de 40 ans chez une touffe d'Iris des jardins.

Les représentants de la Société américaine des Iris proposent d'abréger les noms trop longs. Sur la remarque de M. Bois que les lois de la nomenclature horticole ont été fixées par le Congrès international de Bruxelles en 1910 et qu'il est impossible de les modifier sans un nouveau Congrès International réuni à cet effet, tous les assistants décident de ne pas accéder à cette demande.

Les Américains proposent alors la création d'un « Comité international des Iris » formé des délégués de la Société américaine des Iris, de la Société nationale d'Horticulture de France et de la Royal Horticultural Society de Londres, qui serait chargé de recevoir des obtenteurs les noms qu'ils proposent pour leurs variétés nouvelles. La Société américaine des Iris qui a établi la liste complète de toutes les variétés, ferait savoir si le nom n'a pas déjà été utilisé et enregistrerait sur son livre spécial les descriptions de toutes les nouveautés. Cette proposition est adoptée, mais M. Bois pense qu'au lieu d'un délégué par pays, il vaudrait mieux en désigner trois et qu'il serait souhaitable que ces délégués se réunissent de temps à autre, tous les cinq ans par exemple.

Avant de se séparer, les congressistes chargent MM. Mottet et de Vilmorin (J.) de représenter la Conférence à l'Exposition d'Iris qui doit avoir lieu à Londres, les 7 et 8 juin 1922.

* *

Le 28 mai, Mme Philippe de Vilmorin reçut les membres de la Conférence à Verrières-le-Buisson où, entourée des membres de sa famille, elle fit les honneurs des célèbres cultures de la Maison Vilmorin-Andrieux, en particulier des importantes collections d'Iris.

* *

A la séance du 28 septembre 1922, les prix furent ainsi attribués :

Prix de 500 francs, offert par M. Denis pour le plus bel Iris nouveau, à MM. Cayeux et Le Clerc, pour la variété : *Le Grand Ferré*.

Prix de 250 francs, offert par MM. Cayeux et Le Clerc, pour les trois plus belles nouveautés d'Iris de semis du groupe *germanica*, non encore au commerce, à MM. Vilmorin-Andrieux et Cie, pour les variétés : *Chasseur, Hussard* et *Orion*.

Médaille offerte par la Société américaine des Iris, à MM. Vilmorin-Andrieux et Cie, pour l'ensemble de leurs apports pendant l'année 1922.

Prix de 300 francs offert par M. le Comte de Fels, à MM. Cayeux et Le Clerc, pour l'ensemble de leurs apports pendant l'année 1922.

Prix de la Commission des Iris, à M. Millet, fils pour l'ensemble de ses apports pendant l'année 1922.

Des remerciements sont adressés à MM. Férard, Lochard, Maron et Nonin pour leurs présentations ainsi qu'au Muséum National d'histoire naturelle pour ses présentations et pour les renseignements scientifiques et botaniques qu'il a bien voulu donner.

Il est décidé, en outre, que si la vente du livre contenant les procès verbaux et mémoires de la Conférence laisse quelque bénéfice, celui-ci sera employé à décerner, chaque fois qu'il sera possible, un prix spécial au nom de la Conférence.

LISTE DES SOUSCRIPTEURS A LA CONFÉRENCE DES IRIS.

	Francs
Société Nationale d'Horticulture de France (Prix Joubert de l'Hiberderie)	2.000
M. Jacques de Vilmorin	1.000
Mmes Edward Harding	500
Philippe de Vilmorin	500
MM. Denis	500
Claude Monet	500
Vilmorin-Andrieux et Cie	500
Le Comte de Fels	300
Cayeux et Le Clerc	250
Forestier	250
Hoog	250
Le Comité régional des plantes médicinales à Lyon (M. le Docteur Bretin, Président)	200
MM. Delafon	100
Millet	100
Bois	50
Blot	50
Etablissement L. Férard (Fortin et Laumonnier, successeurs)	50
MM. Bellair	20
Billiard	20
Brochet	20
Chaussé	20
Chenault	20
Correvon	20
Guillaumin	20
Lemoine (E.)	20
Lhuile	20
Mottet	20
Pinelle	20
Régnier	20
Gérome	10
American Iris Society,	*Médaille d'argent.*

PRÉSENTATIONS FAITES A LA CONFÉRENCE DES IRIS PENDANT
L'ANNÉE 1922.

13 avril 1922. — Par MM. Vilmorin-Andrieux et Cie : *Iris orchioides*.

27 avril 1922. — Par M. Millet fils : 25 variétés d'*Iris pumila* et *hybrides* (Prime de 1re classe). Certificat botanique à la variété *M. Steichen* (Denis).

Par MM. Vilmorin-Andrieux et Cie : 7 variétés d'*Iris pumila* (Prime de 2e classe).

Par le Muséum national d'histoire naturelle : 6 espèces d'*Iris botaniques* (Hors concours, remerciements).

11 mai 1922. — Par MM. Cayeux et Le Clerc : 19 variétés d'*Iris des jardins, intermédiaires, Pogocyclus, Regelia, Regelio-cyclus* (Prime de 1re classe : Certificats de mérite aux variétés : *Zwanenburg* (Denis), *Hoogiana* (Dykes), *Barbe-bleue* (Denis).

Par MM. Vilmorin-Andrieux et Cie : 25 variétés d'*Iris nains, intermédiaires, des jardins* et *botaniques* (Prime de 1re classe).

Par Millet fils : 12 variétés d'*Iris* (Prime de 1re classe).

Par la Maison Férard (Fortin et Laumonnier successeurs) : 17 variétés d'*Iris intermédiaires* et *germanica* (Prime de 2e classe).

Par le Muséum national d'Histoire naturelle : 5 variétés d'*Iris des jardins* (Hors concours, remerciements).

18 mai 1922. — Par MM. Vilmorin-Andrieux et Cie : 15 variétés d'*Iris intermédiaires* et *des jardins*.

Par l'Ecole municipale et départementale d'Horticulture de St-Mandé : 5 variétés d'*Iris des jardins*.

Par le Muséum national d'Histoire naturelle : 2 variétés d'*Iris des jardins*.

26 mai 1922 (Exposition de printemps). — Par MM. Cayeux et Le Clerc : 71 variétés d'*Iris des jardins*. Certificat de mérite à la variété *Queen Mary*.

Par MM. Vilmorin-Andrieux et Cie : 63 variétés d'*Iris des jardins*.

Par M. Lochard : 47 variétés d'*Iris des jardins*.

Par MM. Maron et fils : 24 variétés d'*Iris des jardins*. Certificats de mérite aux variétés *Mlle Schwartz* (Denis) et *Souvenir de Mme Gaudichau* (Millet).

Par la Maison Férard (Fortin et Laumonnier successeurs) : 17 variétés d'*Iris des jardins*.

27 mai 1922 (séance plénière). — Par MM. Vilmorin-Andrieux et Cie : environ 100 variétés d'*Iris des jardins*.
Par M. Millet fils : 80 variétés d'*Iris des jardins*.
Par le Muséum national d'histoire naturelle : 33 variétés d'*Iris des jardins*.
Par MM. Cayeux et Le Clerc : 18 variétés d'*Iris des jardins*. Certificats de mérite aux variétés : *Bélisaire* (Cayeux), *Jean Chevreau* (Cayeux), *Le Grand Ferré* (Cayeux).
Par M. Maron et fils : 4 variétés d'*Iris des jardins*.

1er juin 1922. — Par MM. Cayeux et Le Clerc : environ 30 variétés d'*Iris des jardins*. Certificats de mérite aux variétés *Clematis* (Bliss), *Dalila* (Denis), *ochracea-cærulea* (Denis), *Trouvaille* (Cayeux).
Par MM. Vilmorin-Andrieux et Cie : 10 variétés d'*Iris des jardins*. Certificats de mérite aux variétés : *Chasseur* (Vilmorin), *Hussard* (Vilmorin), *Argos* (Vilmorin), *Orion* (Vilmorin), *Cassiopée* (Vilmorin).

8 juin 1922. — Par MM. Vilmorin-Andrieux et Cie : 16 variétés d'*Iris des jardins*.

15 juin 1922. — Par MM. Vilmorin-Andrieux et Cie : 12 variétés d'*Iris des jardins*.

22 juin 1922. — Par MM. Vilmorin-Andrieux et Cie : l'*Iris des jardins Duc Decazes* (Lemon) et des *Iris Kæmpferi* variés.

24 août 1922. — Par MM. Cayeux et Le Clerc : l'*Iris des jardins* . *Mrs Allan Gray*.
Par MM. Vilmorin-Andrieux et Cie : l'*Iris des jardins* : *Alliés* (Vilmorin).

14 et 28 septembre 1922. — Par MM. Vilmorin-Andrieux et Cie : l'*Iris des jardins* : *Alliés* (Vilmorin).

12 octobre 1922. — Par MM. Vilmorin-Andrieux et Cie : l'*Iris des jardins* : *Alliés* (Vilmorin).

Avis concernant les nouveautés.

En accord avec la Société américaines des Iris et la Société
Royale d'Horticulture de Londres, la Société nationale d'Horticulture
de France a nommé trois de ses membres, proposés par la Commission des Iris : MM. F. Cayeux, L. Millet et S. Mottet pour représenter la France dans le Comité international des Iris.

Les obtenteurs devront faire connaître à ces délégués, quelques
mois à l'avance, les noms qu'ils proposent pour leurs nouveautés et
la description de celles-ci. Après vérification sur la liste complète des
noms d'Iris établie par la Société américaine des Iris et communi-
cation de ces noms et descriptions à cette société qui centralise
toute la documentation sur les Iris, les noms proposés seront
acquis à l'obtenteur, si rien ne s'y oppose, et constitueront pour lui un
droit de priorité. La description de ces nouveautés pourra, en outre,
être demandée à l'Office national de la protection des nouveautés,
existant au Ministère de l'Agriculture, rue de Grenelle, à Paris
(VIIe arr.).

Il est rappelé aux obtenteurs de variétés nouvelles qu'on ne doit
employer que des noms de fantaisie brefs, composés de deux ou trois
mots au plus, en langue vivante (allemand, anglais, français, italien).

VISITE AUX CULTURES D'IRIS DE MM. CAYEUX ET LE CLERC

Établissement du Petit-Vitry, à Vitry-sur-Seine

A l'Exposition de la Société Nationale d'Horticulture de France, le 26 mai et à la séance du lendemain (27 mai 1922) du Congrès des Iris, la Maison Cayeux et Le Clerc présentait des collections importantes d'Iris des jardins. Dans les apports au Congrès, leurs semis, pour la plupart inédits, tenaient une large place et ils attirèrent si vivement l'attention du Jury que les délégués américains : MM. John C. Wister, Président de l'*American Iris Society*, Lee Bonnewitz, Wassenberg et les délégués anglais : MM. Dykes, secrétaire de la R. H. S. de Londres et R. Wallace, manifestèrent le désir de visiter leurs cultures, le 28 mai, au Petit-Vitry, à Vitry-sur-Seine. Ces Messieurs, en véritables connaisseurs, en admirateurs passionnés des Iris, se présentèrent de bonne heure, dans la matinée, avant que la chaleur solaire ait fatigué les fleurs et ils purent ainsi les juger dans toute leur beauté, avec leurs frais et délicats coloris. L'examen porta sur l'ensemble de la collection qui comprenait les nouveautés et les introductions récentes, les carrés de semis inédits et ceux des semis à l'étude, parmi lesquels un certain nombre de sujets déjà marqués ou numérotés.

Chaque année, MM. Cayeux et Le Clerc font des croisements en assez grande quantité en vue d'obtenir, non seulement des variétés remarquables par la grandeur et le coloris des fleurs, mais surtout aussi par la floribondité combinée avec une taille aussi élevée que possible, une tenue solide et très ferme des tiges florales.

La visite commença tout d'abord par le carré des variétés nouvelles de diverses provenances qui étaient en pleine floraison comme : *Ambassadeur, Ballerine, Sweet lavender, Clematis, Dimily, Lord of June, Mademoiselle Schwartz, magnifica, Marsh Marigold, ochracea-cœrulea, Prospero, Blanc de Cachemire vrai* (très différent de la variété *Miss Willmott*), *Souvenir de Mme Gaudichau, Queen Mary*, etc. L'*Iris ochracea-cœrulea*, obtention de M. F. Denis, présenté par la maison Cayeux et Le Clerc, s'est vu décerner un certificat de mérite à Paris, en même temps qu'il obtenait semblable distinction à Londres. Quant à la variété *Queen Mary*, ses pièces florales immaculées et ses barbes vertes en font l'Iris blanc pur le plus joli à ce jour et le plus floribond ; aussi la très belle gerbe exposée au Jardin d'Acclimatation lui valut-elle un certificat de mérite. A propos de cette dernière variété, il convient de signaler ici que, pour éviter toute erreur avec une autre plante mise en vente sous le même nom, mais colorée de bleu, il serait utile de désigner la variété blanche sous un autre nom. Celui de *White Queen* a été proposé et c'est sous cette désignation qu'il figurera dorénavant dans les collections de MM. Cayeux et Le Clerc.

Parmi les gains de la Maison, nommés, mais inédits, la plus grande partie étaient en pleine floraison et les visiteurs ont pu se faire, sur place, une opinion de la valeur des trois plantes certifiées la veille, par le Congrès : *Bélisaire* (ex *Figaro*), *Jean Chevreau* et *Le Grand Ferré*, de même que pour les variétés *Eclaireur*, *Imperator*, *Liberty*, *Peau Rouge*, *Salonique*, *Trouvaille* et *Gloriæ*, toutes certifiées par la Société Nationale d'Horticulture de France, en 1921 ou en 1922.

D'autres semis nommés qui verront également le jour ultérieurement, d'obtention toute récente, ont aussi vivement intéressé les visiteurs comme : *Alcyon*, *Fédora*, *Idéal*, *Jacqueline Guillot*, *Le Vardar*, *Madame Abel Chatenay*, *Mascotte*, *Maria Chapdelaine*, *Roxane*, *Suzanne Cayeux*, etc.

Dans les semis inédits, un lot de plantes de taille variant entre 1 mètre et 1 m. 50, aux inflorescences nombreuses et bien ramifiées, retiennent particulièrement l'attention des visiteurs qui les avaient, du reste, étudiées la veille, car elles avaient été présentées au Congrès en très longues tiges, sous l'étiquette d *I. pallida hybrides géants*. C'est une série qui promet de fournir au paysagiste des matériaux de premier ordre pour les forts groupes ou pour les décorations d'ensemble.

Les obtentions issues de l'*I. Ricardi* (gains de M. F. Denis) étaient également en pleine fleur. Par suite de la sécheresse de la saison 1921, ces hybrides — qui, d'ordinaire, souffrent bien plus des pluies d'automne et d'hiver que du froid, sous notre climat parisien — se sont comportés d'une façon merveilleuse en 1921-1922. *Le Verrier*, *Mme Claude Monnet*, *Miss Cavell*, *Mme Durrand*, *Mlle Jeanne Bel*, *Mlle Suzanne Autissier*, *Monsieur Massé*, *Ricardi blanc n° 700*, etc., avec leurs fleurs énormes et leurs très grandes tiges, sont tout particulièrement à signaler.

Le coin des *Pogo-cyclus*, ces hybrides si curieux, que nous devons pour la plupart à Sir M. Foster, se comportent bien au Petit-Vitry, à l'aide de quelques soins de culture appropriés. Bien que la floraison fût assez avancée, on pouvait encore se faire une très bonne idée des si pittoresques *Dilkush, Ferakan, Giran, Ib-pall, Lady Lilford, Par-samb, Par-var, Ricardi-iberica* (F. Denis), *Shirin, etc.* Les coloris si particuliers de ces hybrides, qu'ils doivent pour une grande part à l'*Iris iberica*, attirent toujours l'œil, en faisant naître le regret que les stries, les macules et les teintes si spéciales de ces hybrides ne puissent être communiquées aux Iris des jardins.

Dans les carrés d'étude, certaines variétés plutôt hâtives, portaient déjà des fruits, résultat d'hybridations qui ont, du reste, été continuées et qui ont donné, en raison du temps sec et chaud des mois de mai et juin, une ample récolte de graines, espoir de gains futurs.

La visite se poursuivit par la collection de vente qui occupe un demi-hectare et qui comprend les meilleures variétés d'Iris des jardins, d'*I. pumila*, d'*I. intermédiaires*, de même que nombre d'espèces et variétés du groupe des *Apogon* comme : *I. aurea, sibirica*, avec ses nombreuses formes, *Forrestii, graminea, Guldenstædliana, hyerense, Monaurea, Monnieri, Monspur, Notha, ochraurea, ochroleuca, spuria, Tol-long, tectorum, etc.*

Les Iris amphibies ou aquatiques sont également représentés dans les cultures de MM. Cayeux et Le Clerc par les *I. Delavayi, fulva* ou *cuprea, fulvala, hexagona Lamancei, virginica, etc.*, sans omettre toute la série des *I. Kæmpferi.*

Ce groupe des *Apogon*, dont la floraison prolonge de 1 à 2 mois celle des Iris des jardins, mérite d'être plus répandu et plus cultivé. Lorsque les plantes sont bien établies, elles forment des groupes d'une végétation puissante et donnent une floraison remarquable.

Après avoir ainsi passé en revue les plantations d'Iris, les visiteurs voulurent bien manifester le vif intérêt et le plaisir ressentis au cours de leur inspection. On se sépara, non sans avoir formé les vœux les plus ardents pour le succès de la culture de notre plante favorite et aussi en prenant rendez-vous pour l'époque des futures floraisons.

EXCURSION A L'ÉTABLISSEMENT

DE

MM. VILMORIN-ANDRIEUX & Cie, A VERRIÈRES-LE-BUISSON

Une intéressante excursion avait été organisée pour la journée du 30 Mai, aux cultures de MM. Vilmorin-Andrieux et Cie, à Verrières-le-Buisson (Seine-et-Oise). Une quarantaine de congressistes environ répondirent à cette aimable invitation; des voitures les attendaient à la station de La Croix-de-Berny et les conduisirent rapidement à Verrières où ils furent reçus par Mme Philippe de Vilmorin qui, accompagnée de ses enfants, leur fit personnellement, avec une bonne grâce charmante, les honneurs de l'Etablissement, et par M. Jacques de Vilmorin, au nom de MM. Vilmorin-Andrieux et Cie.

On sait que la propriété de Verrières appartient depuis 1815 à la famille de Vilmorin; c'est, à la fois une propriété de plaisance où sont réunis les souvenirs historiques de la famille et un laboratoire d'études pour les recherches techniques de la Maison.

La visite commença par les carrés de plantes vivaces et continua par les cultures commerciales des variétés d'Iris des jardins et d'Iris du Japon établies en plein champ. Après un rapide aperçu sur les expériences de rendement des diverses variétés de Blés, et sur la collection des céréales, les excursionnistes se rendirent à la ferme Saint-Fiacre, pour admirer les plates-bandes de fleurs et les essais de légumes; puis les cultures des variétés récentes d'*Iris* des jardins à grandes fleurs : *magnifica, Ambassadeur, Oriflamme, Alcazar, Medrano*, etc.... qui ont un si grand et si légitime succès à l'heure actuelle.

La visite continua par le carré des plantes de collection et à l'étude; la grande plate-bande de plantes vivaces, et la collection des Iris qui contient plus de 400 variétés, groupées côte à côte en deux séries; l'une classée par coloris, l'autre par affinités botaniques.

Les visiteurs s'attardèrent à l'examen d'une importante série de plantes de semis, non encore nommées, pépinière de variétés intéressantes pour l'avenir.

(2 et 3, Photo S. M.).

(1, 4, 5, 6, Photo Wister).

Excursion
à Verrières-le-Buisson
le 29 mai 1922.
(n°s 1, 2, 3)

Excursion
à Vitry
le 28 mai 1923
(n°s 4, 5, 6)

Mme Philippe de Vilmorin fit ensuite les honneurs de son magnifique jardin alpin qui contient tant d'espèces rares, ainsi que des collections d'arbres et d'arbustes du parc.

La visite se poursuivit par les laboratoires de botanique et de sélection, le laboratoire de chimie, dont une annexe est entièrement consacrée à l'amélioration de la Betterave à sucre, et les visiteurs se retrouvèrent finalement dans la cour principale de l'Etablissement pour le déjeuner qui avait été préparé dans la grande salle du musée, agréablement ornée de gerbes d'Iris pour la circonstance.

A l'issue du repas, M. Bois se fit l'éloquent interprète des invités pour remercier Mme Philippe de Vilmorin et ses collaborateurs de l'excellente matinée passée à Verrières ; il rappela les services considérables rendus par les Vilmorin — et cela depuis un siècle et demi — à l'Agriculture et à l'Horticulture. M. Correvon, au nom des horticulteurs étrangers présents, exprima sa gratitude pour l'accueil si aimable et que l'on est toujours assuré de rencontrer à Verrières. Enfin, M. Mottet fit un exposé technique de l'obtention des nouvelles variétés d'Iris.

Après le déjeuner, eut lieu la visite du Musée qui contient tant de matériaux intéressants, notamment la collection de légumes moulés bien connue ; celle de l'herbier et de la bibliothèque, si riche en ouvrages horticoles et de botanique.

La dislocation se fit ensuite et les visiteurs pressés furent ramenés au train ; mais beaucoup s'attardèrent le restant de l'après-midi à revoir en détail les points les plus intéressants plus particulièrement sous la conduite de M. Jacques de Vilmorin et des principaux collaborateurs de Verrières : MM. Chevard, Mottet, Meunissier, Leray.

Les uns demandèrent à revoir à nouveau la collection des Iris, discutant le mérite des principales variétés au point de vue de l'amateur et au point de vue fleuriste ; les autres repassèrent en détail les collections d'arbres et d'arbustes du parc, principalement les espèces nouvellement introduites et qui font le sujet des intéressantes présentations faites au nom de Mme Philippe de Vilmorin, à la Société Nationale d'Horticulture de France et aux Sociétés Dendrologique et Botanique de France.

Enfin, plusieurs visiteurs s'intéressant également aux choses agricoles, examinèrent à loisir le champ expérimental des Blés où les nouveaux hybrides sont mis à l'étude chaque année, en comparaison avec les variétés anciennes ; ils se rendirent ensuite au laboratoire où le chimiste, M. Cazaubon, leur donna complaisamment tous les renseignements concernant les nouvelles méthodes de sélection des Blés au point de vue de leur teneur en gluten et de leur valeur boulangère.

LA COLLECTION DES AQUARELLES D'IRIS

DE

Mᵐᵉ PHILIPPE DE VILMORIN

présentées à la Séance plénière de la Conférence des Iris le 27 Mai 1922

La collection d'aquarelles présentées à la Conférence contient exactement 288 planches, se décomposant en 200 aquarelles d'Iris des jardins, 55 d'Iris du Japon (*I. Kœmpferi*), 8 d'Iris nains (série *pumila*) et 25 Iris espèces botaniques et divers.

Cette collection, due au pinceau de M. P. Séguin-Bertault, fut établie, uniquement à titre documentaire, par les soins du regretté Philippe de Vilmorin, d'après les documents de Verrières et les planches furent exécutées de 1904 à 1909, au fur et à mesure de la floraison des variétés. Elle représente les types les plus distincts de la collection des Iris en culture à Verrières; mais ne contient pas les variétés à très grandes fleurs d'obtentions les plus récentes.

Les Iris des jardins (Iris vivaces hybrides), sont abondamment représentés à Verrières ; la collection ancienne d'Henry de Vilmorin qui se composait de plus de 200 variétés, fut augmentée de la collection Verdier (200 autres variétés), achetée en 1902; par la suite, de nombreux semis furent faits et beaucoup de plantes intéressantes ajoutées à la série; d'autre part, un certain nombre de plantes de la collection Verdier reconnues comme identiques à celles de l'ancienne collection, furent supprimées.

Nous donnons ci-dessous, la liste des aquarelles exposées avec l'origine des variétés qu'elles représentent, ainsi que les observations qui ont pu être faites à Verrières.

1º IRIS DES JARDINS (*Iris vivaces hybrides*)

1. *alba.* — (D'après Dykes, serait le vrai *florentina*).
2. *Alcazar.* — Semis Vilmorin 1905 (série *macrantha*).
3. *Alice.* — Figure sur la liste Verdier, en 1858, comme étant un semis Lemon (série *neglecta*).

4. *Alonzo*. — Est cité dans l'article du *Floricultural Cabinet*, en 1859 (série *flavescens*).

5. *Alvarez*. — Figure sur la liste Verdier, en 1858, comme étant un semis Lémon (série *variegata*).

6. *Alzire*. — Figure sur la liste Verdier, en 1858, comme étant un semis Lémon (série *neglecta*).

7. *Amas*. — Figurait dans les collections de Sir Michael Foster en 1885. Dykes le rapporte comme variété à l'Iris *germanica*. Synonymes : *macrantha*, *William III*, *Guillaume Tell* (série *macrantha*).

8. *Ambigu*. — Semis Vilmorin, 1907 (série *macrantha*).

9. *Améthyste*. — Semis Vilmorin, 1897 (série *neglecta*).

10. *augustissima*. — Figure sur la liste des semis Lémon 1840 (série *variegata*).

11. *Annie Jane*. — La variété est citée dans l'article du *Floricultural Cabinet*, 1859 (série *amœna*).

12. *Apollon*. — Figure sur la liste Lémon, 1840, et est citée par Hérincq dans l'article de l'*Horticulteur Français*, août 1857, parmi les 50 plus belles variétés de l'époque. Synonymes : (d'après Wister), *Appoline*, *Président*, *Arlequin* (série *variegata*).

13. *Archevêque*. — Semis Vilmorin, 1903 (série *neglecta*).

14. *Archinto*. — Figure sous l'orthographe *Arquinto* sur la liste des semis Lémon (1840); *Salamandre* (de la collection Verdier) a été supprimé comme identique ou très voisin (série *variegata*).

15. *L'ardoisière*. — Appartient à la série des derniers semis de Verdier (série *neglecta*).

16. *Arlequin*. — Est cité sur le catalogue Verdier, 1860 ; probablement un des semis de Lémon (série *squalens*).

17. *Arlequin malinois*. — Figure sur la liste Lémon (1840) et est compris, sous le nom d'*Arlequin malinais*, dans la liste des 50 plus belles variétés donnée par Hérincq, en 1857. *Gambetta* et *Duchesse de Magenta* (de la collection Verdier) ont été supprimés comme identiques ou trop voisins (série *amœna*).

18. *Aspasie*. — Cité comme étant un semis de Lémon dans le *Portefeuille des Horticulteurs*, 1848 (série *plicata*).

19. *Astarté*. — Figure sur la liste donnée par le *Floricultural Cabinet*, 1859 ; probablement un semis de Salter (série *neglecta*).

20. *Athénée*. — Semis Vilmorin, 1903 (série *macrantha*).

21. *aurea*. — Donné comme étant un semis de Jacques, à Neuilly, vers 1830. Synonymes : (d'après la liste de l'American Iris Society) *californica*, *Canary bird*, *Stump*, *Aurora*, *Yellow perfection* (série *variegata*).

22. *Aurora*. — Figure sur la liste des semis Lémon, 1840 (*Annales de Flore et de Pomone*) (série *neglecta*).

23. *Aurore boréale*. — Appartient à la série des derniers semis de Verdier (série *variegata*).

24. *azurea*. — Appartient à l'ancienne collection de Verrières ; il y a sur la liste Verdier (1858-1859) un *Iris Azur* donné comme un semis de Lémon, mais nous ne savons s'il s'agit de la même variété (série *neglecta*).

25. *Beauregard*. — La date d'origine, 1868, est donnée pour cette variété sur la liste de l'American Iris Society ; *Jean Bart* (de la collection Verdier), a été supprimé comme identique ou très voisin (série *variegata*).

26. *Belle Hortense*. — Est cité au catalogue Verdier pour 1860-1861 ; probablement, un semis de Lémon (série *plicata*).

27. *Belle Yorienne.* — Appartient à la série des derniers semis de Verdier (série *squalens*).

28. *Bergiana.* — Figure sous l'orthographe de *Bergeana*, dans la liste des 50 plus belles variétés donnée par Herincq en 1857; serait le même que *Bergii* (1839) et aurait été nommé en l'honneur de Van Berg (1782-1855) (série *variegata*).

29. *Bonnet d'Evêque.* — Appartient à la série des derniers semis de Verdier; *Abel Chatenay* (de la collection Verdier) a été supprimé comme trop voisin (série *pallida*).

30. *Bossuet.* — Figure sur la liste des 50 plus belles variétés donnée par Hérincq, en 1857; est cité sur catalogue Verdier 1860-1861 et est probablement un semis de Lémon; *Beaconsfield*, de l'ancienne collection de Verrières, a été supprimé comme identique (série *variegata*).

31. *Bridesmaid.* — D'après la liste de l'American Iris Society, aurait été obtenu par Salter, vers 1859 (série *amœna*).

32. *Bronzen Stoffels.* — Appartient à l'ancienne collection de Verrières (série *lurida*).

33. *Canari.* — Considéré comme le type de l'*Iris flavescens* ou peut-être la variété *leucantha*.

34. *Candélabre.* — Semis Vilmorin, 1903 (série *neglecta*).

35. *cannœflora.* — Appartient à la série des derniers semis de Verdier (série *variegata*).

36. *Caprice.* — Semis Vilmorin (1898). *Abeille merveilleuse* (de la collection Verdier), a été supprimé comme trop voisin; *Tarquin* (de l'ancienne collection), est de coloris identique, mais à fleurs plus petites (série *pallida* pourpre).

37. *Cassandre.* — Provient de l'ancienne collection Verdier (série *lurida*).

38. *Charmant contraste.* — Appartient à la série des derniers semis de Verdier (série *sambucina*).

39. *Chauve-souris.* — Semis Vilmorin, 1903 (série *macrantha*).

40. *Chérubin.* — Semis Vilmorin, 1902 (série *pallida* pourpre).

41. *Cicéron.* — Figure sur catalogue Verdier, 1858-1859, comme semis Lémon (série *variegata*).

42. *clarissima.* — Provient de l'ancienne collection (reçu à Verrières de Defresne, en 1895). *Gracieuse* (de la collection Verdier) a été supprimé comme identique (série *neglecta*).

43. *cœrulea.* — Provient de l'ancienne collection du Museum de Paris (série *germanica*).

44. *Col du chat.* — Trouvé à l'état spontané au Col du Chat, par Henry de Vilmorin, en 1896 (série *germanica*).

45. *Comte de Saint-Clair.* — Est cité sur catalogue Van Houtte 1854-1855 comme étant un semis de Lémon. *Julia Grisi* (de la collection Verdier) qui a été supprimé comme identique ou trop voisin, figure sur la liste des semis Lémon (1840) et dans la liste des 50 plus belles variétés de Hérincq (1857) (série *amœna*).

46. *Comtesse de Courcy.* — Est cité sur catalogue Verdier, 1860-1861, comme étant probablement un semis de Lémon. *Eugénie Sacavin* et *Ange terrestre* (de la collection Verdier) ont été supprimés à Verrières comme identiques ou trop voisins; *Lord Seymour* est donné comme synonyme sur la liste de l'American Iris Society (série *plicata*).

47. *Cordelia.* — Origine : Parker (1873) d'après la liste de l'American Iris Society (série *neglecta*).

48. *Crépuscule*. — Origine : Victor Verdier, 1863 (série *pallida*).

49. *Cypriane*. — *Cypriana*, d'après Dykes, serait une espèce d'Asie Mineure ; Foster la considérait comme une variété de *Junoniana*. *troyana*, qui est une forme très voisine de *cypriana*, a été souvent confondu avec *mesopotamica* dont *Ricardi* ne serait qu'une variété (série *macrantha*).

50. *dalmatica*. — Provient de l'ancienne collection de Verrières ; *Walneri* (de la série Verdier) a été supprimé comme identique (série *neglecta*).

51. *Darius*. — D'après la liste de l'American Iris Society, proviendrait de Parker (1873) (série *variegata*).

52. *David*. — Distinct de *Rolandiana* par ses fleurs plus pâles et plante moins haute ; semis Vilmorin, 1904 (série *neglecta*).

53. *delicata*. — Provient de l'ancienne collection de Verrières (série *amœna*).

54. *Diane*. — Semis Vilmorin, 1902 (série *macrantha*).

55. *Don Juan*. — Ancienne collection de Verrières (série *amœna*).

56. *Dorine*. — Semis Vilmorin, 1897 (série *plicata*).

57. *Dorothée*. — Obtention de Caparne, vers 1900 (série des *Iris intermédiaires*).

58. *Doyen Keteleer*. — Appartient à la série des derniers semis de Verdier (série *neglecta*).

59. *Duc Decazes*. — Figure sur catalogue Verdier, 1858-1859 ; comme semis Lémon (série *neglecta*).

60. *Duchesse de Chartres*. — Semis Verdier (série *neglecta*).

61. *Duchesse de Nemours*. — Figure sur la planche coloriée du *Portefeuille des Horticulteurs* (1848) comme semis Lémon ; cité dans la liste des 50 plus belles variétés de Hérincq, 1857 (série *amœna*).

62. *Dybowski*. — Appartient à la série des derniers semis de Verdier (série *sambucina*).

63. *Eclaireur*. — Semis Vilmorin, 1901 (série *variegata*).

64. *Edouard Michel*. — Appartient à la série des derniers semis Verdier. *La Séduisante* (collection Verdier) a été supprimée comme trop voisin (série *pallida* pourpre).

65. *Eldorado*. — Semis Vilmorin, 1905 (série *sambucina*).

66. *Emmeline*. — *Madame Pajol*, de la collection Verdier, a été supprimé comme trop voisin. Semis Vilmorin, 1897 (série *plicata*).

67. *Erèbe*. — *Bélisaire*, de la collection Verdier, a été supprimé comme identique. Synonyme : *Kochii* ; *nepalensis* serait une forme très voisine ; d'après Dykes, c'est une variété de l'*Iris germanica*.

68. *Esmeralda*. — Appartient à l'ancienne collection de Verrières (série *squalens*).

69. *Étendard*. — Semis Vilmorin, 1897 (série *pallida*).

70. *L'Etoilée*. — Appartient à la série des derniers semis de Verdier (série *lurida*).

71. *Fénelon*. — Semis Vilmorin, 1903 (série *variegata*).

72. *La Fiancée*. — Appartient à la série des derniers semis de Verdier (série *amœna*).

73. *Fille d'Eve*. — Appartient à la série des derniers semis de Verdier (série *plicata*).

74. *Flamme Charmante*. — Appartient à la série des derniers semis de Verdier (série *amœna*).

75. *florentina albicans*. — C'est l'*Iris albicans*, Lange.

76. *François Bouzial.* — Appartient à la série des derniers semis Verdier (série *sambucina*).

77. *Françoise Germot.* — Coloris de *Dona Maria*, de Verdier, mais fleurs plus grandes; appartient à la série des derniers semis de Verdier (série *amœna*).

78. *Frère Ernest.* — Appartient à la série des derniers semis de Verdier. *Gaieté* (de la collection Verdier) a été supprimé comme trop voisin (série *pallida*).

79. *Ganymède.* — Figure sur catalogue Verdier (1858-1859) comme semis Lémon (série *variegata*).

80. *Gathorne Hardy.* — Appartient à l'ancienne collection de Verrières (série *variegata*).

81. *germanica ancien.* — C'est le type de l'*Iris germanica;* une plante trouvée à l'état subspontané à Saulce (Drôme) et une autre rapportée de la Sablière de Bouray (Seine-et-Oise) se sont montrées parfaitement identiques à la plante de l'ancienne collection.

82. *Gertrude.* — Caparne, vers 1900 (série des *Iris intermédiaires*).

83. *La Girafe.* — Appartient à la série des derniers semis de Verdier (série *neglecta*).

84. *Goliath.* — Semis Vilmorin, 1904 (série *macrantha*).

85. *Gracchus.* — Origine : Thomas Ware (1887). Une plante de l'*Iris variegata* type provenant de Sésarmont et reçue de M. Denis, s'est montrée identique.

86. *Grand Mogol.* — Semis Vilmorin (1897) (série *squalens*).

87. *Harrisson Weir.* — Origine : Ware (1880) (série *sambucina*).

88. *Hébé.* — Cité sur catalogue Van Houtte, 1854; Verdier (catalogue 1858) le donne comme un semis Lémon (série *plicata*).

89. *Hercule Prival.* — Appartient à la série des derniers semis Verdier (série *squalens*)

90. *Innocenza.* — Verdier (catalogue, 1858), le donne comme un semis Lémon ; figure également sur le catalogue Van Houtte, 1854 et sur la liste des 50 plus belles variétés donnée par Hérincq (1857) (série *amœna*).

91. *Isoline.* — Semis Vilmorin (1897). Synonyme : *The Imperial Mandarin* (série *macrantha*).

92. *Ivorine.* — Origine : Caparne (vers 1900) (série des *Iris intermédiaires*).

93. *Jacquesiana.* — Semis Lémon, 1840; est figuré dans les *Annales de Flore et de Pomone* (juillet 1842). Synonymes (d'après la liste de l'American Iris Society) *Jacquiniana, Jacquiana, Caroline de Sausel, Conscience, Lord Rooseberry* (série *squalens*).

94. *Jardinier Chanvard.* — Appartient à la série des derniers semis de Verdier (série *variegata*).

95. *Jean Baptiste Yvon.* — Appartient à la série des derniers semis de Verdier (série *pallida*).

96. *Jeanne d'Arc.* — Appartient à la série des derniers semis de Verdier. *Alexandre Billard* et *Ange céleste* (de la collection Verdier) ont été supprimés comme trop voisins (série *plicata*).

97. *Judith.* — Cité sur catalogue Van Houtte (1867) (série *lurida*).

98. *Jules Chrétien.* — Appartient à la série des semis récents de Verdier (série *pallida*).

99. *Juliette.* — Sur catalogue Verdier (1858-1859) comme étant un semis Lémon. *Yvette Guilbert* (de la collection Verdier) a été supprimé comme trop voisin (série *amœna*).

100. *Kharput*. — *rubro-marginata* (du Kashmir) et *asiatica* (reçu de Kew) sont mêmes; une plante rapportée d'Italie (Catacombes de Rome) a été jugée tout à fait identique. Dykes considère *Kharput* comme une variété de l'*Iris germanica*.

101. *Klondyke*. — Semis Vilmorin (1901) (série *variegata*).

102. *Lady Stanhope*. — Existe sur catalogue Van Houtte (1854); peut être un semis Lémon (série *lurida*).

103. *Léopold*. — Appartient à l'ancienne collection de Verrières. *Ignacite*, qui figure sur la liste des 50 plus belles variétés de Herincq (1857) a été supprimé comme identique à Léopold (série *neglecta*).

104. *Léopold Vauvel*. — Appartient à la série des semis anciens de Verdier (série *sambucina*).

105. *Lesèble*. — Décrit dans le *Portefeuille des Horticulteurs* (1848) comme étant un semis Lémon (série *neglecta*).

106. *Liberia*. — Obtention de A. Perry (1899) sous le nom de *Black Prince* (série *neglecta*).

107. *Louis Lévêque*. — Appartient à la série des derniers semis de Verdier (série *squalens*).

108. *Louis Paillet*. — Appartient à la série des derniers semis de Verdier (série *pallida*).

109. *Louis Palry*. — Appartient à la série des derniers semis de Verdier (série *squalens*).

110. *Louis Urbain*. — Appartient à la série des derniers semis de Verdier (série *neglecta*).

111. *Louise de Savisse*. — Figure sur catalogue Verdier (1858-1859) comme semis Lémon, ainsi que sur la liste des 50 plus belles variétés donnée par Hérincq (1857) (série *variegata*).

112. *Loule*. — Semis Vilmorin, 1897 (série *macrantha*).

113. *lurida*. — La plante est originaire de Bozen (Tyrol), d'après Dykes.

114. *lutea minor*. — Appartient à l'ancienne collection Verdier (série *variegata*).

115. *lutea variegata*. — Appartient à la série des derniers semis de Verdier (série *variegata*).

116. *Madame Guerville*. — Cité sur catalogue Verdier (1860-1861). *Madame Chauvricourt* (de la collection Verdier) est une plante très voisine (série *plicata*).

117. *Madame Truffaut*. — Cité sur catalogue Verdier (1860-61); peut être un semis Lémon (série *plicata*).

118. *Madonna*. — D'après Dykes, cette plante, reçue de Sprenger (1907), serait une forme de l'*Iris albicans*, introduite d'Arabie.

119. *Magot*. — Semis Vilmorin, 1903 (série *variegata*).

120. *Maria Verdier*. — Appartient à la série des derniers semis de Verdier (série *amœna*).

121. *Marigny*. — Semis Vilmorin, 1904 (série *pallida*).

122. *Méphisto*. — Provient de la collection Verdier (série *sambucina*).

123. *Mercédès*. — Appartient à la série des derniers semis de Verdier. Synonyme : *Madame Edouard Michel* (série *plicata*).

124. *Minsart*. — Figure sur catalogue Verdier (1858-1859). Orthographié *Mainsart*, comme étant un semis Lémon (série *pallida*).

125. *Miralba*. — Cité sur la liste des semis Lémon du *Portefeuille des Horticulteurs* (1848) (série *sambucina*).

126. *Miriam*. — Semis Vilmorin, 1898. — *La Pudeur* (semis Verdier) a été supprimé comme trop voisin (série *macrantha*).

127. *Mrs Neubronner*. — Origine : Th. Ware, 1898 (série *variegata*).

128. *Modeste Guérin*. — Liste Verdier, 1880 (série *variegata*).

129. *Monsignor*. — Semis Vilmorin (1903) (série *neglecta*).

130. *multicolor*. — Figure sur la liste des semis Lémon (1840) ; d'après Dykes, serait le vrai type de l'*Iris variegata*.

131. *Munico*. — Figure sur la liste des semis Lémon (1840) (série *variegata*).

132. *Mula*. — Cité sur catalogue Van Houtte (1873) (série *pallida*).

133. *Nausès*. — Provient de l'ancienne collection Verdier (série *lurida*).

134. *La Neige*. — Appartient à la série des derniers semis Verdier (série *amœna*).

135. *Neptune*. — Figure au catalogue Verdier (1863) (série *lurida*).

136. *Nuée d'orage*. — Appartient à la série des derniers semis de Verdier (série *sambucina*).

137. *La Nuit*. — Appartient à la série des derniers semis de Verdier (série *sambucina*).

138. *Odéon*. — Semis Vilmorin, 1906 (série *sambucina*).

139. *Olympia*. — Semis Vilmorin, 1904 (série *plicata*).

140. *Opéra*. — Semis Vilmorin, 1906 (série *macrantha*).

141. *orchidæflora*. — Appartient à la série des derniers semis de Verdier ; (série *amœna*).

142. *Oriflamme*. — Semis Vilmorin, 1903 (série *pallida*).

143. *Othello*. — Cité sur la liste des semis Lémon du *Portefeuille des Horticulteurs* (1848) et parmi les 50 plus belles variétés données par Hérincq (1857) (série *neglecta*).

144. *Pancrace*. — Cité sur catalogue Van Houtte (1854) ; probablement un semis Lémon (série *flavescens*).

145. *Papillon*. — Semis Vilmorin (1899) (série *plicata*).

146. *Paradis terrestre*. — Appartient à la série des derniers semis de Verdier (série *squalens*).

147. *Parc de Neuilly*. — Appartient à la série des derniers semis de Verdier (série *pallida*).

148. *Parisiana*. — Semis Vilmorin, 1906 (série *plicata*).

149. *Phidias*. — Semis Lémon, 1840 (série *variegata*).

150. *Pierre Guillot*. — Appartient à la série des derniers semis de Verdier (série *variegata*).

151. *Poiteau*. — Figure sur la liste des semis Lémon, 1848 (série *neglecta*).

152. *Prince d'Orange*. — Origine : 1873, sur la liste de l'American Iris Society. Synonyme : *Goldfinch* (série *variegata*).

153. *Princesse Berthe*. — Appartient à l'ancienne collection de Verrières (série *pallida* pourpre).

154. *Princesse Elise*. — Ancienne collection de Verrières, reçu de Defresne, en 1895 (série *pallida*).

155. *Proserpine*. — Cité sur liste des semis Lémon du *Portefeuille des Horticulteurs* (1848) (série *sambucina*).

156. *Prosper Laugier*. — Appartient à la série des derniers semis de Verdier (série *squalens*).

157. *pulcherrima*. — Figure sur la liste des semis Lémon (1840) et aussi sur celle des 50 plus belles variétés de Herincq (1857). *Charles Joly* (de la collection Verdier) a été supprimé comme trop voisin (série *pallida*).

158. *Queen of May*. — Figure sur la liste du *Floricultural Cabinet* (1859) comme semis Salter. Synonyme : *Rosy Gem* (série *pallida* pourpre). •

159. *Raffet*. — Semis Vilmorin, 1903 (série *neglecta*).

160. *Rebecca*. — Figure sur la liste des semis Lémon (1840). *Hector* (de l'ancienne collection) et *Lapierre* (de la collection Verdier) ont été supprimés comme identiques ou trop voisins (série *squalens*).

161. *Redouteana*. — Distinct de la plante figurée dans Redouté *Liliacées* VI, p. 318; le coloris est plus rougeâtre. Synonyme : *lurida* var. *Redouteana*.

162. *Reine des Belges*. — Cité sur la liste des semis Lémon, *Portefeuille des Horticulteurs* (1848); figure également sur la liste des 50 plus belles variétés de Hérincq (1857) (série *plicata*).

163. *Renaissance*. — Semis Vilmorin, 1904 (série *pallida*).

164. *reticulata purpurea*. — Supposé un des semis de Jacques (vers 1830) (série *neglecta*) figure sur la liste des semis Lemon (1840).

165. *Rigoletto*. — Cité sur catalogue Verdier (1858-59) comme étant un semis Lémon (série *variegata*).

166. *Robert Burns*. — Provenance : Barr, 1885 (série *variegata*).

167. *Robert le Fort*. — Appartient à la série des derniers semis de Verdier (série *variegata*).

168. *La Rosée*. — Appartient à la série des derniers semis de Verdier (série *pallida* pourpre).

169. *Saint-Fiacre*. — Appartient à la série des derniers semis de Verdier (série *squalens*).

170. *Salamandre*. — Ancienne collection Verdier (série *variegata*).

171. *Salvatori*. — Ancienne collection de Verrières; *Léda* (de la collection Verdier) a été supprimé comme identique (série *neglecta*).

172. *sambucina*. — Était cultivé par von Berg, avant 1830.

173. *Scala*. — Semis Vilmorin (1904) (série *neglecta*).

174. *Seraphin*. — Semis Vilmorin (1903) (série *plicata*).

175. *Simile*. — Cité au catalogue Verdier (1858-59) comme étant un semis Lémon et figurant également dans la liste des 50 plus belles variétés de Hérincq (1857) (série *variegata*).

176. *Sirène*. — Appartient à la série des derniers semis Verdier (série *pallida* pourpre).

177. *Sœur Supérieure Albert*. — Appartient à la série des derniers semis de Verdier (série *plicata*).

178. *Solfatare*. — Appartient à la série des derniers semis de Verdier (série *flavescens*).

179. *Souvenir de Charles Verdier*. — Appartient à la série des derniers semis de Verdier (série *variegata*).

180. *spectabilis*. — Figure sur la liste des semis Lémon (1840), ainsi que sur celle des 50 plus belles variétés de Hérincq (1857) (série *variegata*).

181. *striæflora*. — Appartient à la série des derniers semis de Verdier (série *neglecta*).

182. *Sultan*. — Cité comme semis de Salter, dans la liste du *Floricultural Cabinet* (1859); *Lavinée* et *Berthe Sacavin* (de la collection Verdier), ont été supprimés comme identiques ou trop voisins (série *neglecta*).

183. *Tamerlan.* — Semis Vilmorin (1898) (série *macrantha*).

184. *Ten Kate.* — Plante reçue de Krelage, en 1905 (série *lurida*).

185. *Thétis.* — Cité sur catalogue Verdier (1858-59) comme étant un semis Lémon. *La Barbésienne* (de la collection Verdier) a été supprimé comme trop voisin (série *lurida*).

186. *Unique.* — Figure sur liste Lémon (1840) (série *amœna*).

187. *Van Geert.* — Cité sur catalogue Verdier (1858-59) comme étant un semis Lémon, sous le nom de *Van Geertii* (série *lurida*).

188. *Velouté.* — Semis Vilmorin, 1903 (série *neglecta*).

189. *Venus.* — Ancienne collection Verdier (série *neglecta*).

190. *La Vestale.* — Appartient à la série des derniers semis de Verdier (série *plicata*).

191. *Vésuve.* — Figure sur catalogue Verdier (1858-1859) comme semis Lémon (série *sambucina*).

192. *Victoire Lémon.* — Cité dans la liste des semis Lémon *Portefeuille des Horticulteurs* (1848) (série *amœna*).

193. *Victor Verdier.* — Appartient à la série des derniers semis de Verdier (série *squalens*).

194. *Vierge Marie.* — Figure au catalogue Verdier pour 1863 (série *amœna*).

195. *violacea grandiflora.* — Cité sur catalogue Verdier (1860-1861), probablement un semis Lémon. *Le Cid* (de la collection Verdier) a été supprimé comme trop voisin (série *pallida*).

196. *Violet épiscopal.* — Appartient à l'ancienne collection de Verrières (série *pallida*).

197. *Volupté.* — Appartient à la série des derniers semis Verdier (série *pallida*).

198. *Voûte céleste.* — Appartient à la série des derniers semis de Verdier (série *variegata*).

199. *Vulcain.* — Appartient à l'ancienne collection de Verdier (série *pallida*).

200. *Zeus.* — Appartient à la série des derniers semis de Verdier (série *variegata*).

2° IRIS DU JAPON (*Iris Kæmpferi*).

Série des semis de Verrières :

201. *Achille.*	215. *Hélène.*	229. *Phœbus.*
202. *Amphitrite.*	216. *Hélios.*	230. *Pluton.*
203. *Aspasie.*	217. *Iphigénie.*	231. *Priam.*
204. *Astarté.*	218. *Isabelle.*	232. *Proserpine.*
205. *Calypso.*	219. *Junon.*	233. *Reine Hélène.*
206. *Circé.*	220. *Melpomène.*	234. *Salammbô.*
207. *Confucius.*	221. *Minerve.*	235. *Triton.*
208. *Diogène.*	222. *Nausicaa.*	236. *Ulysse.*
209. *Eucharis.*	223. *Neptune.*	237. *Uranus.*
210. *Eumée.*	224. *Néreide.*	238. *Simple lilas chiné* (pl. type).
211. *Erynnie.*	225. *Nestor.*	
212. *Galathée.*	226. *Nina.*	239. *Simple à feuilles panachées* (pl. type).
213. *Ganymède.*	227. *Pallas.*	
214. *Hébé.*	228. *Patrocle.*	

240 à 255 : Aquarelles de semis non dénommés.

Les aquarelles présentées reproduisent des plantes obtenues de semis à Verrières.

L'amplitude des variations dans cette série est beaucoup moins grande que chez les Iris des jardins et, par suite, des plantes identiques de coloris et portant des noms différents, ont été obtenues en différents endroits.

Un album de figures coloriées de variétés japonaises, édité par la *Yokohama Nursery*, également présenté, permet certains rapprochements :

203. *Aspasie.* — Voisin du n° 19 de cet album, *Kimi-no-megumi* (Bonté du Seigneur).
204. *Astarte.* — Voisin du n° 32, *Komochi-guma* (L'Ourson).
205. *Calypso.* — Voisin du n° 26, *Senjo-no-hora.*
206. *Circé.* — Voisin du n° 4, *Kumo-no-obi* (Ruban de nuages).
207. *Confucius.* — Voisin du n° 11, *Mei-ran* (Orchidée claire).
208. *Diogène.* — Voisin du n° 25, *Yedo-jiman* (Orgueil de Yedo).
209. *Eucharis.* — Voisin du n° 24, *Sano-Watashi.*
210. *Eumée.* — Voisin du n° 50, *Date-dogu* (Chose luxueuse).
211. *Erynnie.* — Voisin du n° 35, *Shuchiu-Kwa* (Fleur dans le sable).
213. *Ganymède.* — Voisin du n° 10, *Tomo-no-umi* (La mer de tous côtés).
214. *Hébé.* — Voisin du n° 8, *Mana-douru* (Cigogne volant).
215. *Hélène.* — Voisin du n° 14, *Hana-aoi.*
216. *Hélios.* — Voisin du n° 9, *Hana-no-nishiki* (Pourpre de fleur).
217. *Iphigénie.* — Voisin du n° 21, *Yezo-nishiki* (Couleurs mélangées de Yezo).
219. *Junon* — Voisin du n° 6, *Geisho-ui.*
223. *Neptune.* — Voisin du n° 27, *O-torige* (Crête de coq).
224. *Néreide.* — Voisin du n° 16, *Oshokun* (Le grand Vice-Roi).
227. *Pallas.* — Voisin du n° 3, *Kumoma-no-sora* (Le ciel entre les nuages).
228. *Patrocle.* — Voisin du n° 41, *Oyodo.*
229. *Phœbus.* — Voisin du n° 30, *Kagaribi* (Feu dans la montagne).
235. *Triton.* — Voisin du n° 37, *Uji-no-hotaru* (Ver luisant de Uji).
237. *Uranus.* — Voisin du n° 13, *Taihei-raku* (Tranquillité).

3° IRIS NAINS (Série pumila).

256. 1° Violet rougeâtre fumé ; 2° affine *gracilis.*
257. 1° *violacea superba* ; 2° jaune à grande fleur.
258. 1° Bleu azuré ; 2° jaune.
259. 1° Violet rougeâtre clair ; 2° *Horace Vernet.*
260. 1° Blanc ; 2° violet.
261. 1° *Voltaire* ; 2° *gracilis.*
262. 1° *olbiensis* ; 2° *Rupert.*
263. *Iris pumila* en mélange.

4° Iris divers.

264. *I. aurea* Lindl. (section *Apogon*).

265. *I. aurea* (forme reçue de M. W. Robinson).

266. *I. bucharica* Foster (section *Juno*).

267. *I. cuprea* Pursh (*I. fulva*, Ker-Gawl) (Section *Apogon*).

268. *I. Delavayi* Micheli (section *Apogon*).

269. *I. fimbriata* Vent. (*I. japonica* Thunb.) (Section *Evansia*).

270. *I. iberica* × *pallida* (Hybride de Foster).

271. *I. Milesii* Baker (Section *Evansia*).

272. *I. Monnieri* DC. (Section *Apogon*).

273. *I. Ochraurea* (I. ochroleuca × aurea).

274. *I. ochroleuca* L. (Section *Apogon*).

275. *I. ochroleuca* (forme à 6 divisions étalées).

276. *I. paradoxa* × *sambucina* (Hybride de Foster).

277. *I. Pavonia* L. (*Moræa pavonia*)

278. *I. setosa* Pallas var. (sub. nom. *I. Douglasiana pygmæa* (Section *Apogon*).

279. *I. sibirica* L. (forme à divisions munies de crêtes) :

280. *I. sibirica* L. var. *coreana* (Section *Apogon*).

281. *I. spuria* L. (section *Apogon*).

282. *I. stylosa* Desf. var. *alba* (*I. unguicularis* Poir. var. *alba*) (Section *Apogon*).

283. *I. tectorum* Maxim. (Section *Evansia*).

284. *I. tectorum* var. *album*.

285. *I. tectorum* var. *lilacinum*.

286. *I. Pseudacorus* L. (Section *Apogon*).
    I. acoroides Spach (I. *Pseudacorus* var. *acoroides*).
    I. mandshurica (I. *Pseudacorus* var. *mandshurica*).

287. *I. cristata* Soland. (Section *Evansia*).
    I. verna L. (Section *Apogon*).

288. *I. reticulata* M. Bieb. (Section *reticulata*).
    I. setosa var. (sub nom. *I. tripetala*).

CHOIX DES MEILLEURES VARIÉTÉS
D'IRIS DES JARDINS

EFFECTUÉ PAR LA COMMISSION DES IRIS

CHOIX DE 25 VARIÉTÉS

1 *Alcazar.*
2 *Ambassadeur.*
3 *Ballerine.*
4 *Bosniamac.*
5 *Dalila.*
6 *Edouard Michel.*
7 *Eldorado.*
8 *Isoline.*
9 *Lady Foster.*
10 *La neige.*
11 *Loreley.*
12 *Lord of June.*
13 *Mademoiselle Schwartz.*

14 *Magnifica.*
15 *Ma mie.*
16 *Médrano.*
17 *Mrs Neubronner.*
18 *Oriflamme.*
19 *Pallida dalmatica.*
20 *Princesse Victoria Louise.*
21 *Prosper Laugier.*
22 *Iris Kœnig* (Roi des Iris).
23 *Souvenir de Madame Gaudichau*
24 *Troost.*
25 *White Queen* (Queen Mary).

CHOIX DE 50 VARIÉTÉS

1 *Albicans.*
2 *Alcazar.*
3 *Ambassadeur.*
4 *Archevêque.*
5 *Ballerine.*
6 *Black prince.*
7 *Bosniamac.*
8 *Canari.*
9 *Cluny.*
10 *Dalila.*
11 *Darius.*
12 *Déjazet.*
13 *Edouard Michel.*
14 *Eldorado.*
15 *Erèbe.*
16 *Gajus.*

17 *Germaine Le Clerc.*
18 *Grévin.*
19 *Isoline.*
20 *Jeanne d'Arc.*
21 *Lady Foster.*
22 *La neige.*
23 *Lohengrin.*
24 *Loreley.*
25 *Lord of June.*
26 *Madame Blanche Pion.*
27 *Madame Chéreau.*
28 *Mademoiselle Schwartz.*
29 *Magnifica.*
30 *Ma mie.*
31 *Médrano.*
32 *Mrs Neubronner.*

33 *Molière.*

34 *Monsignor.*

35 *Niebelungen.*

36 *Nuée d'orage.*

37 *Opéra.*

38 *Oriflamme.*

39 *Pallida dalmatica.*

40 *Princesse Victoria Louise.*

41 *Prosper Laugier.*

42 *Prospero.*

43 *Queen of may* (Reine de mai).

44 *Rhein nixe.*

45 *Iris Kœnig* (Roi des Iris).

46 *Souvenir de Madame Gaudichau.*

47 *Tamerlan.*

48 *Trianon.*

49 *Troost.*

50 *White Queen* (Queen Mary).

CHOIX DE 100 VARIÉTÉS

1. *Albicans* (spontané), blanc bleuté.
2. *Alcazar* (Vilmorin, 1910), div. sup. violet clair; div. inf. violet foncé.
3. *Amas* (spontané), div. sup. violet clair; div. inf. violet foncé.
4. *Ambassadeur* (Vilmorin, 1920), div. sup. violet rougeâtre fumé; div. inf. violet rougeâtre velouté.
5. *Archevêque* (Vilmorin, 1911), div. sup. violet rougeâtre clair; div. inf. violet velouté.
6. *Aurea* (Jacques, 1830?), jaune d'or.
7. *Ballerine* (Vilmorin, 1920), bleu violet clair; très odorant.
8. *Black Prince* (Perry, 1900), div. sup. violet bleu clair; div. inf. violet très foncé et velouté.
9. *Bosniamac* (Willmott, 19..), div. sup. blanc jaunâtre; div. inf. blanc bleuté.
10. *Canari* (Perry, 19..), jaune clair.
11. *Candélabre* (Vilmorin, 1911), div. sup. blanc lavé violet; div. inf. violet brun.
12. *Caprice* (Vilmorin, 1904), rose violet foncé.
13. *Caterina* (Foster, 1909), bleu lavande.
14. *Châtelet* (Vilmorin, 1922), rose pâle.
15. *Clematis* (Bliss, 1917), violet clair veiné, à divis. toutes étalées.
16. *Cluny* (Vilmorin, 1920), bleu lilacé.
17. *Colonel Candelot* (Millet, 1907), div. sup. rouge brun ombré lavande; div. inf. rouge brique.
18. *Cordelia* (Parker, 1873?), div. sup. lilas rosé; div. inf. violet rougeâtre foncé.
19. *Corrida* (Millet, 191 ?), bleu violacé.
20. *Crépuscule* (Verdier, 1863), violet bleu uni.
21. *Crusader* (Foster, 1913), bleu clair à divis. inf. plus foncées.
22. *Dalila* (Denis, 1914), div. sup. blanc teinté; div. inf. rouge violacé.
23. *Darius* (Parker, 1873), div. sup. jaune d'or; div. inf. violet rougeâtre à bords jaunes.
24. *Dawn* (Yeld, 1911), jaune soufre.
25. *Déjazet* (Vilmorin, 1914), div. sup. rose bronzé; div. inf. violet rougeâtre clair.
26. *Diane* (Vilmorin, 1911), bleu lilas clair et bleu foncé.
27. *Edouard Michel* (Verdier, 1904), rouge violacé foncé.
28. *Eldorado* (Vilmorin, 1910), div. sup. violet jaunâtre; div. inf. jaune lavé violet.
29. *Erèbe* (*Kochii* spontané), violet rougeâtre foncé.
30. *Eugène Bonvallet* (Cayeux, 1906), div. sup. bleu violacé; div. inf. violet indigo ombré rouge.
31. *Florentina* (spontané), blanc.

32. *Foster's Yellow* (Foster, 1909), jaune.
33. *Fro* (Goos et Kœnemann, 1910), div. sup. jaune vif; div. inf. violet rougeâtre foncé.
34. *Gajus* (Goos et Kœnemann, 1906) div. sup. jaune pâle; div. inf. rouge brun.
35. *Germaine Le Clerc* (Cayeux, 1910). div. sup. mauve lilacé; div. inf. magenta.
36. *Germanica* (spontané), div. sup. violet bleu clair; div. inf. violet bleu foncé.
37. *Grévin* (Vilmorin, 1920), div. sup. violet ombré jaune; div. inf. violet foncé.
38. *Her Majesty* (Perry, 1903), rose à div. inf. plus foncées.
39. *Innocenza* (Lémon, 1854), blanc presque pur.
40. *Isoline* (Vilmorin, 1904), div. sup. blanc nuancé violet et jaune; div. inf. rouge violacé clair.
41. *Ivanhoë* (Millet, 1911), div. sup. bleu lavande pâle; div. inf. de même teinte, mais plus foncés.
42. *Jacquesiana* (Lémon, 1840), div. sup. rouge violacé fumé; div. inf. violet rougeâtre velouté.
43. *Jeanne d'Arc* (Verdier, 1907), div. sup. lilas très clair; div. inf. blanc bordé lilas.
44. *Lady Foster* (Foster, 1913), div. sup. bleu pâle; div. inf. violet bleuâtre.
45. *La Neige* (Verdier, 1912), blanc pur.
46. *Lohengrin* (Goos et Kœnemann, 1910), rose violacé foncé.
47. *Lord of June* (Yeld, 1911), div. sup. bleu lavande; div. inf. violet bleu.
48. *Loreley* (Goos et Kœnemann, vers 1910), div. sup. jaune clair; div. inf. rouge brun marginé jaune.
49. *Loute* (Vilmorin, 1904), div. sup. lilas bronzé; div. inf. rouge violacé fumé.
50. *Madame Blanche Pion* (Cayeux, 1906), div. sup. isabelle; div. inf. lilas violacé éclairé Isabelle et blanc.
51. *Madame Chéreau* (Lémon, 1844), blanc strié bleu sur les bords de toutes les divisions.
52. *Madame Chobaut* (Denis, 1916), div. sup. jaune ombré rose; div. inf. fond blanc striées et bordées rouge brun.
53. *Madame de Sévigné* (Denis, 1916), blanc lavé et zébré bleu violet.
54. *Mademoiselle Schwartz* (Denis, 1916), bleu lilas tendre uni.
55. *Magnifica* (Vilmorin, 1920) div. sup. bleu violet clair; div. inf. violet rougeâtre foncé.
56. *Ma Mie* (Cayeux, 1906), blanc pur réticulé bleu d'azur, à grand effet.
57. *Médrano* (Vilmorin, 1920), div. sup. lie de vin fumé; div. inf. violet rougeâtre foncé.
58. *Mercédès* (Verdier, 1905), div. sup. blanc bordé violet strié violet; div. inf. blanches.
59. *Miriam* (Vilmorin, 1904), div. sup. blanc veiné lilas; div. inf. marbré rouge violacé.
60. *Mrs H. Darwin* (Foster, 1893), div. sup. blanches; div. inf. légèrement veiné mauve à la gorge de même coloris.
61. *Mrs Neubronner* (Ware, 189?), jaune d'or foncé.
62. *Modeste Guérin* (1880), div. sup. jaune clair; div. inf. violet rougeâtre à bords jaunes.
63. *Molière* (Vilmorin, 1920), div. sup. violet foncé; div. inf. violet très foncé et velouté.
64. *Monsieur Cornuault* (Denis, 1918), div. sup. violet rougeâtre fumé; div. inf. violet rougeâtre vif.
65. *Monsignor* (Vilmorin, 1907), div. sup. bleu violet clair; div. inf. de même coloris, veiné violet brun à bord pâle.
66. *Niebelungen* (Goos et Kœnemann, 1910), div. sup. jaune clair fumé; div. inf. violet bronzé.

67. *Nuée d'orage* (Verdier, 1905), div. sup. lilas clair ombré jaunâtre; div. inf. bleu violet.
68. *Opéra* (Vilmorin, 1916), div. sup. lilas rougeâtre vif; div. inf. violet rougeâtre foncé.
69. *Oriflamme* (Vilmorin, 1904), div. sup. bleu violet clair; div. inf. bleu violet foncé.
70. *Ossian* (Salter, 1868), div. sup. jaune pâle; div. inf. rouge violacé.
71. *Pallida da lmatica* (? ancien), bleu mauve clair.
72.   — *speciosa* (Jacques, 1830), div. sup. violet franc; div. inf. violet rougeâtre.
73.   — *William Marshall* (?), rose vineux teinté lavande.
74. *Parc de Neuilly* (Verdier, 1910), violet bleu uni.
75. *Parisiana* (Vilmorin, 1911), blanc strié violet vif.
76. *Petit Vitry* (Cayeux, 1906), div. sup. violet clair; div. inf. violet évêque.
77. *Porsenna* (Yeld, 19..), div. sup. rose violacé; div. inf. rouge violacé à bords pâles.
78. *Prince d'Orange* (1873), div. sup. jaune d'or; div. inf. strié rouge brun.
79. *Princesse Victoria Louise* (Goos et Kœnemann, 1910), div. sup. jaune; div. inf. violet rougeâtre.
80. *Prosper Laugier* (Verdier, 1914), div. sup. rose fumé; div. inf. rouge violacé velouté.
81. *Prospero* (Yeld, 1920), div. sup. bleu lavande; div. inf. violet rougeâtre à bords pâle.
82. *Pulcherrima* (Lémon, 1840), bleu lavande uni.
83. *Quaker Lady* (Farr, 1909), bleu lavande fumé à div. inf. plus foncé.
84. *Raffet* (Vilmorin, 1920), bleu foncé.
85. *Queen of may* (Reine de Mai) (Salter avant 1859) rose clair.
86. *Rhein Nixe* (Goos et Kœnemann, 1910), div. sup. blanches; div. inf. violet rougeâtre bordé blanc.
87. *Iris Kœnig* (Roi des Iris) (Goos et Kœnemann), div. sup. jaune d'or; div. inf. rouge brun velouté et marginé jaune.
88. *Sarpedon* (Yeld, 1914), bleu uni.
89. *Saül* (Denis, 1921), div. sup. jaune d'or; div. inf. brun noir.
90. *Souvenir de Madame Gaudichau* (Millet, 1914), div. sup. bleu alinine foncé; div. inf. violet pourpre foncé.
91. *Tamerlan* (Vilmorin, 1904) div. sup. bleu violet clair; div. inf. bleu violet foncé.
92. *Tartarin* (Bliss, 1919), bleu lilacé à div. inf. plus foncé.
93. *Trianon* (Vilmorin, 1921), div. sup. jaune isabelle; div. inf. ombré bleuâtre.
94. *Turco* (Vilmorin, 1921), div. sup. lilas rosé; div. inf. jaune lavé bleu.
95. *Troost* (Denis, 1908), div. sup. rose violacé; div. inf. veiné violet et brun.
96. *Velouté* (Vilmorin, 1914), violet foncé à div. inf. violet noir, velouté à bord pâle.
97. *Victoire Lémon* (Lémon, 1848), div. sup. blanc souvent rayé violet; div. inf. violet foncé.
98. *Violacea grandiflora* (1860), violet uni.
99. *White Queen* (Queen Mary), (Perry, 1913), blanc absolument pur.
100. *Zouave* (Vilmorin, 1920), div. sup. lilas tendre; div. inf. violet clair.

Verrières, 1922.   (Photo S. M.).

Iris Loreley.

Verrières, 1922.   (Photo S. M.).

Iris pulcherrima.

LISTE DES VARIÉTÉS NOUVELLES OU PEU RÉPANDUES
ET INSUFFISAMMENT CONNUES

La guerre ayant suspendu pendant plusieurs années la diffusion et l'essai des variétés nouvelles, la Commission des Iris s'est vue obligée d'exclure des choix qui précèdent un certain nombre de variétés étrangères réputées ainsi, d'ailleurs, que les nouveautés françaises, encore imparfaitement connues aux divers points de vues de leurs caractères, de leurs mérites décoratifs et de leur valeur culturale.

Au surplus, les choix précédents ayant été établis pour les amateurs ne comprennent que des variétés de valeur éprouvée, déjà répandues et d'un prix accessible.

La Commission des Iris a, néanmoins, pensé qu'il était intéressant de mentionner les variétés nouvelles ou récentes qui lui ont été présentées au cours de ses séances ou recommandées par certains de ses membres qui ont eu l'occasion de les observer.

Le plébiscite américain, publié ci-après, donne une appréciation de la valeur des variétés les plus en vue dans ce pays.

1° VARIÉTÉS ÉTRANGÈRES.

Anne Leslie (Sturtevant, 1918). Div. sup., blanches nuancées rose; div. inf. carminées.

Afterglow (Sturtevant, 1917). Bleu lavande.

Ann Page (S. Hort, 1918). Bleu lavande pâle.

Asia (Yeld, 1916). Div. sup. bleu lavande; div. inf. violet rougeâtre.

Aphrodite (Dykes, 1922). Violet rougeâtre vif.

Avalon (Sturtevant, 1918). Div. sup. mauve clair; div. inf. mauve foncé.

Blanche (S. Hort., 1922). Blanc pur.

Blue bird (Bliss, 1919). Bleu intense.

Blue lagoon (Bliss, 1919). Div. sup. bleu pâle; div. inf. bleu foncé.

Bruno (Bliss, 1922). Div. sup. rouge violacé fumé; div. inf. violettes, veloutées.

B. Y. Morrison (Sturtevant, 1918). Div. sup. violet bleu pâle; div. inf. violet rougeâtre.

Cardinal (Bliss, 1922). Violet rougeâtre foncé.

Centurion (Bliss, 1922). Div. sup. violet clair; div. inf. bleu violet velouté.

Citronella (Bliss, 1922). Div. sup. jaune clair; div. inf. rouge brun à bords pâles.

Dominion (Bliss, 1917). Div. sup. bleu violet; div. inf. bleu violet foncé velouté.

Dora Longdon (Bliss, 1918). Div. sup. bleu lavande; div. inf. violet rougeâtre.

Dream (Sturtevant, 1918). Rose clair uni.

Dugesclin (Bliss, 1921). Div. sup. bleu violet clair, div. inf. violet bleu vif.

Duke of Bedford (Bliss, 1922). Div. sup. violet bleu; div. inf. violet rougeâtre velouté.

Dusk (Morrison, 1921). Div. sup. violet vineux; div. inf. violet rougeâtre velouté.

Dusky maid (Bliss, 1919). Div. sup. jaune fumé; div. inf. violet mauve à bords pâles.

Echesachs (Goos et Kœnemann, 1920). Div. sup. bleu lavande; div. inf. pourpre violet.

Flammenschwert (Goos et Kœneman, 1920). Div. sup. jaune; div. inf rouge brun marginées jaune.

Hermione (S. Hort, 1920). Div. sup. violet bleu; div. inf. violet rougeâtre.

Istria (Dykes, 1922). Div. sup. blanc pur; div. inf. blanches et veinées.

Glamour (Bliss, 1922). Div. sup. violet clair; div. inf. violet rougeâtre foncé.

E. H. Jenkins (Bliss, 1920). Violet bleu uni.

Lance (S. Hort. 1919). Div. sup. bleu lavande; div. inf. violet bleuâtre.

Lent A. Williamson (Williamson, 1918). Div. sup. bleu violet tendre; div. inf. violet de pensée velouté.

Magnate (Sturtevant, 1918). Div. sup. bleues; div. inf. violet rougeâtre velouté.

Marsh Marigold (Bliss, 1919). Div. sup. jaunes; div. inf. rouge brun, marginées jaune.

Mary Williamson (Williamson, 1921). Div, sup. blanc nuancé; div. inf. violet foncé, bordées blanc.

Merlin (Sturtevant, 1918). Div. sup. mauves; div. inf. violet de pensée.

Moa (Bliss, 1920). Div. sup. violettes; div. inf. violet rougeâtre foncé.

Neptune (Yeld, 1916). Div. sup. bleu pâle; div. inf. bleu violet foncé.

Phyllis Bliss (Bliss, 1919). Rose violacé tendre.

Queen Caterina (Sturtevant, 1918). Bleu lavande pâle uni.

Rêverie (Sturtevant, 1919). Div. sup. rose violacé clair; div. inf. rouge hellebore.

Roseway (Bliss, 1919). Rose vif.

Ruby (Dykes, 1919). Violet rougeâtre, à div. inf. plus foncées.

Safrano (Dykes, 1922). Jaune clair uni.

Sapphire (Dykes, 1922). Bleu dauphin concolore.

Seminole (Farr, 1920). Div. sup. violet rosé clair; div. inf. cramoisi velouté.

Shalimar (? 1916). Violet bleu uni.

Shekinah (Sturtevant, 1918). Jaune citron, à divis. inf. plus foncées; port de *pallida*.

Sindjkha (Sturtevant, 1918). Div. sup. bleu lavande terne; div. inf. violettes.

Swazi (Bliss, 1922). Violet bleu uni.

Suzan Bliss (Bliss, 1919). Rose presque pur.

Sweet lavender (Bliss, 1919). Div. sup. bleu lavande pâle; div. inf. bleu violet.

Titan (Bliss, 1921). Div. sup. bleu violet clair; div. inf. violet rougeâtre.

Vanessa (Bliss, 1922). Div. sup. jaune chamoisé; div. inf. brun rougeâtre à bords pâles.

Wild Rose (Sturtevant, 1921). Rose s'approchant le plus du rose pur; port de *pallida*.

2° VARIÉTÉS FRANÇAISES.

A. — *Iris* des jardins.

Alliés (Vilmorin, 1920). Div. sup. rouge brique; div. inf. violet d'Iris rayées grenat; refleurit généralement à l'automne (Certifié, 1920).

Antarès (Vilmorin 1922). Blanc bleuté, moucheté lilas, à divis. inf. restant ascendantes. (Certifié, 1912).

Argos (Vilmorin, 1922). Div. sup. bleu violet; div. inf. violet foncé (Certifié, 1922).

Balaruc (Denis). Blanc.

Bélisaire (ex *Figaro*) (Cayeux 1922). Div. sup. fauve; div. infér. rose pourpré (Certifié 1922).

Cassiopée (Vilmorin, 1922). Bleu tendre, à div. inf. un peu plus foncées (Certifié, 1922).

Chasseur (Vilmorin, 1922). Jaune canari pur; div. inf. à centre pâle (Certifié, 1922).

Daniel Lesueur (Denis, 1913). Div. sup. bleu violet; div. inf.

Deuil de Valery Mayet (Denis, 1912). Rose cuivré et rouge bronzé.

Drapeau (Vilmorin, 1922). Div. sup. bleu très pâle; div. inf. violet bleu clair.

Eclaireur (Cayeux, 1921). Div. sup. blanc ombré de lilas tendre; div. infér. violet rosé clair (Certifié, 1921).

Gloriæ (Cayeux, 1921). Div. sup. bleu franc; div. inf. bleu violet métallique à gorge réticulée brun. Très grande fleur (Certifié, 26 mai 1921).

Grenadier (Vilmorin, 1922). Div. sup. violet bleu; div. inf. violet foncé (Certifié, 1921).

Hussard (Vilmorin, 1922). Bleu violet clair uni; très odorant (Certifié, 1922).

Imperator (Cayeux, 1921). Div. sup. violet clair nuancé fauve; div. inf. violet rougeâtre (Certifié, 1921).

Ingres (Cayeux, 1922). Div. sup. lilas héliotrope; div. inf. héliotrope et violet.

Jean Chevreau (Cayeux, 1922). Div. sup. blanc crême teinté isabelle; div. inf. blanc de lait sablé et pointillé brun à la gorge et sur le bord des divisions (Certifié, 1921).

Le Grand Ferré (Cayeux, 1922). Div. sup. gris fauve ombré héliotrope; div. inf. rose vineux éclairé au pourtour, gorge réticulée brun sur fond blanc (Certifié, 1922). Prix spécial de M. F. Denis pour le plus bel Iris de 1922.

Le Vardar (Cayeux, 1922). Rose mauve uni; très grande plante (1 m. 20).

Liberty (Cayeux, 1921). Div. sup. fauve ardoisé et jaune; div. inf. rouge magenta nuancé brun (Certifié, 1921).

Mme Janiaud (Cayeux, 1922). Div. sup. lilas teinté fauve; div. inf. violet ardoisé marginé lilas.

Mme Abel Châtenay (Cayeux, 1922). Div. sup. lilas rosé; div. inf. héliotrope, gorge réticulée fauve et blanc, barbes jaunes.

Mlle Yvonne Pelletier (Millet, 1916). Bleu ciel; coloris tendre, unique.

Marsouin (Vilmorin, 1922). Violet foncé, ombré jaunâtre.

Mrs Walter Brewster (Vilmorin, 1921). Bleu violet (Certifié, 1921). Prix de Mme Harding en 1921.

Orion (Vilmorin, 1922). Div. sup. lilas fumé; div. inf. violet foncé velonté (Certifié, 1922)

Our King (*Queen of may* amélioré) (Denis, 19...) Rose vif uni.

Peau rouge (Cayeux, 1921). Div. sup. rouge cuivré; div. inf. rouge sang pourpré coloris unique (Certifié, 1921).

Spahi (Vilmorin, 1920). Violet rougeâtre clair.

Simonne Vaissière (Millet, 1922). Div. sup. blanc azuré; div. inf. bleu aniline.

Salonique (Cayeux, 1921). Div. sup. blanc crême soufré; div. inf. violet pourpré (Certifié, 1921).

Trouvaille (Cayeux, 1922). Div. sup. blanches; div. inf. violet pourpre bordé blanc (Certifié, 1922).

Yellow hammer (Denis, 1921). Jaune primevère; hâtif, demi-nain.

B. — *Iris Ricardi* hybrides.

(Sous le climat parisien et dans certains sols, ceux des *Iris Ricardi* qui ont conservé le tempérament du type, souffrent de l'excès d'humidité hivernale et probablement des grands froids).

Andrée Autissier (Denis, 1918). Bleu lavande.

Arsace (Millet, 1912). Div. sup. mauve; div. inf. mauve nuancé rose.

Général Galliéni (Millet, 1922) Div. sup. bleu d'aniline; div. inf. plus foncées à reflets lilas.

Lépinoux (Millet, 1922). Div. sup. bleu; div. inf. violet de violette.

Leverrier (Denis, 1910). Violet rougeâtre.

Louis Bel (Denis, 1921). Violet uni.

Mme Claude Monet (Denis, 1910). Violet pourpré.

Mme Durrand (Denis, 1910). Div. sup. jaune fumé; div. inf. lilas foncé nuancé brun.

Mme Vernoux (Millet, 1921). Div. sup. ardoise lavée rose; div. inf. violet petunia.

Mlle Suzanne Autissier (Denis, 1920). Div. sup. bleu aniline; div. inf. violet pourpré.

Ménétrier (Denis, 1921). Div. sup. jaune gomme gutte; div. inf. violet prune bordé bronze.

Miss Edith Cavell (Denis, 1916). Blanc avec gorge et barbes jaunes.

M. Brun (Denis, 1912). Div. sup. bleu ageratum; div. inf. lie de vin.

M. A. Gérard (Denis). Div. sup. bleu dauphin; div. inf. bleu aniline bronzé.

M. Massé (Denis, 1917). Blanc lavé et nuancé bleu azuré.

J. B. Dumas (Denis, 1917). Div. sup. violet; div. inf. même teinte mais plus foncée.

Ricardi blanc (Denis, 1919). Blanc mat uni.

C. — *Hybrides* divers.

Leichtlinii Barbe bleue (Denis, 1922). Brun fauve flammé rougeâtre, à barbe bleu. Heâtif (Certifié, 1922).

M. Steichen (Denis .....). Div. sup. blanc bleuté; div. infér. à fond gris et isabelle plus pâle au pourtour, fine macule grenat au centre et stries brunes.

Hybride de *chamæiris alba* × *iberica*.

Ochracea cœrulea (Denis, 1919). Div. sup. vieil or fumé; div. inf. même teinte à centre bleuâtre (Certifié, 1922).

Zwanenburg (Denis .....). Div. sup. reticulées lilas sur fond jaunâtre; div. inf. isabelle violacée (Certifié, 1922).

Hybride de *lutescens aurea* × *susiana*.

IRIS DES JARDINS LES PLUS APPRÉCIÉS
EN AMÉRIQUE

La Société américaine des Iris a publié dans son journal, en mai 1922, le résultat d'un plébiscite qu'elle a entrepris pour déterminer la valeur relative des variétés d'Iris des jardins. Ce plébiscite a porté sur environ 700 variétés, y compris les Iris intermédiaires et les *Iris pumila*. Plus de 20 votants y ont pris part. La cote 100 a été adoptée.

Cette longue liste comprend, en outre des variétés de fond, un grand nombre de variétés américaines et anglaises d'obtention récente, très remarquables mais encore peu ou à peine connues en France, en raison des difficultés d'importation occasionnées par la guerre.

Il y a donc intérêt à connaître les plus haut cotées de ces dernières et leur valeur relativement à celles répandues en France, que les Américains possèdent presque toutes.

Dans ce but, nous donnons ci-après l'énumération des variétés les plus haut cotées en descendant jusqu'au minimum de 80 points inclus, correspondant, dans l'esprit des auteurs, à la mention « très bon. »

Le chiffre indiqué en marge est celui de la moyenne des points attribués à chaque variété et, à la suite du nom, entre parenthèses, celui du nombre des votants.

96 *Lent A. Williamson* (19).
95 *Princess Beatrice* (9).
94 *Ambassadeur* (11).
   Ballerine (5).
   Dominion (12).
93 *Souvenir de Mme Gaudichau* (11).
91 *Lord of June* (20).
   Avalon (6).
   Magnifica (4).
   Leverrier (7).
   Queen Caterina (14).
89 *Alcazar* (23).
   Caterina (19).
   Phyllis Bliss (3).
88 *Pallida dalmatica* (21).
   B. Y. Morrison (17).

   Georgia (4).
   Halo (4).
   Hermione (3).
   Shekinah (14).
87 *Crusader* (19).
   Cypriana (7).
   Opéra (15).
   Dusk (3).
   Marsh marigold (4).
   Rêverie (3).
86 *Edouard Michel* (27).
   Isoline (23).
   Mme Claude Monet (5).
   Mme Durrand (5).
   Afterglow (86).
   Ann Page (6).

Cluny (6).
85 *Lady Foster* (17).
Deuil de Valéry Mayet (3).
Dream (12).
Grévin (4).
Médrano (9).
Merlin (10).
Mme Chobaut (4).
Moa (3).
Rose Madder (3).
Sweet lavender (9).
Tartarin (5).
84 *Anna Farr* (17).
Kashmir white (12).
Monsignor (23).
Quaker Lady (22).
Rhein Nixe (22).
Troost (8).
Arsace (8).
Cretonne (4).
W.-J. Fryer (7).
83 *Ambigu* (17).
Anne Leslie (17).
Archevêque (22).
Corrida (10).
Déjazet (11).
Ivanhoë (3).
La neige (17).
Mercedès (8).
Montézuma (12).
Prosper Laugier (23).
White knight (17).
Benbow (7).
Dimity (10).
Du Guesclin (4).
Mme Chéri (8).
Rodney (5).
Séminole (8).
Sindjkha (12).

Stanley H. White (4).
Taj Mahal (5).
Ute Chief (6).
82 *Delicatissima* (13).
Lohengrin (23).
Azure (10).
Drake (5).
Morwell (6).
Nancy Horne (5).
Onnoris (3).
Roseway (5).
81 *Carthusian* (15).
Juniata (2).
Ma mie (20).
Mesopotamica (7).
Mme Louesse (4).
Neptune (8).
Parc de Neuilly (23).
Stamboul (12).
Trojana (15).
Blue lagoon (3).
Dora Longdon (15).
Kathryn Fryer (7).
Mlle Schwartz (13).
Raffet (4).
Sherbert (11).
Virginia Moore (10).
80 *Colonel Candelot* (12).
Dalila (13).
Fairy (22).
Jacquesiana (23).
Nine Wells (15).
Roméo (7).
Sarpedon (10).
Sunshine (3).
Violacea grandiflora (15).
Baronet (3).
Tom Tit (8).

CALENDRIER DE LA FLORAISON DES IRIS
SOUS LE CLIMAT PARISIEN

Iris unguicularis (*I. stylosa*), février-mars.
Iris des sections *Evansia, Juno, Onco-cyclus Regelia* et leurs hybrides (sans abri),
   mars-avril.
Iris pumila, 15-30 avril.
Iris intermédiaires, 1er au 15 mai.
Iris des jardins hâtifs, 10-15-20 mai.
Iris des jardins demi-hâtifs, 20 mai au 1er juin.
Iris des jardins tardifs, 20 mai au 10-15 juin.
Iris bulbeux (*Xiphium*), 20-30 mai au 10-20 juin.
Iris Kæmpferi, 15-20 juin au 1er juillet.
Iris de la section *Apogon* divers, 15 juin au 15 juillet.

Ces dates sont très variables suivant les saisons, les sols et l'exposition; elles ne
doivent donc être prises que dans un sens approximatif.

MÉMOIRES

LISTE DES AUTEURS.

ABRIAL (Cl.). — Conservateur des collections de matière médicale et de botanique à la Faculté de Médecine, Secrétaire général du Comité régional lyonnais des plantes médicinales, à Lyon (Rhône).

BELLAIR (G.). — Publiciste horticole, ancien jardinier en chef des Palais nationaux, 34, rue Mareuse, à Chaville (Seine-et-Oise).

BLISS (A.-J.). — F. R. H. S., à Morwellham-Tavistock, Devonshire (Angleterre).

BRETIN. — Professeur à la Faculté de médecine, président du Comité régional lyonnais des plantes médicinales, à Lyon (Rhône).

DENIS (F.). — Amateur, à Balaruc-les-Bains (Hérault).

DYKES (W.-R.). — M. A., Licencié ès-lettres, Secretary of the Royal Horticultural Society, Vincent square, Westminster, London, S. W. (Angleterre).

FOËX (Et.). — Directeur de la Station de pathologie végétale, 11 bis, rue d'Alésia, à Paris, XIVe arr.

GÉRÔME (J.). — Professeur à l'Ecole nationale d'Horticulture de Versailles, Sous-Directeur du jardin d'expériences du Museum national d'histoire naturelle, 61, rue de Buffon, à Paris, Ve arr.

GUILLAUMIN (A.). — Docteur ès-sciences, assistant au Museum national d'histoire naturelle (Chaire de culture), 61, rue de Buffon, à Paris.

KRELAGE (E.). — Horticulteur, à Haarlem (Hollande).

LAPLACE (F.). — 55, route de Versailles, à Billancourt (Seine).

LAVENIR (Ph.). — Secrétaire général de la Société lyonnaise d'Horticulture, Etablissements Morel, rue du Souvenir, à Lyon (Rhône).

LESNE (P.). — Assistant au Museum national d'Histoire naturelle, (Chaire d'Entomologie), rue de Buffon, à Paris, Ve arr.

LESOURD (F.). — Ingénieur agricole, Rédacteur en chef de la *Revue horticole*, 26, rue Jacob, à Paris, VIe arr.

Massé (H.). — Ex-jardinier en chef au Petit-Châtenay, amateur d'Iris, à Sainte-Hermine (Vendée).

Mottet (S). — Ancien chef des cultures expérimentales et des collections de la Maison Vilmorin-Andrieux et Cie, 7, rue de Paris, à Verrières-le-Buisson (Seine-et-Oise).

Ricketts (Miss H.-E.). — Member of the American Iris Society, 935, High Street, Indianapolis, Indiana (États-Unis d'Amérique).

Sturtevant (R.-S.). — Wellesley Farms, Massachussetts (États-Unis d'Amérique).

Tubergen (C. G. van) Jr. — Etablissement horticole, Zwanenburg, à Haarlem (Hollande).

Yeld (G.).— M. A. Oxon, F.R.H.S., Orleton, Gerrards Cross, Bucks (Angleterre).

INTRODUCTION A L'ÉTUDE DES IRIS

PAR

M. J. GÉROME

I

La fleur de l'Iris est d'apparence compliquée et les ouvrages actuels qui la décrivent emploient des termes qui n'ont pas le même sens dans les traités élémentaires de botanique, de sorte que l'amateur non initié est dérouté. C'est le cas quand il trouve les termes *labelle* et *étendard*, ces termes s'appliquant le premier à une partie de la corolle des Orchidacées, le deuxième à une pièce de la corolle des Légumineuses-Papilionacées, mais on les trouve aussi appliqués aux Iris, dans divers ouvrages et catalogues.

Les Monocotylédones à fleurs ornementales et possédant un *calice* et une *corolle* nettement distincts comme couleur, sont relativement rares; toutefois, l'une d'elles se rencontre couramment dans les jardins de plantes vivaces rustiques, c'est le *Tradescantia virginiana*; dans cet exemple, les deux verticilles ne peuvent être confondus.

Dans un Iris (de même que dans un Lis, un *Amaryllis*, un *Clivia*, etc., les pièces constituant le calice (ou verticille extérieur de la fleur) sont colorées, de même que celles qui représentent la corolle. Les six organes floraux les plus extérieurs réunissent donc le calice et la corolle; il suffit, pour donner à chacune leur signification morphologique exacte de se rappeler que ce sont les sépales (parties constituant le calice) qui sont les plus extérieurs. On remarque à première vue, dans la fleur de l'*Iris germanica* par exemple, que les six pièces pétaloïdes (formant le périanthe) sont de forme et de disposition différentes.

Les trois extérieures, de forme ovale, recourbée et retombante, rétrécie vers leur point d'attache en une sorte d'onglet, portent, sur le milieu de cette partie rétrécie et dans le sens de sa longueur, une ligne de poils ou barbilles jaunâtres : ces pièces sont les sépales. Miller, dans son *Dictionnaire des jardiniers* les appelait, d'après leur position, « pétales tombants » ; le terme anglais *falls* est employé dans ce sens ; dans quelques ouvrages, on emploie le mot *labelle* avec le même sens. Donc *sépale* est, dans certains livres, remplacé par *fall* ou par *labelle*.

Les trois autres pièces du périanthe sont des *pétales* ; leur ensemble constitue la corolle ; elles sont dressées et tendent à se rapprocher par leur sommet. Miller les désignait sous le nom d'étendards (*standard* en anglais) que les auteurs anglais actuels utilisent encore. Quand ces termes *fall* et *standard* sont appliqués à des espèces dans lesquelles les pièces de la fleur sont bien retombantes pour les premières, dressées et très grandes pour les deuxièmes, on en comprend facilement l'emploi ; il suffit de savoir à quoi ces mots se rapportent. Mais si on les applique par exemple à des fleurs telles que celles de certaines variétés dites *doubles* de l'*I. lœvigata*, Fisch et Mey. *Kæmpferi*, Sieb.), (introduits dans les cultures vers 1858), dont les sépales ont une position plus étalée que tombante et dont les pétales sont plus courts et plus petits que les sépales, ces termes de *fall* et de *standard* se comprennent moins bien (on a, en effet, devant soi des « tombants » qui sont étalés et des « étendards » qui n'émergent pas au-dessus des autres organes). Dans ce cas (et il en est beaucoup de semblables), l'emploi des termes *sépales* et *pétales* conviendrait mieux.

La chose essentielle est de comprendre et de pouvoir lire avec profit les publications de langues diverses ; la synonymie indiquée ci-dessus permettra au débutant d'atteindre ce résultat.

Après avoir reconnu la nature exacte des six pièces extérieures de la fleur d'un Iris, l'amateur débutant que nous imaginons devra les séparer du restant de la fleur dès leur point d'attache, afin de pouvoir mieux examiner les verticilles internes (*androcée* = ensemble des étamines, et *gynécée* = ensemble de l'ovaire, du style et des stigmates).

A la première inspection, il ne distinguera peut-être pas nettement les différentes pièces composant ces deux verticilles essentiels d'une fleur complète ; il constatera probablement un ensemble qui, vu par le dessus, paraît formé de trois lames élargies, pétaloïdes (colorées), échancrées ou bifides à leur sommet, concaves du côté inférieur et étalées plus ou moins dans leur partie supérieure. A la partie inférieure de ces trois divisions, en dessous du point où elles sont échancrées ou fendues en deux, il remarquera un pli transversal.

Ces trois lames pétaloïdes sont les *stigmates* ou divisions d'un style qui est simple dans sa partie inférieure ; c'est par la petite ouverture qui se trouve dans le pli transversal signalé plus haut que pénètre le pollen fourni par les étamines.

Les deux lobes plus ou moins profonds ou plus ou moins grands

qui terminent les stigmates sont couramment désignées dans les
descriptions par le mot *crête*, qui est ici synonyme de *lobe stigmatique*.

Mais où sont les étamines que jusqu'alors nous n'avons pas
signalées?

Pour les anciens auteurs, les étamines étaient la ligne de poils
constituant la *barbe* que nous avons signalée comme existant sur
l'onglet des sépales dans l'*Iris germanica*.

Comme cette ligne de poils (ou barbe) n'existe pas dans l'*Iris Pseu-*

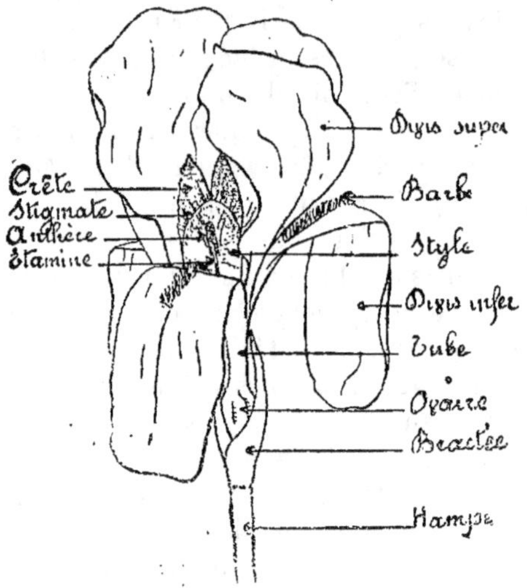

Schéma d'une fleur d'Iris.

dacorus, cette espèce (et toutes celles qui sont dans le même cas)
n'aurait donc pas d'étamines?

Les étamines des Iris sont au nombre de trois dans chaque fleur;
elles sont représentées par trois *lames* pétaloïdes étroitement appliquées contre la face extérieure des branches du style; leur anthère
allongée s'ouvre par une fente longitudinale et du côté extérieur de
la fleur, face aux barbes. (Dans les Liliacées et les Amaryllidacées,
la fente des anthères est au contraire tournée vers le centre de la fleur).

Il résulte de cette organisation de la fleur d'Iris qu'elle est moins
compliquée qu'il ne le paraissait tout d'abord; les branches du style
sont opposées aux étamines. L'examen du diagramme ci-contre permet de voir ces organes bien nettement.

Rappelons ici que, ce qui est le cas des Iris, n'est pas général pour
tous les genres de la famille : ainsi dans les Crocus et Glaïeuls,
autres Iridées bien connues, les étamines alternent avec les branches
du style, au lieu de leur être opposées.

Nous avons, plus haut, cité le mot *crête*, employé pour désigner ᶜles deux appendices pétaloïdes, redressés, collatéraux qui couronnent l'extrémité supérieure des stigmates ; ce terme est encore employé par les botanistes dans la classification des Iris, mais dans un autre sens.

Il désigne, dans le groupe nommé *Evansia*, une crête médiane charnue garnie de poils capillaires qui se remarque sur les sépales des espèces de ce groupe, tel que *I. japonica* Thunb. (syn. : *I. fimbriata* Vent.), qui est le plus anciennement cultivé de cette section ; cette crête charnue remplace la ligne de poils ou barbe des Iris barbus.

II

Quelques espèces d'Iris, indigènes de l'Europe centrale ou orientale, existent dans les jardins depuis un temps qu'il est difficile de préciser ; tels sont : *Iris florentina* L., *Iris germanica* L., *Iris pallida* Lam.

Les Anciens, Grecs et Romains, utilisaient déjà les rhizomes d'Iris, comme parfum et médicament.

D'autres espèces qui croissent communément en France, sur le bord des cours d'eau ou dans les lieux frais, tels que *Iris Pseudacorus* L., *Iris fœtidissima* L. étaient aussi du nombre des plantes utilisées en médecine populaire.

C'est au titre de plantes médicinales que les unes et les autres ont été tout d'abord introduites dans les jardins, dans l'espace réservé aux « simples ».

Leur mérite ornemental, à ces époques lointaines, était tout à fait accessoire. Il existait, en tout cas, des Iris dans les jardins royaux de Charles V, en 1365, à Paris, quartier des Tournelles.

Les variétés horticoles d'*Iris rhizomateux* proviennent, surtout pour les grandes formes, des *Iris germanica*, *Iris pallida*, *Iris sambucina*, *Iris squalens*, *Iris variegata*, etc. Le groupe horticole dit « *Iris belgica* » (dérivant de l'*Iris variegata*), est cité pour la première fois sous ce nom en 1839, dans le supplément du *Manuel du Jardinier*, par Noisette, mais ce type avait déjà été dessiné et peint par Redouté près de 40 ans auparavant.

L'*Iris* de Florence, trop délicat pour nos régions, est resté cantonné dans les cultures méridionales.

Pour les petits Iris rhizomateux, c'est l'*Iris pumila* et ses nombreuses variétés qui a été le prototype de cette série.

Dumont de Courset, en 1811, en cultivait déjà six variétés, de coloris très différents, dans son domaine de Courset (Pas-de-Calais) ; il cultivait, de même, à cette époque la variété à feuilles bordées de blanc de l'*Iris fœtidissima*. (Iris gigot, à feuilles panachées). Le nombre des espèces d'Iris cultivées en 1814, et énumérées dans le *Botaniste cultivateur*, dépasse quarante.

Parmi les espèces exotiques de culture ancienne, signalons surtout : *Iris susiana* L. ou Iris deuil, originaire de la Perse et du Levant, si curieux par ses grandes fleurs brun-noir veinées de violet pourpre, et par la barbe violette qui existe sur la surface des sépales depuis leur base jusqu'à vers leur milieu ; son introduction remonte à 1573.

Iris japonica Thunb. (*Iris fimbriata* Vent. est d'introduction moins ancienne ; il était cultivé à Paris (Établissement Cels), en 1792 ; nous l'avons cité plus haut en signalant les deux sens donnés au mot crête, dans les descriptions d'Iris, suivant qu'il s'agit d'une partie des pétales ou des stigmates.

Toutes les espèces indiquées ci-dessus sont *rhizomateuses*, à hampe florale plus ou moins élevée et représentent les divers groupes établis par les botanistes pour classer ces Iris rhizomateux en : *Iris barbus* et *Iris imberbes*.

Dans le premier de ces deux groupes, l'*Iris florentina* est une des rares espèces qui soit barbue sur la base des six pièces du périanthe (Hexapogon) ; l'*Iris germanica* peut être pris comme type des espèces ne possédant de barbe que sur l'onglet des sépales (Pogoniris) ; l'*Iris susiana* représente le groupe dans lequel les sépales sont barbus sur la surface de leur limbe (Oncocyclus) ; l'*Iris Pseudacorus* est un type des *Iris rhizomateux imberbes* (Apogon).

Il existait aussi dans les cultures, dès la fin du xvie siècle, des *Iris bulbeux*, se distinguant des précédents, en outre de la nature différente de leur souche, par la forme des feuilles : canaliculée (ou en gouttière) au lieu d'être en forme de glaive.

Les *Iris Xiphioides*, des Pyrénées, et *Iris Xiphium* d'Espagne qui sont les prototypes de ce groupe, ont fourni aux jardins de nombreuses et très belles variétés. (Dans la première espèce, les pétales sont moins longs que les sépales). Ces Iris sont à floraison printanière.

L'*Iris persica*, cultivé depuis 1629, est encore une espèce bulbeuse, mais presque acaule et de floraison tout à fait hâtive ; il ne réussit guère dans nos régions qu'en culture en pots, sous verre. Il appartient au groupe *Juno*, tandis que les deux précédents, chez lesquels les pétales ont un bien plus ample développement appartiennent au groupe *Diaphane* (terme peu employé) ; celui de *Xiphium* l'est davantage.

Cette revue sommaire des principaux Iris cultivés en grand avant 1820 permet au débutant, s'il veut commencer par les réunir tous, d'avoir sous les yeux ceux qui ont le plus contribué, dès le début, à la formation des formes horticoles. Par la même occasion, il aura au moins un représentant des diverses sections du genre Iris, d'après la classification scientifique : il lui sera donc facile de se faire sur le vif une idée précise de cette classification.

III

Il convient aussi de signaler à l'amateur que ces anciens Iris sont figurés ou décrits dans les ouvrages suivants qui existent dans les grandes bibliothèques: Mordant de Launay (1) et Loiseleur Deslong-champs (2), *Herbier général de l'Amateur ;* Redouté (3), *Les Liliacées* ; Ventenat (4) et Redouté, *Jardin de la Malmaison, Choix de plantes cultivées dans l'Etablissement Cels* ; puis la *Revue Horticole* (fondée en 1829) encore en cours de publication, et parmi les publications qui ont cessé d'exister, l'*Horticulteur français*, par F. Hérincq (5) etc., etc. Parmi les publications étrangères, citons surtout les deux importants recueils iconographiques anglais, *Botanical Magazine* et *Botanical Register*.

Comme ouvrage purement descriptif, en outre de ceux déjà cités : Noisette, *Manuel du Jardinier* ; Dumont de Courset, *Le Bota-niste cultivateur*, il y a le volume XIII du travail de Spach (6) : *His-toire des végétaux phanérogames*, qui comprend la famille des Iri-dacées.

Ces auteurs, botanistes ou horticulteurs français, dont les titres sont indiqués ci-dessous en note, ont contribué grandement à faire connaître et aimer les Iris, fleurs éminemment françaises ; il est utile de signaler que beaucoup d'entre eux appartenaient au Muséum ou y avaient des attaches. Cela souligne la part qu'a pris cet établissement dans l'histoire des Iris.

(1) Bibliothécaire au Muséum.
(2) Botaniste français.
(3) Professeur de dessin au Muséum.
(4) Bibliothécaire du Panthéon.
(5) Conservateur des galeries de botanique au Muséum.
(6) Aide-naturaliste au Muséum.

LES CARACTÈRES BOTANIQUES DU GENRE IRIS

PAR

M. A. GUILLAUMIN

Le genre Iris de Tournefort (de ἴρις arc-en-ciel, de la couleur des fleurs) a été très diversement compris par les botanistes. Sans citer les 25 synonymes qu'on y fait actuellement rentrer, on peut remarquer que certains auteurs comme Adanson, Parlatore et Klatt l'ont limité aux seules espèces dont les sépales présentent des barbes et que, jusqu'à Parlatore, le genre *Hermodactylus* ne renfermant qu'une espèce à aspect extérieur d'Iris mais à ovaire uniloculaire, à placentas pariétaux — caractère unique chez les Iridacées, et qui rappelle inversement le cas du *Selenipedium* chez les Orchidacées — fut couramment incorporé dans les Iris.

Tel qu'on le comprend actuellement, le genre Iris peut être défini de la façon suivante :

Plantes herbacées de terrains secs, humides ou marécageux, à rhizome ramifié, allongé horizontalement à faisceaux libéro-ligneux concentriques, c'est-à-dire à liber entièrement entouré de bois ou bulbeux, à tiges simples ou rameuses, isolées ou groupées en bouquets souvent tuniquées de filaments à la base. Toutes les parties végétatives aériennes sont de couleur plus ou moins glauque à cause d'un revêtement cireux, formé d'une seule couche de granules juxtaposées, émises à travers les membranes des cellules externes : cette matière cireuse est insoluble dans l'alcool à froid, soluble dans l'alcool à chaud et fusible au-dessous de 100°.

Les feuilles sont linéaires et groupées à la base des tiges ou en lame de sabre, distiques ou équitantes ; les nervures sont parallèles. Une coupe transversale de la feuille montre qu'elle présente deux séries de faisceaux libéro-ligneux dont les bois se regardent, par suite que la feuille est morphologiquement composée seulement d'une gaine très développée et à aspect de limbe, mais qu'en réalité, le limbe est avorté. Les stomates sont enfoncés dans des cavités plus ou moins complètement enveloppées par les cellules d'alentour, mais dépourvues de cellules annexes.

L'inflorescence comprenant rarement une seule fleur, mais le plus souvent deux et plus, est enveloppée dans une spathe unique. Le périanthe est formé de 2 verticilles de 3 pièces colorées, soudées en un tube généralement court, comprenant, en outre, à la base les étamines et les styles et se prolongeant encore pendant une certaine longueur, alors que les styles se sont libérés du tube commun. Les sépales (divisions externes, divisions inférieures, tombants, labelles, falls) sont généralement réfléchis; les pétales (divisions intérieures, divisions supérieures, étendards, standards) sont le plus souvent dressés. L'onglet des sépales et des pétales est bien développé et atteint sensiblement la moitié de la longueur; la lame des sépales est généralement bien développée, étalée ou réfléchie, la lame des pétales est généralement plus étroite, parfois très réduite, complètement dressée ou étalée dans sa partie supérieure. L'onglet ou la lame des sépales et l'onglet des pétales peuvent être ornés de nombreuses papilles dressées ou de crêtes destinées vraisemblablement à recueillir le pollen s'échappant des anthères.

L'androcée est formé de 3 étamines superposées aux sépales et aux styles : les Iridacées peuvent donc être considérées comme des Amaryllidacées dont le cycle interne d'étamines aurait disparu; du reste, dans les fleurs d'Iris monstrueuses, le verticille normalement disparu reparait sous forme d'étamines, de staminodes ou de pétales supplémentaires. Les filets, filiformes, sont insérés à la base des sépales et sont libres, sauf dans la section *Gynandriris* où ils sont agglutinés, mais non soudés, aux styles; les anthères linéaires et fixées aux filets par leur base s'ouvrent en dehors (déhiscence extrorse) : elles sont étroitement appliquées sur les branches du style, parfois lui sont même collées mais non soudées. Si on en fait l'anatomie, on constate que les cellules à bandes épaissies qui provoquent l'ouverture des loges sont réparties dans toute l'épaisseur du connectif.

L'ovaire, composé de 3 carpelles, se prolonge en un style composé à la base des 3 styles soudés en un tube plein plus ou moins long, puis libres et dilatés en une lame pétaloïde recourbée au-dessus des anthères et ornés vers le sommet de deux lobes dressés, également pétaloïde (crêtes) (2).

Les anthères ont leur ouverture à l'opposé des stigmates, puisqu'elles sont extrorses : la pollinisation directe et même indirecte est donc impossible et il faut l'intervention des insectes qui transportent le pollen des papilles du périanthe sur les stigmates.

Les 3 carpelles de l'ovaire limitent 3 loges dans lesquelles des ovules très nombreux sont attachés dans l'angle interne : ceux-ci sont anatropes, c'est-à-dire insérés latéralement; le nucelle est entouré de 2 téguments, mais on a constaté parfois que 2 nucelles possédant

---

(1) Il existe dans les Amaryllidacées un genre à étamines extrorses (*Campynema*).
(2) Qu'il ne faut pas confondre avec les crêtes qui existent sur l'onglet des sépales de certaines espèces.

chacun leur tégument interne propre étaient enveloppés dans un tégument externe commun. Dans les cloisons de l'ovaire, il n'y a pas de glandes septales, contrairement à ce qui existe dans nombre d'autres genres d'Iridacées.

A maturité, l'ovaire se transforme en une capsule lisse, trigone ou ornée de 3 ou 6 côtes, obtuse au sommet ou terminée par un rostre plus ou moins long; elle est divisée en 3 loges s'ouvrant au milieu de la paroi externe par une fente longitudinale atteignant rarement toute la longueur de l'ovaire; parfois le rostre lorsqu'il existe, ne se fend pas en 3 valves.

Les graines sont arrondies, mais paraissent parfois comprimées ou anguleuses par suite de la pression mutuelle; certains endroits du tégument présentent parfois un épaississement spongieux, qui est un arille. L'embryon est plongé dans un albumen corné.

Le genre appartient essentiellement aux régions tempérées de l'Europe, de l'Asie, de l'Amérique et de l'Afrique du Nord.

Sur les 312 espèces que compte actuellement le genre, on en rencontre 14 en France à l'état sauvage.

Bien que certains monographes, comme Spach et J. G. Baker, aient pulvérisé le genre en un grand nombre de sous-genres et de sections on peut y distinguer 5 sections bien caractérisées, se divisant elles-mêmes en sous-sections comme le montre le tableau suivant (1) :

Iris rhizomateux.	Périanthe, au moins les sépales, barbu . . . §1 *Euiris.*	sépales et pétales barbus sur l'onglet . . . . . . *Hexapogon.*	
		pétales non barbus.	sépales barbus sur l'onglet. *Pogoniris.*
			sépales barbus sur la lame. *Oncocyclus.*
	Périanthe sans barbes. §2 *Apogon.*		
	Sépales ornés de crêtes. §3 *Evansia.*		
Iris bulbeux.	Etamines sans adhérence aux styles. . . §4 *Xiphion.*	pétales bien développés. *Diaphane.*	
		pétales petits . . . . . . *Juno.*	
	Etaminees agglutinés aux styles, mais non soudées. . . . . . . §5 *Gynandriris.*		

Le genre Iris constitue avec le genre *Hermodactylus* qui a un ovaire uniloculaire et le genre *Morxa* dont les pièces du périanthe ne sont nullement soudées en tube à la base, la tribu des *Iridinées* qui est le type des *Iridioïdées*, l'une des 3 sous-familles des *Iridacées*. Le genre paraît remonter à l'époque tertiaire car on a trouvé des empreintes de feuilles semblables dans les terrains tertiaires de l'Amérique du Nord, du Groenland, de l'Allemagne et de la Suisse.

(1) On applique souvent le nom de *Regelia* aux Iris intermédiaires entre les *Pogoniris* et les *Oncocyclus,* mais cette sous-section est mal délimitée.

LES IRIS CHEZ LES ANCIENS

PAR

M. F. LESOURD

Aux temps reculés de la mythologie grecque, Iris était une gracieuse déesse, messagère des dieux, qui, en déployant son écharpe, produisait l'arc-en-ciel. Les anciens Grecs, frappés par la diversité des coloris du périanthe des fleurs de la plante qui fait l'objet de cet article, lui donnèrent le nom de la déesse charmante qui personnifiait l'arc-en-ciel.

Le médecin grec Dioscoride, du premier siècle de l'ère chrétienne, déclare, d'ailleurs, que le mot Iris signifie « arc-en-ciel »; la plante portant ce nom, ajoute-t-il, le doit aux couleurs variées de ses pétales.

A cette époque, les Grecs et les Romains employaient les rhizomes desséchés de l'Iris en parfumerie et en médecine. Ils s'en servaient pour combattre la toux, les coliques, contre les morsures des serpents, comme purgatif, etc. Pline et Dioscoride signalent que les rhizomes les plus estimés venaient de l'Illyrie (*I. germanica*); au second rang, étaient placés ceux de la Macédoine (*I. florentina*) et, enfin, en dernier lieu, ceux de la Libye. La Macédoine et la Corinthie étaient alors célèbres pour leurs onguents parfumés. D'après Pline, la meilleure huile d'Iris venait de Pamphilie; celle de Cicilie était aussi estimée (1). Le botaniste allemand Sprengel voit, dans l'Iris de Dioscoride, les espèces *germanica* et *florentina*.

Si, au premier siècle, les rhizomes d'Iris étaient importés en Italie, on y connaissait déjà la plante et elle avait pris place dans les jardins. Pline constate qu'elle n'entrait pas dans la confection des couronnes, probablement à cause de la fragilité de ses pétales. Il décrit minutieusement le cérémonial compliqué de l'arrachage des rhizomes, lesquels étaient élevés vers le ciel aussitôt sortis de terre.

---

(1) DIOSCORIDE, *Matière médicale*, l. Ier; PLINE, *Histoire naturelle*, l. 21, ch. 91.

Par contre, à l'époque gréco-romaine, les Egyptiens, qui cultivaient l'*I. sibirica*, l'employaient pour faire des couronnes (1).

Quels étaient les Iris cultivés par les Grecs et les Romains? Ils cultivaient, à n'en pas douter, l'Iris germanique, originaire de l'Europe centrale, qui croît en abondance à l'état spontané en Dalmatie (l'ancienne Illyrie). C'est évidemment cette espèce, dont les couleurs rappellent l'arc-en-ciel, qui a valu au genre son nom.

D'après Fluckiger et Hanbury, les *Iris florentina* et *pallida* (du Sud-Est de l'Europe) ont dû être introduits en Italie au moyen âge. L'agronome italien Crescenzi (xiii° siècle) traite, en effet, la culture de l'Iris blanc et de l'Iris pourpre, et indique la manière d'en conserver les rhizomes (2). Son contemporain, le célèbre poète Dante, auteur de la *Divine Comédie*, rapporte que sur les anciennes armes de la ville de Florence, était représenté un Iris blanc sur un écusson rouge, lequel fut, après les guerres civiles, changé en Iris rouge sur un écusson blanc (3). La culture de l'*I. florentina* se répandit rapidement, au point que Valerius Cordus se plaignait, au début du xvi° siècle, que la drogue d'Illyrie ait été remplacée par celle de Florence (4). Au dire de Mattioli, la plante devait être naturalisée en Toscane au milieu du xvi° siècle (5). Clusius prétend qu'il était alors rare dans les jardins des autres pays.

Au xii° siècle, en Espagne, l'agronome arabe Ibn-al-Awam, décrit la culture de l'Iris (Petit Lis violet), qui se multipliait de « racines » en mai; le traducteur écrit, en note, que cet Iris de petite taille était peut-être l'*I. pumila*. Le médecin arabe Ibn-el-Beïthar (xiii° siècle), dit que l' « *Irissa* » est le Lis violet, et il en signale les propriétés médicinales (6).

En France, la culture de l'Iris remonte certainement à une époque reculée; la beauté et la bizarrerie de ses fleurs, le parfum de ses rhizomes desséchés, employés depuis un temps immémorial dans l'économie domestique (lessive, armoires), ont dû le faire admettre dans tous les jardins. Au viii° siècle, sous le nom de *Gladiolus* (en 1600, Olivier de Serres écrivait encore *Gladiole* ou *Iris*), l'empereur Charlemagne prescrivait la culture de l'Iris à ses intendants.

On en trouve la fleur représentée sur les rinceaux des monuments de l'époque romane et du début de la période gothique. La fleur de « Lys » figurée sur le blason des rois de France, à partir de Louis VII, en 1180 (elle a été aussi adoptée par d'autres maisons royales

---

(1) Ch. Joret, *Les plantes dans l'antiquité*, t. I, p. 289, 1897.
(2) Fluckiger et Hanbury, *Histoire des drogues d'origine végétale*, t. II, p. 472, 1878.
(3) Dante, *Divine Comédie* (*Paradis*, chant 16).
(4) Valerius Cordus, *Dispensatorium*, p. 288, 1529.
(5) Mattioli, *Commentaire sur Dioscoride*, p. 2. édit. de 1655.
(6) Ibn-al-Awam, *Livre de l'agriculture*, t. 2, 1re part., 1866; Ibn-el-Beïthar, *Notices et extraits des manuscrits*, t. XXIII, p. 177.

d'Europe et un grand nombre de familles appartenant à la noblesse française), ne ressemble pas à une fleur de Lis. Les auteurs modernes voient plutôt, dans le Lis doré des armoiries, la fleur jaune de l'*Iris Pseudacorus* (1).

Il n'est donc pas téméraire d'affirmer qu'au moyen âge, la culture de l'Iris était déjà très répandue en France dans les jardins.

(1) H. CORREVON et MASSÉ, *Les Iris*, p. 17, 1907.

HISTOIRE ET DÉVELOPPEMENT DES IRIS DES JARDINS

PAR

M. Ernest H. KRELAGE

On peut considérer l'*Iris Buriensis* obtenu par M. de Bure vers 1822 comme marquant le commencement d'une nouvelle époque dans le développement des Iris barbus, mais ce n'est pas le premier semis connu.

Sans doute l'*Iris Buriensis* fut une des premières variétés désignées sous un nom spécial, sous lequel elle fut multipliée et répandue, mais pour découvrir les premières traces des semis d'Iris barbus, il faut remonter aux dernières années du seizième siècle. Quand Charles de l'Ecluse, le botaniste flamand, publia sa *Rariorium plantarum historia* (1601), il put y décrire déjà vingt-huit grands *Iris* barbus. Il ajouta à l'énumération de ces espèces et formes intermédiaires : « Une expérience de plusieurs années m'a appris que des Iris cultivés en semis, exactement comme les Tulipes hâtives et autres, ainsi que les Pavots, varient d'une façon tout à fait remarquable ». Par conséquent, l'obtention d'Iris par le semis était déjà connue et pratiquée avant l'an 1600 et elle a été continuée pendant trois siècles. Il n'est pas surprenant qu'aussitôt que les horticulteurs français commencèrent à semer ces Iris dans la première moitié du dix-neuvième siècle, l'assortiment se composa tout de suite de centaines de variétés bien distinctes, vu le grand nombre de variétés déjà produites auparavant. Ni aux siècles précédents, ni même au dernier siècle, on ne connaissait l'hybridation raisonnée. C'est seulement depuis une vingtaine d'années que les cultivateurs d'Iris sont devenus des hybrideurs se basant sur la science.

Un contemporain de de l'Ecluse a confirmé sa remarque citée plus haut. François van Ravelingen, de la célèbre maison de Plantin, éditeur et imprimeur, publia, en 1608, une édition hollandaise de l'Herbier classique de Dodonée, décédé en 1585. Cette édition contient une foule d'additions, empruntées en partie aux ouvrages de de l'Ecluse, mais partiellement aussi d'un caractère tout à fait nouveau. Dans un supplément au huitième livre dans lequel les Iris sont décrits, on trouve un aperçu très étendu sur les semis des Iris barbus. Ces semis n'ont pas de noms, mais ils sont classés en de nombreux groupes suivant les différences observées dans les parties de la plante. Il faut admirer l'exactitude des descriptions de Van Ravelingen, car on peut se représenter presqu'exactement les semis dont il s'agit. Il serait parfaitement inutile d'énumérer ici toutes ces différences, il suffira de constater que l'auteur distingue 10 différences dans les feuilles, 13 dans les tiges, 5 dans les gaînes membraneuses, 11 dans les fleurs (en y ajoutant que les variations dans les formes et les couleurs des fleurs sont innombrables et indescriptibles), 18 dans les segments inférieurs, 8 dans la barbe, 17 dans les crêtes, 20 dans les segments supérieurs, 3 dans la période de floraison et 5 dans les graines, pour donner une idée de la richesse des assortiments de semis déjà connus il y a plus de trois siècles. Si l'on se représente les combinaisons infinies que les particularités décrites par Van Ravelingen permettent, on a l'impression que la plupart des variétés connues en 1900 existaient déjà en 1600, quoiqu'autrefois elles ne fussent pas cultivées séparément ni avec dénomination.

D'autres auteurs des xviie et xviiie siècles, sans avoir évidemment copié leurs prédécesseurs, font mention des semis d'Iris en constatant la variabilité infinie de ces plantes. Il n'y a donc pas à s'étonner du grand nombre de semis que les semeurs français ont pu obtenir en peu d'années lorsqu'ils se sont voués à cette culture.

Les premières notes sur la production de semis d'Iris ont paru en 1833. Un botaniste amateur de Neuenkirchen, en Mecklembourg, E. de Berg, publia, en deux articles, dans la revue botanique *Flora* les résultats de ses semis. Il sema les graines des *Iris pallida, squalens, neglecta* et des Iris nains connus en son temps. Les semis obtenus qu'il décrit sous des noms latins, n'existant plus, ne peuvent guère nous intéresser aujourd'hui. De Berg déclare nettement qu'il n'a pas fait d'hybridations.

DE BURE (décédé en 1842).

Presque en même temps que de Berg, un amateur parisien, M. de Bure, commença à obtenir des semis d'Iris. Il publia le résultat de ses expériences en mars 1837, dans les *Annales de Flore et de Pomone* et on peut en conclure que son premier semis, que l'on a nommé *Iris Buriensis*, doit avoir été obtenu en 1822. L'*Iris Buriensis* se fit remarquer par ses fleurs plus grandes que celles de l'*Iris plicata*, auquel il ressemblait par son coloris et par sa tige ramifiée. De Bure n'a pas obtenu un seul semis par hybridation. Néanmoins, il a pu déduire quelques données sur l'affinité des Iris considérés comme espèces dans son temps.

Les *Annales de Flore et de Pomone* de mars 1837, ainsi que les *Annales de la Société Royale d'Horticulture de Paris* de mai de la même année, contiennent un article de de Bure, dans lequel il résume les résultats qu'il a obtenus.

1° *Semis de l'Iris squalens.* — Sur 17 plantes, 12 ont fleuri. Aucune n'a reproduit exactement son type. Toutes varient de nuances et de dimensions, 10 de ces variétés présentent des fonds blancs striés de bleu, de diverses nuances de lilas, de pourpre, des agate, des ventre-de-biche etc. Les deux dernières sont des *variegata* purs.

2° *Semis de l'Iris squalens, grande variété.* — Sur 32 plantes, 27 ont fleuri. Elles ont donné 11 plantes entièrement différentes de leur type par leur port et les dimensions de leurs fleurs et dissemblables entre elles par leurs couleurs, qui présentent des fonds blancs, bleu lapis, bleu foncé, bleu violâtre, gris de lin, lilas, violets, ventre-de-biche et jaunes de différents tons et 18 *variegata.* Je dois donc conclure, — ajoute de Bure —, de cette production de 18 *variegata* sur 29 plantes issues du *squalens* type, et de sa variété, que *variegata* peut bien être le vrai type du *squalens.*

3° *Semis du versicolor vetus* (1) (à ne pas confondre avec l'espèce du groupe *Apogon* de ce nom). Sur 95 plantes provenant du semis de cette espèce, 80 ont fleuri et ont produit deux *versicolor* purs, deux *versicolor* var., 20 *variegata* purs.

4° *Semis de l'Iris sambucina.* — Sur 12 plantes, trois seulement ont fleuri. Elles sont toutes les trois des variétés qui rappellent évidemment leur type et n'en diffèrent que très peu.

5° *Semis de l'Iris variegata.* — Sur 12 plantes, 7 ont fleuri. Elles ont produit quatre variétés de leur type, deux plantes dont les fleurs ont quelques rapports avec le *sambucina* et un *pallida.*

6° *Semis de l'Iris Swertii.* — Sur 10 plantes, 6 ont fleuri. Deux sont identiquement semblables à leur type, 4 en diffèrent entièrement, ne rappelant ni leur type, ni aucune espèce ou variété d'*Iris* connue.

7° *Semis de l'Iris de de Bure, issu de l'Iris plicata.* — Sur 401 plantes, 144 ont fleuri en 1836. Aucune n'a reproduit soit l'*Iris plicata,* soit l'*Iris de de Bure.* Elles diffèrent toutes singulièrement de ces deux plantes. 17 ont donné des fleurs de différentes nuances de bleu sur fond blanc, etc., 124 des variétés de toutes nuances de l'*Iris squalens.* Parmi les trois dernières se trouvent un *pallida* et deux *variegata.*

---

(1) Nom d'une forme disparue de *Pogoniris* (Krelage in *American Iris Society, Bulletin* n° 2, p. 7).

Cette reproduction de l'*Iris pallida* et du *variegata* par les graines provenant originairement du *plicata* semble devoir conduire à cette conclusion que le *pallida* et le *variegata* sont deux des types primitifs dont est sortie une partie des espèces connues.

JACQUES (1780-1866).

Une personnalité éminente parmi les notabilités horticoles de la première moitié du xixe siècle fut M. Jacques, jardinier en chef du domaine royal de Neuilly. Il fut un des piliers de la nouvelle Société horticole de Paris, actuellement Société nationale d'Horticulture de France, où il exposa régulièrement, donnant des renseignements et des informations. En outre, il fut un des rédacteurs des *Annales de Flore et de Pomone*. Jacques commença à obtenir des semis d'Iris avant 1830 et put disposer de ses plantes qu'il distribua aux horticulteurs et aux amateurs. N'ayant pas de commerce horticole, il ne publiait évidemment pas de catalogue, et quoique sa collection d'Iris ait été mentionnée souvent dans la presse horticole de son temps, on ne peut plus trouver aucune indication sur les variétés nommées obtenues par lui.

On peut seulement supposer, mais sans pouvoir le constater avec quelque certitude, que les variétés citées par Lémon comme existant déjà quand ce dernier commença à faire des semis, doivent avoir été des semis de Jacques. Dans cet ordre d'idées, Jacques aurait obtenu les Iris barbus connus sous les noms de *aurea, formosa, reticulata alba, reticulata superba, reticulata purpurea, pallida speciosa, sambucina major* et *sanguinea*.

LE PREMIER SEMIS BELGE.

L'obtention qui suivit ayant une certaine importance fut l'*Iris belgica* ou *Van der Wille*, probablement un semis d'un amateur belge, M. Parmentier, vers 1830. L'*Iris belgica*, décrit par Jacques dans les *Annales de Flore et de Pomone* de mars 1833, montre une affinité avec l'*Iris variegata* et se distingue par des segments supérieurs jaunes et des segments inférieurs d'un jaune plus foncé.

LÉMON (décédé en 1895).

Enfin, un horticulteur se voua à la culture des Iris de semis et, à partir de ce moment, les grands Iris barbus, connus alors sous le nom collectif d'*Iris germanica*, devinrent un article recherché du commerce horticole et offert annuellement dans les catalogues : cet horticulteur était Lémon.

Son père, décédé en 1836, avait créé son établissement horticole à Belleville, en 1815 et il fut renommé comme cultivateur et obtenteur de *Pelargonium,* dont il fit, le premier, un article courant de marché. En outre, il obtint des semis de Pivoines de Chine. Son fils continua les spécialités de la maison et y ajouta les Iris. La collection d'Iris de Lémon se trouve mentionnée ou décrite dans la presse horticole française à maintes reprises ; pour la première fois dans la *Revue horticole* de juin 1839, où l'on lit :

« M. Lémon a aussi une jolie collection d'Iris, parmi lesquels nous citerons : *aurea, Bergii, Buriensis, formosa, pallida speciosa, reticulata major, reticulata purpurea, reticulata superba, striata, Van der Wille* ».

Il est à remarquer qu'aucun des semis de Lémon n'est mentionné ici, quoiqu'il en eût déjà publié une liste de cent semis dénommés l'année suivante. Cette liste se trouve dans les *Annales de Flore et de Pomone* de septembre 1840, insérée dans un article de sa main, où il dit :

« J'ai fait de nombreux semis de cette espèce (*germanica*) et j'ai également obtenu une grande quantité de variétés fort intéressantes que je vais faire connaître succinctement, car il y en a beaucoup de dignes de l'attention des amateurs et capables de produire un effet très pittoresque en les plantant convenablement ».

Les variétés sont divisées, selon leur hauteur, en trois groupes. Les semis les meilleurs sont marqués de deux astériques, tandis que les variétés anciennes, probablement obtenues par Jacques, sont indiquées par une astérique.

De Bure, Jacques et Lémon savaient très bien, que le vrai *Iris germanica* ne produit ordinairement pas de graines. Lémon constate avoir récolté des graines des *Iris plicata, sambucina, squalens, pallida, hungaria* et *variegata* et que ses semis produisaient des fleurs dans la troisième ou quatrième année. Aucun de ses semis n'était le résultat d'hybridation. Nous le savons par un rapport de Loiseleur-Deslongchamps, dans les *Annales de la Société Royale d'Horticulture de Paris* de 1845.

« Aujourd'hui que l'hybridation est fort à la mode — ainsi s'exprime le rapporteur (1) — j'ai été curieux de savoir si MM. Lémon et Bacot avaient fait usage de ces procédés pour obtenir leurs nouvelles et belles variétés d'Iris Tous les deux m'ont répondu qu'ils n'avaient jamais employé ce moyen ni pour les Iris, ni pour les *Pelargonium,* ni pour aucun autre genre. Satisfaits des beaux résultats qu'ils ont

---

(1) *Ann. Soc. Roy. Hortic.* Paris, 1845, p. 363.

obtenus de leurs simples semis, ils ne voient pas ce que l'hybridation aurait pu leur procurer de meilleur, et ils doutent qu'en se donnant beaucoup de peine ils eussent pu faire mieux que ce qu'a fait la simple nature. Ils sont persuadés que, pour obtenir de nouvelles variétés bien méritantes, il suffit de semer beaucoup et de semer surtout les graines récoltées sur les variétés déjà beaucoup améliorées ».

« Jusqu'à présent, lisons-nous dans le même rapport, M. Jacques n'a point mis l'hybridation à contribution et quand on voit les magnifiques variétés qu'il a obtenues naturellement, lesquelles sont pour la plupart distinguées par des nuances infinies et par la richesse de leurs coloris, on se demande si réellement il aurait pu obtenir quelque chose de plus beau en cherchant à faire des fécondations croisées qui lui auraient demandé beaucoup de temps et de soin ».

Lémon exposa sa collection d'Iris en 1840 et les années suivantes aux expositions de la Société Royale d'horticulture de Paris et elle fut visitée souvent par une Commission de la société, qui en publia des rapports dans les *Annales* de la Société pour 1842, 1844 et 1845. Le premier rapport contient aussi un extrait du catalogue de Lémon pour 1841-1842, à savoir, les noms et descriptions de 32 variétés groupées en une douzaine de couleurs. Toutes ces variétés sont contenues dans la liste publiée deux ans auparavant dans les *Annales de Flore et de Pomone*. En 1842, Lémon ajoutait une douzaine de variétés à sa collection, et en 1845, il offrait 150 variétés toutes différentes.

Suivant la première description de Lémon, parue en 1840, sa collection originale se composait des variétés suivantes, par ordre alphabétique, toutes étant ses propres semis :

Adonis.	*Calypso.*	*honorabile.*
Agathe.	*Caméléon.*	*Hyménée.*
Albion.	*Cassiopé.*	*Iago.*
amabilis.	*Cassius.*	*Idion.*
Amanda.	*Cerbère.*	*Imogène.*
Amélie.	*Cléopâtre.*	*Incomparable.*
Antinoüs.	*Conqueror.*	*Indiana.*
Antiope.	*Cornélie.*	*Jacquesiana.*
Apollo.	*Diomède.*	*Julia Grisi.*
Arlequin malinais.	*Don Carlos.*	*Lelieur.*
Arquinto.	*Donna Maria.*	*Libaudi.*
augustissima.	*Duc d'York.*	*Lord Grey.*
Augustus.	*Edina.*	*Lorenzo.*
Aurora.	*Fénelon.*	*Magnet.*
Bigotini.	*Fries Morel.*	*Marcus Aurelius.*
Boccage.	*Fulgorie.*	*Memnon.*
Boismilon (M. de).	*Hector.*	*Minerva.*

Minos.	*Pluton.*	*Télémaque.*
Morphée.	*pulcherrima*	*Thérésita.*
multicolor.	*Raphael.*	*Thyphée.*
Munico.	*Rebecca.*	*Titus.*
Nanette.	*Rollandiana.*	*Turenne.*
National.	*Roméo.*	*Ulysse.*
Orpheus.	*Samson.*	*Unique.*
Paganini.	*Sapho.*	*variegata major.*
Pharaon.	*spectabilis.*	*Victorine.*
Phidias.	*Sultane.*	*Virgile.*
Phœnix.	*Tarquin.*	*Zéphir.*

En juillet 1842, les *Annales de Flore et de Pomone* consacrèrent un autre article aux Iris, accompagné d'une planche coloriée des variétés *de Boismilon, Jacquesiana, Conqueror, Madame Rousselon* et *Madame Lémon*, dont les deux dernières n'avaient pas paru dans la liste précédente.

Les additions suivantes à l'assortiment de Lémon furent publiées dans le *Journal d'Horticulture pratique* (de Bruxelles), en août 1844.

L'article renferme la description originale et authentique de la célèbre variété *Madame Chéreau*, ainsi nommée en l'honneur de la femme du Président du Cercle général d'Horticulture de Paris. En même temps, un autre des semis de Lémon fut nommé *Monsieur Chéreau.*

Le *Portefeuille des Horticulteurs*, de 1848, publia une planche coloriée des variétés : *Sylphide, Idion, Duchesse de Nemours, Monsieur Poiteau, Neala* et *Paquita.* Le texte qui l'accompagne, contient un choix de quelques variétés, y compris les suivantes, qui ne figurèrent pas sur la liste de 1840.

Agénor.	*Emma.*	*Othello.*
Aixa.	*Gisèle.*	*Pactole (Le).*
Aspasie.	*Gracieuse.*	*picta.*
Bougainville.	*Hericartiana.*	*Poiteau (Monsieur).*
Chéreau (Madame).	*Isaure.*	*Proserpine.*
Chéreau (Monsieur).	*Lesèble (Monsieur).*	*Reine des Belges.*
Crème et violet.	*Marie-Amélie.*	*Victoire Lémon.*
Duchesse de Nemours.	*Marie Stuart.*	*Topaze.*
Duchesse d'Orléans.	*Miralba.*	*Walneriana.*
Eugène Sue.	*Mécènes.*	

Les catalogues du commerce de cette époque n'avaient pas l'habitude d'offrir des Iris avec indication de noms. La plupart des horticulteurs n'offraient que des assortiments, sans y ajouter des listes de variétés. Une exception fut faite par la maison Louis van Houtte, de Gand (Belgique) qui, pour la première fois, publia une liste de variétés dans son *Catalogue* n° 53, pour 1854-55. Elle se composait d'un certain nombre de variétés de Lémon et, en outre, de 44 autres

variétés, qui peuvent être aussi de ses propres semis. Van Houtte ne
mentionnait pas avoir obtenu aucun de ces Iris; au contraire, la collection était ainsi recommandée : « La collection que j'offre aux amateurs contient ce qui a paru de plus beau et de plus nouveau en ce
genre jusqu'à ce jour ».

Les variétés ci-dessous y sont mentionnées, autant que je sache,
pour la première fois. Deux variétés : *Hébé* et *Innocenza* seraient des
semis de Lémon, suivant les catalogues des Verdier, parus en 1858
(Voir plus loin).

Agnès Sorel.	*La manola.*	*Mozart.*
Bellona.	*La Marmora.*	*Ockermanni.*
Bleu de Ciel.	*La marquise.*	*Pancrace.*
Candide.	*La séduisante.*	*Phaéton.*
Comte de Saint-Clair.	*La tendresse.*	*Picciola.*
Comtesse Potocki.	*La tristesse.*	*Pirzio.*
Docteur Sangrada.	*lilacina.*	*Preciosa.*
Haydée.	*Lord Auckland.*	*Princesse Mathilde.*
Hébé.	*Madame Sonntag.*	*Sans souci.*
Icarus.	*Maria Milanello.*	*Sévère.*
Indigo.	*Maria Thérésia.*	*Sgnanarelle.*
Innocenza.	*Marlborough.*	*Sydonie.*
Jenny Lind.	*Ma tante Aurore.*	*Sylvie.*
Lady Seymour.	*Mentor.*	*Théophile.*
Lady Stanhope.	*monstrosa.*	

Van Houtte offrait aussi une variété sous le nom de *Vaudeville* qui
est évidemment une corruption de **Van der Wille** (Syn. *belgica*), et
l'un des premiers exemples des nombreuses fautes d'orthographe
dans les noms de Lémon et d'autres semeurs, qu'on peut constater
encore de nos jours.

Dans ses catalogues ultérieurs, Van Houtte offre quelques variétés
que je n'ai pas pu trouver dans les listes antérieures d'autres
maisons. Je ne puis constater la provenance de ces variétés.

Alcyone, 1864.	*Gédéon, 1864.*	*Liabaud 1867 (Li-*
Augustina, 1870.	*Golconda, 1864.*	*baudi).*
Bariensis, 1877 (bu-	*Héricart de Thury,*	*Linné, 1859.*
riensis?).	*1870.*	*Multiflore, 1860.*
Belisaire, 1862.	*Hortense, 1867.*	*Muta, 1873.*
Britannicus, 1864.	*Jordaens, 1862.*	*Olinda, 1864.*
Chênedollé, 1872	*Judith, 1867.*	*Oscar, 1864.*
Comte de Saint-Priest,	*Jules Cæsar, 1867.*	*Vénus, 1870.*
1859.	*Léopoldine, 1869.*	*Vauban, 1859.*
Cythérée, 1869.		

Lémon eut une telle réputation comme semeur d'Iris, que les
Verdier (Victor Verdier, auquel succédèrent plus tard son fils
Charles, et Eugène Verdier, qui s'établit pour son propre compte),

qui offrirent exactement les mêmes variétés en 1858-59, les annon-
cèrent comme « Collection Lémon ». On y remarque les suivantes
qui ne figuraient pas dans les listes antérieures :

Alice.	Erigone.	Marjolin.
Alvarès.	Ganymède.	Pajol.
Alzire.	Gloriette.	Psyché.
Ariane.	Gonzalve.	Rigolette.
Azur.	Irma.	Salomon.
Bougère.	Juliette.	Simile.
Catinat.	Lavinie.	Soliman.
Chloris.	Le Vésuve.	Thétis.
Cicéron.	Louis van Houtte.	Van Geertii.
Clara.	Louise Desavisse.	Virginie.
cœlestis.	Mainsart.	vitellina.
Duc Decazes.	Malvina.	Walter Scott.

Au contraire, dans les catalogues d'Eugène Verdier pour 1860-61,
l'indication « Collection Lémon » manque, de sorte qu'il est difficile
de décider si les noms nouveaux qui y figurent sont des semis de
Lémon ou de Verdier.

Voici les variétés dont il s'agit :

Arlequin.	Hippolyte Pernet.	Madame Thibault.
Belladona.	Julie Meunier.	Madame Truffaut.
Belle Hortense.	Madame Chauvière.	Président Morel.
Bossuet.	Madame Guerville.	violacea grandiflora.
Comtesse de Courcy.	Madame Jenneaux.	
Duchesse d'Orléans	Madame Louesse.	
(M.).	Madame Modeste.	

Il n'est pas sûr que toutes ces variétés soient des semis de Lémon.
Duchesse d'Orléans (M) n'en est certainement pas, car l'addition (M)
sert à distinguer cette variété d'une autre de même nom de Lémon.
M. peut signaler « Modeste Guérin » qui fut connu comme obtenteur
d'Iris à cette époque, bien que je n'aie pas pu trouver un aperçu de
ses semis. Victor Verdier a introduit de ses propres semis, comme
l'a fait la maison Bossin-Louesse et Cie. D'autres collections d'Iris
étaient celles de Bacot, rue d'Allemagne, à la Petite Villette, et de
Pelé, rue de Lourcine, Paris. Aucune mention n'existe des semis,
que ces horticulteurs auraient obtenus.

Les catalogues des Verdier, cependant, ne contiennent aucune
indication sur leurs semis. En 1863, Charles Verdier qui avait suc-
cédé à son père ajouta à la liste :

Actéon.	Crépuscule.	Neptune.
Athlète.	Madame Binder.	Ninon de l'Enclos.
Clio.	Madame de Quessart.	Vierge Marie.

Comtesse de Courcy devint alors *Madame la Comtesse de Courcy* tandis que *Madame Jenneaux* est probablement la même que *Madame Jouneau*. La liste complétée jusqu'en 1863, se trouve pendant plus de vingt ans dans les catalogues de Charles Verdier, sans interruption et sans aucun changement.

Depuis, on perd la trace des variétés de Lémon; probablement n'en obtint-il plus. Son travail fut continué par d'autres.

Pendant plus d'un demi-siècle, ses variétés ont formé le noyau de toutes les collections d'Iris barbus; même de nos jours, plusieurs existent encore. *Jacquesiana* dédié à Jacques (et par conséquent pas *Jacquiniana* comme on l'écrit souvent par erreur), fut parmi ses semis publiés en 1840, *Madame Chéreau* étant offert pour la première fois quatre ans plus tard.

Lémon mourut en 1895 après s'être retiré des affaires depuis plusieurs années.

JOHN SALTER (1798-1879).

Plusieurs additions aux listes des variétés provenaient de John Salter, de Hammersmith (Angleterre) entre 1850 et 1860. Je ne connais que ses catalogues de 1868 et 1869, mais dix ans auparavant, en 1859, le *Floricultural Cabinet* publia une liste d'Iris des jardins avec descriptions. L'article n'était pas signé, mais était évidemment de la main de Salter ou compilé de son catalogue, vu que l'unique nom de semeur ajouté aux noms des variétés est le sien. Salter s'était établi comme horticulteur en France, en 1838. Il y resta jusqu'en 1848, époque à laquelle il se fixa en Angleterre.

Salter était un semeur connu de Chrysanthèmes et de *Pyrethrum*. Ayant des relations commerciales et personnelles, tant en France qu'en Angleterre, il introduisait les nouveautés anglaises en France et plus tard les obtentions françaises en Angleterre. Cela explique pourquoi il commença à cultiver les Iris herbacés de Lémon.

La liste du *Floricultural Cabinet* (1859) contient les noms suivants non mentionnés antérieurement. (S) indique Salter comme obtenteur, mais il peut y avoir également des semis de Salter parmi les autres.

Abou Hassan (S).	*atroviolacea.*	*Duchess of Argyl.*
Alboni (S).	*Barbara.*	*Elfrida* (S).
Alexandrina (S).	*Captivator* (S).	*Emma Dale.*
Alonzo.	*Cerito.*	*Fairy Queen* (**S**).
Annette.	*delecta.*	*Gabrielle d'Estrées.*
Annie Jane.	*Diadem* (S).	*Guido.*
Ahasuerus (*Assue-*	*Duc de Brabant* (S).	*Indian Queen.*
rus).	*Duchess of Sutherland*	*Impératrice Eugénie.*
Astarte.	(S).	*Lady Franklin.*

Lord Palmerston.	*Modesta.*	*Queen of May* (S).
Louisa.	*Morelli.*	*Queen Victoria* (S).
Louise Desavisse.	*Mr. Broom* (S).	*Sultan* (S).
Madame Debura.	*Mexicana* (S).	*Versailleuse.*
Mermaid.	*Pénélope* (S).	*Victory.*
Milton (S).	*Prince of Wales* (S).	*Walner.*
Miss Nightingale.	*Queen of Beauties.*	*Zoé.*

Dans les derniers catalogues que Salter publia (en 1868 et 1869), quelques variétés sont mentionnées pour la première fois, à savoir :

Coquette.	*Justinian.*	*Racine.*
Delight.	*Lady Jane.*	*Princess Beatrice.*
Galatea.	*Mademoiselle Patti.*	*Sceptre.*
Gil Blas.	*Nell Gwynne.*	*Souvenir.*
Guy of Warwick.	*Ossian.*	*Thalia.*
Jacqueline.	*Prince Alfred.*	

Problablement, quelques-unes de ces variétés sont d'origine française.

1870-1900.

Pendant la période suivante, l'intérêt des Iris herbacés semble diminuer. Les journaux horticoles français n'en font plus mention du tout, jusqu'en 1905, et les catalogues n'annoncent aucune variété nouvelle.

Entre temps, la nomenclature devenait très embrouillée. Les noms français furent changés et modifiés arbitrairement par des horticulteurs d'autres pays, ne connaissant pas l'orthographe exacte ou ne se rappelant pas l'historique des noms. Comme l'intérêt n'était pas assez important pour justifier l'étude de la nomenclature, la plupart des horticulteurs vendaient leurs variétés d'Iris herbacés sous des numéros ou sous des noms de leur propre invention. Quand, en 1892, je fis la révision de la collection d'étude des Iris herbacés de ma maison, après l'avoir complétée sur plusieurs points, je contrôlai les variétés avec les descriptions originales de Lémon, Salter et autres obtenteurs et je trouvai plusieurs synonymes pour presque chaque variété.

Le seul pays où de nouvelles variétés d'Iris herbacés furent encore obtenues, fut l'Angleterre. Entre 1873 et 1880, Robert Parker, de Tooting (Surrey), publiait dans ses catalogues annuels, de longues listes descriptives d'Iris dans le style de Salter. Parker fut évidemment l'obtenteur des variétés *Cordelia, Darius, Enchantress* et *Exquisite.* Peter Barr (de la maison Barr et Sugden, à présent Barr et Sons) compléta sa collection d'Iris en 1873, et pour la première fois, la classa en groupes suivant les types qu'on considérait alors comme indiquant le mieux les caractères de chaque groupe (*aphylla, amœna, neglecta, pallida, squalens* et *variegata*). Une liste descriptive de cette collection se trouve dans *The Garden* du 29 août 1874 et dans le *Florist and Pomologist* de décembre 1884. A côté des variétés déjà mentionnées, les catalogues de la maison Barr contenaient quelquefois des noms nouveaux, mais sans indication des semeurs.

La période 1870-1900 est caractérisée par quelques nouveautés supérieures à celles de la période antérieure, entre autres *Gracchus*, (Ware 1884), *Mrs Horace Darwin* (Foster 1893), *Robert Burns* (Barr 1885), *Black Prince* (Perry 1900) *Maori King* (Ware 1890).

Au XXe siècle.

Une période absolument nouvelle dans le développement des Iris barbus s'ouvrit par l'introduction des espèces à grandes fleurs : *I. Ricardi, Amas, cypriana, trojana*, dont la dernière fut répandue par Leichtlin, depuis 1888. Il ne paraît pas avoir été constaté qu'Eugène Verdier, dans sa dernière période, ait utilisé ces introductions nouvelles. Après sa mort, en 1902, la collection de Verdier fut acquise par la Maison Vilmorin-Andrieux et Cie qui a beaucoup contribué au réveil actuel du culte des Iris. Avant de citer un choix de leurs obtentions, il faut aussi mentionner les variétés obtenues par la maison Goos et Koenemann de Niederwaluf, qui se distinguent avantageusement des Iris anciens par leur floribondité, leur coloris tranché et l'effet général des plantes.

Roi des Iris (Iris Koenig) annoncé comme hybride de *pallida dalmatica* et *Maori King* et combinant les qualités décoratives du premier avec le coloris du dernier; *Princesse Victoria Louise, Lohengrin, Nibelungen, Fro* et *Rheinnixe* comptent parmi leurs meilleures obtentions, auxquelles ils ont ajouté plus récemment *Eggesax* et *Rhein traube*.

En France, des résultats tout à fait remarquables ont été obtenus par la maison Vilmorin. Depuis 1905, leurs nouveautés ont été présentées au fur et à mesure aux séances du Comité de Floriculture de la Société nationale d'Horticulture de France, où elles ont remporté, avec nombre de certificats de mérite, l'admiration justifiée de tous.

Poursuivant le travail d'Eugène Verdier, dont les dernières créations, telles que *La Neige, Nuée d'orage, Mercédès, Prosper Laugier, Jeanne d'Arc* et *Parc de Neuilly* marquèrent un progrès sensible sur les variétés antérieures, la maison Vilmorin commença par obtenir plusieurs variétés qui eurent le mérite de pouvoir en remplacer avantageusement d'autres devenues inférieures et superflues. Nous

(Photo S. M.).

Iris Alliés.

(Photo S. M.).

Iris Mlle Schwartz.

(Photo S. M.).

Iris Black Prince.

citons comme telles : *Chérubin*, *Papillon*, *Gaieté*, *Séraphin*, *Candelabre*, *Olympia*, *Vésuve*, *Caprice*, *Miriam*, *Klondyke*, *Fénelon*. En même temps, MM. Vilmorin réussirent à obtenir bon nombre d'autres variétés se distinguant par des coloris nouveaux et par la grandeur des fleurs.

L'influence dominante des *I. Amas* et *cypriana*, espèces de l'Asie mineure à très grandes fleurs, aux tiges élevées, ramifiées d'une façon plus élégante que dans l'ancien *I. pallida* et ses variétés, paraît être responsable du progrès. Il se manifesta déjà dans *Tamerlan*, semis de *cypriana*, obtenu par MM. Vilmorin.

Tamerlan, à son tour, devint la mère de *Diane*, variété à très grandes fleurs violet clair et d'une supériorité évidente. D'autres obtentions de haut mérite de la maison Vilmorin sont : *Isoline*, *Loute*, *Alcazar*, *Azur*, *Junon*, *Barbe-bleue*, *Oriflamme*, tandis que, tout récemment, elle a remporté un vrai triomphe par la présentation aux séances du Comité de floriculture à Paris de ses dernières créations, parmi lesquelles nous citons : *Ambassadeur*, *Ballerine*, *magnifica*, *Zouave* et *Mrs Walter Brewster*, variété qui a obtenu un des prix institués par Mme Edward Harding, pour le semis inédit d'Iris le plus méritant.

D'autres semeurs français qui ont obtenu des résultats remarquables sont : MM. Cayeux et Le Clerc, à Paris, et Millet et Fils, à Bourg-la-Reine ; ces derniers ont mis dans le commerce entre autres *Atlas*, *Bianca*, *Colonel Candelot*, *Corrida*, *Ivanhoe*, *Roméo*, *Tunisie*, et *Souvenir de Madame Gaudichau* dont les fleurs énormes d'un pourpre foncé ont fait sensation,

M. Denis, le distingué amateur scientifique de Balaruc-les-Bains (Hérault), a depuis une longue série d'années tâché d'améliorer nos Iris des jardins en utilisant l'*I. Ricardi*, de Palestine. Plusieurs de ses obtentions ont été citées dans la presse horticole ; telles sont *Madame Claude Monet*, *Mademoiselle Schwartz*, *Clément Desormes*, *Dalila*, *Madame Durrand*, *Saül*, *John Wister*, etc.

En Angleterre, le précurseur des hybrideurs fut le Professeur Michael Foster, de Cambridge ; son nom respecté et la reconnaissance qui s'y attache resteront dans la mémoire du monde de la science médicale et de l'horticulture. Il a étudié et expérimenté tous les groupes du genre Iris, effectué de nombreux croisements entre espèces de groupes différents et enrichi nos jardins de quelques variétés d'Iris barbus en opérant avec l'*I. cypriana*. C'est ainsi qu'il obtint *Caterina*, *Crusader*, *Lady Foster*, *Shelford Chieftain* et autres. D'autre part, l'*Iris kashmiriana* fut peut-être l'origine de ses variétés *Kashmir white* et *Miss Willmott*.

Les efforts de Foster ont été poursuivis par d'autres semeurs anglais. M. Yeld a pu compter plusieurs succès. Ses obtentions sont parmi les meilleures de nos jours, en particulier *Lord of June*. Le nom de Yeld est en outre lié aux variétés *Dawn, Emir, Halo, Neptune, Prospero, Sarpedon, Sincerity, Verbena* et *Asia* a fait fureur parmi ses dernières obtentions.

Sir Arthur Hort a obtenu des semis splendides de *Caterina*, notamment *Ann Page*.

Quant à la liste la plus importante de semis nouveaux, nous en sommes redevables à M. Bliss, de Morwellham, Tavistock, qui comme M. Dykes, le savant auteur de la Monographie des Iris, a tâché de fixer par voie expérimentale l'origine de nos Iris barbus et s'est voué depuis à l'amélioration des variétés de commerce. Plusieurs de ses semis se distinguent, tant par leurs coloris nouveaux que par leur floribondité, et une nouvelle étape a été franchie par l'obtention de la variété sensationnelle *Dominion*, précurseur de toute une série du même type. *Azure, Benbow, Blue bird, Blue lagoon, Camelot, Drake, Gules, Knysna, Lancelot, Morwell, Phyllis Bliss, Shalimar, Sweet lavender, Syphax, Tartarin* et *Tom Tit*, ne sont que quelques-unes des meilleures obtentions de M. Bliss, qui remplaceront sans doute plusieurs anciennes variétés dans les collections.

L'énumération des semeurs anglais serait incomplète si nous omettions M. Dykes, auquel nous devons *fulvala, Goldcrest, Richard II* et puis les maisons Barr, Amos Perry, et Wallace qui ont tant fait pour vulgariser les Iris et de leur côté ont aussi obtenu quelques semis remarquables.

La Hollande a cultivé les *Iris germanica* en collection depuis plus d'un demi-siècle, mais les semeurs n'y ont pas été nombreux. Alors que les horticulteurs hollandais ont beaucoup contribué aux progrès d'autres sections, notamment des *Xiphion, Oncocyclus, Regelia*, ce n'est que tout récemment que quelques Iris des jardins ont été produits en Hollande.

Phyllis, Insulinde, Queen of the blues, Sémiramis sont des semis annoncés par la maison Krelage; *Empress of India* a été présenté par M. Lubbe, à une des réunions florales de Haarlem.

Enfin, mais « last but not least » l'Amérique. Il n'y a aucun pays où le culte de l'Iris se soit développé si vite et manifesté avec tant de passion. On a pu le constater à maintes reprises. Lorsque l'amour d'une fleur s'est emparé des Américains, ils n'ont plus de trève avant qu'ils n'en aient collectionné tout ce qu'en possède l'ancien monde et étudié tous les détails, toute l'histoire dès l'origine. C'est ainsi qu'ils ont fondé plusieurs sociétés de spécialistes d'une seule fleur, et depuis peu d'années, l'*American Iris Society* qui, sous la présidence de M. Wister, a eu déjà une influence énorme sur la culture et la vulgarisation de l'Iris aux Etat-Unis.

Il existait déjà des pionniers, cultivant des collections d'Iris depuis une vingtaine d'années, comme M. Bertrand J. Farr, de Wyomissing, qui commença bientôt à faire des semis. Il a mis au commerce *Juniata*, *Anna Farr*, *Montezuma*, *Quaker lady* et d'autres encore.

Miss Grace Sturtevant, de Wellesley Farms, a récemment présenté plusieurs semis de grand mérite, se distinguant par leurs grandes dimensions et leur floribondité. *After glow*, *B. Y. Morrisson*, *Queen Caterina*, *Rêverie* et *Shekinah* sont à citer parmi les meilleurs.

Un amateur, M. Williamson, de Longfield, Bluffton, est l'obtenteur heureux de la fameuse variété *Lent. A. Williamson*, digne compagne de *Dominion* et d'*Ambassadeur*.

Citons encore, parmi les semeurs américains : M. W.-E. Fryer, de Mantorville, Bobbink et Atkins, de Rutherford, J. Marion Shull, B.-Y. Morrison, etc., bien qu'il ne soit guère possible de donner, dès maintenant, un aperçu de leurs obtentions.

Pour terminer, je dois dire que je me suis borné à donner un aperçu strictement historique, sans juger les mérites des variétés en général. Des descriptions ou des indications de couleurs des variétés ne rentreraient pas dans ce cadre. Je n'ai parlé ni des Iris nains, ni des intermédiaires, qui méritent une étude spéciale. L'historique des Iris barbus à haute tige, à l'occasion du centenaire de l'*Iris Buriensis*, a été pour moi une tâche très attrayante, car elle m'a permis de payer un tribut d'hommage à l'horticulture française qui a tant contribué au développement de ces plantes des jardins, non seulement dès le début (De Bure, Lémon, Jacques, Verdier), mais plus encore de nos jours, où les Français occupent une place si importante parmi les semeurs d'Iris du monde.

L'HYBRIDATION CHEZ LES IRIS

PAR

M. W.-R. DYKES

M. A. Licencié ès-lettres, Secrétaire de la Royal horticultural Society.

Il y a maintenant bien des années que, j'ai entrepris la révision du genre Iris, tant au point de vue botanique qu'au point de vue horticole. D'abord, j'ai tâché d'élever des graines de toutes les espèces botaniques, puis j'ai fait des croisements entre elles afin de prouver la vérité ou la fausseté des idées que je m'étais faites sur la parenté des espèces. Ce sont des résultats de ces croisements que je vais m'occuper dans ce mémoire.

Résumons d'abord les grandes divisions que la nature a constituées dans le genre. Il y a les espèces bulbeuses et les espèces à rhizome. Entre les plantes de ces deux sections, il n'existe pas d'hybrides, bien qu'on ait fait de nombreuses expériences dans le but d'en produire. On a tâché de combiner une espèce bulbeuse et une espèce à rhizome qui croissent toutes les deux dans la péninsule ibérienne, c'est-à-dire, l'*I. Xiphium* et l'*I. spuria*, mais jusqu'ici sans succès. Toutefois, il y a une ressemblance frappante entre les fleurs de ces deux espèces et il faut remarquer qu'elles croissent dans les mêmes contrées, en Espagne et même en France, car l'*I. Xiphium* existe encore aux environs de Béziers et l'*I spuria* près de l'embouchure de l'Hérault.

Les espèces à rhizome se divisent en espèces barbues (*Pogoniris*), en espèces *Apogon*, et en espèces à crête (*Evansia*). Entre les *Pogoniris* et les *Apogon*, on n'a jamais réussi à faire des hybrides. Je me rappelle encore avoir demandé à feu Sir Michael Foster s'il avait réussi des croisements entre ces deux sections du genre. Il m'a répondu qu'il avait tâché de fertiliser un *I. germanica* avec le pollen d'un *I. spuria*. Des quelques graines qu'il croyait avoir obtenues de ce croisement, il avait élevé une seule plante qu'il m'a montrée. C'était un *I. germanica* d'après les feuilles, et, ce qui intriguait Foster, c'était que la plante n'avait jamais fleuri. Par conséquent, il était porté à croire que c'était un hybride. « Autrement, me dit-il, « cette plante aurait dû fleurir, car tous les *Pogoniris* fleurissent dans ce jardin ». On ne sait pas ce que cette plante est devenue après la mort de Foster. Elle n'a jamais révélé son secret.

Entre les Iris à barbe et les Iris à crête, il existe au moins un hybride. Avant que j'aie fait l'expérience, Foster et M. Denis l'avaient déjà fait sans succès. Moi-même je ne m'attendais pas à réussir, mais un jour j'ai eu l'idée de mettre un peu du pollen de l'*Iris tectorum* sur la surface stigmatique de la variété *Loppio* de l'*Iris Ciengialti*. De ce croisement, j'ai obtenu deux graines, qui m'ont donné deux plantes. Ce qu'il y a de plus remarquable, c'est que le pollen de l'*I. tectorum* a donné à l'hybride la forme plate de celui-ci, tandis que la plante mère a transmis à l'enfant ses spathes scarieuses et les poils de sa barbe qui se trouvent au sommet d'une crête rudimentaire. Cet hybride est malheureusement entièrement stérile, car j'ai tâché à plusieurs reprises de le fertiliser avec son propre pollen et avec celui de ses parents.

Dans les espèces barbues, il y a au moins trois grandes sections, les *Pogoniris*, les *Regelia* et les *Oncocyclus*. Il y a très peu de difficulté à faire des croisements entre elles. Les *Regelia* et les *Oncocyclus* nous ont donné, grâce à Sir Michael Foster et à M. Hoog, de la maison de M. C. G. van Tubergen, de Haarlem, les *Regelio-cyclus*, dans lesquels nous retrouvons les grandes fleurs et le coloris des *Oncocyclus* réunis au caractère florifère des *Regelia*. C'est à Foster aussi que nous devons les *Ibpall* (*iberica* × *pallida*), les *I. Parpall* (*paradoxa* × *pallida*), les *I. Ibvar* (*iberica* × *variegata*), les *I. Parvar* (*paradoxa* × *variegata*), les *I. Lupceng* (*lupina* (*Sari*) × *Ciengialti*), etc. Dans tous ces cas, les hybrides sont à peu près à mi-chemin entre les deux parents. Ils sont plus faciles à réussir que les *Oncocyclus* et pourtant il faut leur donner plus de soins qu'il n'en faut aux *Pogoniris*. Il est nécessaire de les transplanter au moins tous les trois ans et de leur donner un sol calcaire.

Ces hybrides sont tous stériles, sauf dans des cas très rares ; en Angleterre, ils n'ont jamais grainé, parait-il, mais il y a quelques années, M. Denis m'a envoyé, de Balaruc, quelques graines provenant d'un *I. Pogoniris* × *Oncocyclus*. J'en ai élevé une seule plante qui est tout à fait remarquable. C'est un « *germanica* » pourpre foncé avec la tache brun-pourpre d'un *Oncocyclus*. Cette plante croît aussi facilement qu'un *Pogoniris* et fleurit abondamment.

Entre les *Regelia* et les *Pogoniris*, il n'est pas difficile, non plus de faire des croisements. On peut combiner le jaune et le pourpre de l'*I. chamæiris* avec les veines bien marquées et la barbe presque noire de l'*I. Korolkowi*. On peut en faire de même avec l'*I. stolonifera*, mais tous les hybrides de cette espèce que j'ai vus jusqu'ici sont laids. Il y a toujours un mélange de couleurs qui produit un effet bien désagréable.

Quant aux Iris barbus de nos jardins, ils sont, pour la plupart, des hybrides. Le vrai *I. pumila* est aussi rare dans nos cultures que le nom est commun dans les catalogues. A l'état sauvage, en Autriche, en Hongrie et dans la Russie du Sud, il y a de nombreuses variétés de couleurs différentes. Toutefois l'*I. pumila cœrula* doit être une variété horticole, car il ne graine presque jamais et les fleurs ne sont pas précisément formées de la même façon que celles des plantes sauvages. On sait que chez l'*I. pumila*, il n'y a pas de tige, tandis que le tube au-dessus de l'ovaire est relativement long. Chez l'*Iris chamœiris* la tige est au moins aussi longue que le tube et le plus souvent le dépasse de beaucoup. Or, j'ai réussi à combiner ces deux espèces dans un hybride stérile.

A mon avis, l'Iris le plus commun de tous, l'*I. germanica*, n'est qu'un hybride. Il graine difficilement et les quelques plantes qu'on a élevées de ses graines sont toutes des plantes naines, très semblables à l'*Iris aphylla*. Cette espèce, très répandue en Europe centrale, a ceci de remarquable que la tige se divise au-dessous du milieu et même au niveau du sol et ce caractère se retrouve chez les semis de l'*I. germanica*. De plus, toutes les espèces de l'Europe centrale : *aphylla*, *variegata*, *pallida*, *sibirica*, *pumila* perdent leurs feuilles en automne pour ne repousser qu'au printemps. L'*I. germanica*, au contraire, entre en végétation dès les pluies d'automne et il arrive très souvent que les touffes ne fleurissent pas parce que les boutons gèlent avant de sortir des feuilles, ce qui n'arrive jamais chez les Iris de l'Europe centrale. La plupart des Iris barbus de nos jardins viennent, non pas de l'*Iris germanica*, mais du croisement de l'*Iris variegata* avec l'*Iris pallida*. Les deux espèces croissent ensemble à l'état sauvage aux environs de Botzen, en Tyrol et aussi sur les montagnes Velebit, en Dalmatie. Dans les deux cas, on trouve, parmi les plantes des deux espèces, des hybrides à teint fumé, c'est-à-dire des *squalens*, des *sambucina* etc. Ce coloris résulte de la lutte entre le violet du *pallida* et le jaune du *variegata*. Les *amœna* ne sont que des *variegata* à fond blanc au lieu de jaune, comme le *leucographa* qu'on a trouvé à l'état sauvage en Hongrie.

Voici l'origine, à mon avis, des variétés anciennes. Il y a déjà quelques années on a employé pour en faire des hybrides l'*I. trojana* et d'autres espèces à haute tige d'origine orientale ou plutôt levantine. Ainsi, M. Denis s'est servi de l'*I. Ricardi* (= mesopotamica) pour en faire ses beaux hybrides, tandis que *Isoline* est évidemment le résultat d'un croisement de l'*I. trojana*.

Tous les teints jaunes viennent de l'*I. variegata* — sauf quelques plantes naines à floraison précoce, qui sont des hybrides de l'*I.*

chamæiris. L'*I. lutescens* n'est qu'une variété de cette dernière espèce, tandis que l'*I. flavescens* remonte à l'*I. variegata*. L'*I. flavescens* a été longtemps confondu avec l'*I. imbricata*, du Caucase, plante toute différente, qui ne nous a pas encore donné d'hybrides.

Si nous examinons de près les spathes des variétés horticoles, nous trouvons qu'elles sont, au moment de la floraison, entièrement herbacées chez les *I. variegata*, les *I. aphylla* et les *I. trojana* ; entièrement scarieuses chez les *I. pallida* et moitié herbacées, moitié scarieuses chez les *I. germanica* et chez la plupart des variétés bien connues. Voilà encore une preuve de l'origine hybride de l'*I. germanica*.

Parmi les *I. Apogon*, il y a de nombreux groupes de plantes plus ou moins étroitement alliées entre elles et, dans ces groupes, il n'est pas difficile de faire des hybrides. Ainsi, on peut combiner l'*I. sibirica*, qui est à proprement parler une espèce européenne, avec son parent asiatique l'*I. orientalis*, Thunberg. De celui-là, on obtient la haute tige, se dressant bien au-dessus des feuilles, tandis que celui-ci nous donne de grandes fleurs à divisions inférieures bien étendues. Ces deux espèces ont des formes albinos et, par conséquent, pour avoir des fleurs bleu de ciel, on n'a qu'à combiner le bleu foncé de la plante sauvage et le blanc d'un albinos. Quelques-uns de ces hybrides sont fertiles et donnent largement de bonnes graines, mais il y en a qui sont stériles.

Il y a maintenant dix ou quinze ans à peu près, on a introduit de Chine deux Iris du groupe *sibirica* à fleurs jaunes, l'*I. Wilsonii* et l'*I. Forrestii*. Celui-là se laisse facilement combiner avec les *I. sibirica* et l'on obtient du croisement un *I. sibirica* bleu à fond jaune qui est entièrement stérile. L'*I. chrysographes* est une belle espèce chinoise à fleurs violet foncé, tachetées d'or ; quelquefois, il n'y a qu'une seule ligne d'or au centre des divisions inférieures. La combinaison de l'*I. chrysographes* et l'*I. Forrestii* nous donne deux hybrides à peu près identiques dans lesquels les taches jaunes sont beaucoup plus grandes et nombreuses. Ce qu'il y a de remarquable, c'est que les hybrides entre ces espèces chinoises sont fertiles. Ils grainent facilement et donnent toute une série de formes différentes et intéressantes.

De plus, on peut combiner l'*I. chrysographes* et l'*I. Clarkei* avec les espèces californiennes, telles que l'*I. Douglasiana* et l'*I. tenax*. Ces hybrides sont très beaux et florifères mais ils restent stériles. J'ai combiné aussi l'*I. Wilsonii* et l'*I. tenax*. Cet hybride est extraordinairement florifère, mais stérile. Les fleurs sont plutôt laides, d'un bleu foncé pointillé de jaune pâle.

On trouve aussi des fleurs de ce coloris dans les hybrides entre l'*I. Pseudacorus* et son voisin américain, l'*I. versicolor* et entre l'*I. spuria* et l'*I. ochroleuca*. C'est Foster qui a fait des hybrides entre ces derniers et qui nous a donné les *I. Monspur*. L'*I. Monnieri* n'est qu'une variété horticole de l'*I. ochroleuca* ou peut-être un hybride entre cette espèce et l'*I. aurea*, du Kashmir.

Le groupe *Hexagona* ne contient que trois espèces : l'*I. hexagona* l'*I. foliosa* et l'*I. fulva*. L'*I. foliosa* est une forme naine, à grandes fleurs de l'*I. hexagona* et l'idée m'est venue, un jour de tâcher de lui donner la haute tige et le teint de terre cuite de l'*I. fulva*. Le croisement a réussi et l'*I. fulvala* est un bel hybride vigoureux à fleurs pourpre foncé qui donne même des graines. De ces graines, j'ai élevé des variétés à fleurs d'une couleur à peu près chamois, résultat peu attendu.

Quant aux Iris japonais, je ne crois pas qu'il y ait là dedans autre chose que l'*I. Kæmpferi*. L'*I. lævigata* est une espèce bien distincte. De celui-là, les feuilles ont une nervure élevée et bien marquée au centre, tandis que celui-ci a les feuilles lisses. Les graines de l'*I. lævigata* sont à peu près identiques à celles de l'*I. Pseudacorus*, avec un épiderme luisant ; celles du *Kæmpferi* ont une forme irrégulière et aplatie. Par quel moyen les Japonais ont-ils réussi à modifier la plante sauvage et en obtenir des variétés à fleurs doubles, tachetées et bariolées de toutes les couleurs? On l'ignore encore, mais ils ont fait de même avec le Chrysanthème et avec les Cerisiers et les Pruniers qui font l'ornement de leurs jardins au printemps. De même avec l'*I. lævigata* ; ils ont obtenu des variétés à fleurs blanches tachetées de pourpre (l'*I. albopurpurea*) et d'autres à fleurs doubles du même coloris.

Les espèces bulbeuses se prêtent facilement à l'hybridation, bien que les plantes qui en résultent soient, en général, stériles. Commençons par les *Xiphion*. Le vrai *I. Xiphium* se distingue facilement de tous ses voisins par son court tube infundibuliforme. Tous les autres possèdent un tube linéaire, par exemple l'*I. tingitana*, l'*I. filifolia*, l'*I. juncea*, etc. En combinant ces espèces avec l'*I. Xiphium* la longueur du tube se trouve réduite de la moitié, et nous trouverons des exemples de ce tube raccourci chez quelques-unes des variétés dites hollandaises. Ces quelques variétés sont des hybrides (*tingitana* × *Xiphium*), tandis que la plupart d'entre elles qui n'ont que le court tube infundibuliforme, sont des variétés horticoles de l'*I. Xiphium præcox*. Celui-ci est une variété à floraison précoce et à grandes fleurs, venant du sud de l'Espagne.

L'*I. Boissieri* est une espèce barbue, dont la barbe se compose de longs poils jaunes. On peut raccourcir de moitié la longueur de ces poils en faisant des hybrides avec l'*I. Xiphium* ou avec l'*I. tingitana*, tous deux imberbes.

Parmi les Iris de la section *Juno*, il y a des espèces à graines sphériques, d'autres à graines cuboïdes, et d'autres encore dont les graines se distinguent par une caroncule blanche. Entre les membres de ces trois classes, il n'y a pas d'hybrides, tandis que les membres des deux premières classes s'entrecroisent assez facilement. L'*I. persica* et l'*I. sindjarensis* appartiennent à la première classe et nous avons les *I. sindpers*, etc. L'*I. bucharica*, l'*I. orchioides* et l'*I. warleyensis* ont des graines cuboïdes et l'on peut obtenir des plantes à grandes fleurs jaunes, en combinant l'*I. bucharica* et l'*I. orchioides*. Les hybrides *bucharica* × *warleyensis* ont des fleurs jaunes ou verdâtres à bordure verte ou brune. Du troisième groupe, nous ne cultivons que l'*I. Rosenbachiana,* à pollen jaune et probablement une autre espèce bien proche dont le pollen est blanc. Ces deux espèces donnent facilement des hybrides.

Dans la section des *Reticulata*, il n'y a pas beaucoup d'hybrides. L'*Iris reticulata* a, comme on le sait, des feuilles quadrangulaires tandis que celles de l'*Iris Bakeriana* sont à peu près cylindriques avec huit nervures parallèles. En combinant ces deux espèces, on obtient des hybrides d'une beauté extraordinaire, tant les couleurs sont vives, et dont les feuilles ont six nervures.

Nous venons de passer en revue les hybrides qu'on a obtenus dans le genre Iris. Quelles conclusions peut-on tirer de ces expériences? En voici quelques-unes :

1º Les grandes sections du genre : *Apogon, Pogoniris, Juno, Xiphion*, etc., ne se croisent pas entre elles. (On peut toutefois faire des hybrides entre les *Pogoniris* et les *Evansia*).

2º Toutes les espèces de la section *Pogoniris* se laissent combiner entre elles. J'ai même réussi à fertiliser l'*Iris trojana* avec le pollen d'un *Iris chamœiris.*

3º Les hybrides provenant de deux parents étroitement alliés sont souvent fertiles; par exemple, les hybrides entre les membres chinois du groupe *sibirica* et l'*Iris fulvala.*

4º Les hybrides provenant du croisement de deux espèces éloignées l'une de l'autre dans la classification du genre sont toujours stériles.

5º Quand on obtient des hybrides entre deux espèces bien distinctes, leurs caractères sont à peu près à mi-chemin entre ceux des parents. Il n'y a pas de dominance mendélienne. Malheureusement, on ne peut en élever des générations successives, car ces hybrides restent stériles.

SOME RESULTS IN HYBRIDIZATION OF BEARDED IRIS

BY

M. A. J. BLISS (F. R. H. S.)

There are three methods of plant breeding, and by each good results may be, have been obtained. By saving and sowing the seed from some exceptional flower and, in the case of annuals, with careful and continuous selection for some years, races of new and beautiful flowers have been produced. A somewhat more definite method consist in collecting together the finest varieties procurable, including, where possible, new species, and either hand fertilizing at random, or allowing them to be cross fertilized by insects. Among the great number of seedlings that can be thus obtained, there is always the possibility of some few occuring which by a rare combination of characters will prove to be of exceptional merit, or even quite new departures. This may be called the extensive method. Then there is the third method, — the intensive method, — of selecting the parents and making each cross-fertilization with a definite aim. And this in the long run, if records are kept, is productive of the widest and most far reaching results, for each step forward that is made can be used intelligently for still further improvements, an increasing knowledge of the material worked with, is gained; and possibilities are not only suggested, but the way of obtaining them is indicated.

When, therefore, one proposes to take up the cross-breeding o any flower with the object of improving it for the garden, it is well to have some definite aims. Not that these aims which one start with will necessarily be our final or only aims. Far from it. For as the work progresses the horizon ever widens and possibilities appear which at first we could hardly have thought of, and aims that in our ignorance seemed possible have, with the experience gained, to be abandoned as unattainable, or, at least, modified and limited. It is, indeed, one of the charms of plant breeding, that you launch out into the unknown, along a road the end of which you cannot foresee, but with the assurance that, with perseverance, you will find there more than you sought.

The particular aims, in which I was chiefly interested, were to obtain a crimson Iris and a *plicata* with a golden yellow ground. I had the desire to break new ground and such varieties were entirely unrepresented in bearded Iris at that time. All other aims which I had in mind were more of the nature of improving varieties that already existed. Of the more general aims, which every conscientious breeder must attend to in seeking to improve flowers, special consideration was given to increasing the substance and broadening the segments.

Neither of the two special aims, — the crimson Iris and the yellow ground *plicata*, — has yet been attained, but much may often be learnt from failure. The work done will perhaps not be entirely wasted, and may help to pave the way, if the experience gained is shared with these who may take up the quest, and some account of my attempts may be of interest and save others from much barren labour. The advances made towards a crimson Iris are very slight and seem to show that, if it is possible, the right direction to work has not yet been found. It may be that it is unattainable, though I do not think so. But there is one consideration why it may be, at any rate, specially difficult. Willstatter (quoted in *The Anthocyanin Pigments of Flowers*, by Miss M. Wheldale) expresses the opinion that " variation in flower-colour largely depends on the presence of other substances, acids, alkalies, salts. etc., in the cell-sap ". The blue type of *Centaurea*, for instance, contains the alkaline (potassium) salt of the pigment of the purple variety, To put it more fully : — " In *Centaurea* flowers, there are three modifications of one anthocyanin pigment : a purple pigment, cyanin, which is itself free acid; a blue pigment, which is the potassium salt of the purple...; and a red pigment, which is the oxonium salt of the purple with some organic acid ".

The pigment forming processes are not the same in all flowers and it does not follow that they are the same in Iris as in *Centaurea*, but it is significant that red is associated with acid, and blue with alkaline substances. As is well known, bearded Iris grow best in a calcareous soil, and become unhealthy if the soil is at all deficient in lime. That is, they thrive in comparatively alkaline medium and resent an acid condition. It does not follow that they would therefore be unable to elaborate the necessary acid substances for the production of a red pigment, for there are many plants which thrive in a calcareous soil which have red flowers, but it might well be that it would be less easy and less natural to develop the acid than the alkaline type of pigments.

I do not think that a crimson Iris his unattainable on this consideration only, but it suggests that it might be best to choose those varieties which are least affected by lack of lime in the soil, if otherwise suitable. Such varieties may be recognized by their comparative freedom from the spot disease (*Heterosporium gracile*) in soil deficient in lime.

Many of the crosses made in the course of my experiments are not worth recording, as they were made rather with the object of exploring every possible combination than with any expectation of obtaining results in the desired direction. But three definite lines were pursued and carried through long enough to warrant drawing some conclusions.

1°Intercrossing *pallida* only, — chosing the reddest of the red-purples which were available. 2° Crossing *variegata* forms (including self yellow and *squalens*) with " red " *pallida* and *neglecta* to test whether there was any hope of obtaining a crimson through the combination of the violet-purple of *pallida* with the yellow of *variegata*. And under this head may be included experiments with *flavescens*. 3° Crossing *plicata* with all other types.

1° The intercrossing of *pallida*, where they were undoubtedly pure *pallida*, gave no advance whatever towards a red. But including in these experimental crosses all varieties which were formerly classed as *pallida* such *Assuerus*, *Queen of May* and *rubella* which are obviously not pure *pallida*, as well as such varieties as *Leonidas*, in which the alien mixture is not so evident, many " red " seedlings were obtained, which though no nearer a crimson than *Assuerus* (the reddest variety then available) were improvements in other respects in height, habit, size and form of flowers and brightness and depth of colour. These were used in subsequent experiments in crossing with *variegata* and *plicata* forms. Only one seedling, *Roseway*, was actually redder, that is, freer from the purple tone and that only slightly though distinctly. Otherwise, none were really any improvement on Verdier's *Edouard Michel* on the whole, though generally brighter coloured and freer flowering. They were however useful for further experimental crossing, especially as *Edouard Michel* is a poor seeder, since, having tested the varieties originally used, I now knew which contained *flavescens* or *variegata* or *plicata* in their ancestry, and could observe the different effects of these varieties or species in future combinations.

2° With the idea that possibly a crimson could be obtained by some proportion of the combination of the yellow of *variegata* with the violet of *pallida*, crosses were made of the above mixed *pallida* with red *squalens* and red *neglecta* (using chiefly *Jacquesiana* and *Cordelia*), and also with the self yellow *Mrs Neubronner*. To sum up the results, the direct combination of *pallida* violet and *variegata* yellow in, any proportions, had no tendency to produce red, and my conclusion is that the mixture of these two pigments alone could never give a crimson.

As there are other yellow pigments, — soluble or sap yellow pigments, — besides the more common plastid yellow, on the possibility that the yellow of *flavescens* was different from the yellow of *variegata*, crosses were made to test the effect of *flavescens* yellow in combination with other types. I had all the more expectation of finding it a reddening factor since from one of the earliest crosses made of *Queen of May* × *Thorbeck* a seedling appeared indistinguishable from *flavescens*, which seemed evidence that *flavescens* was in the parentage of *Queen of May*. The results have however been very conflicting. Some crosses with *flavescens*, when either a *plicata* or a *squalens* or an *amœna*, or all three were also in the ancestry gave red or rose taned seedlings. Crosses with a *variegata*, *flavescens* × *Maori-King* gave some seedlings with a brighter colour in the falls than ordinary *variegata* varieties, viz. *Glitter*, but from the same seed pod came also blue-toned *amœna*, and lasty, from and cross *flavescens* × *macrantha* came one of the bluest-seedlings have raised. *I Blue bird* seemed, therefore, that the reddening effect was due to the presence of one of the other types in the parentage, and from other results, most probably *plicata*. But so far as my experiments have gone, it seems improbably that *plicata* in the ancestry of *Queen of May*, for only one *plicata* has appeared out of 33 seedlings from crosses of *Queen of May* by a *plicata*, and that it ismost likely, an accidental self seedling.

3° One of the earliest results observed from crosses of *plicata* with almost all other types was the number of cases in which red toned seedlings appeared. The explanation that first occurred to me, — that the *plicata* type might be due to two complementary factors, one of which by itself — had a reddening effect, seems no longer tenable in view of later results, and I have no alternative theory to suggest except that possibly some other species such as *balkana* in the ancestry of *plicata*. This is, however, a mere guess, based chiefly on the distinction heard of *plicata*. This effect of *plicata* (in certain combinations, for there are notable exceptions) is, however, I am sure, a fact, and a mere impression not as it is the recorded result of very many diverse crosses. Among the old standard varieties, also *plicata*, is in the parentage of *Assuerus* — the reddest red — *pallida* and in that of *Jacquesiana*, the reddest of the red *squalens*. And it can hardly be a coïncidence that all my reddest toned seedlings have *plicata* in some degree in their ancestry and all that have been tested have proved to be heterozygous for the *plicata* factor. *Roseway* = (*Assuerus* × *Queen of May*) is heterozygous for *plicata*, while *Dora Longdon* (= *Queen of May* × *Cordelia*), which has no *plicata* in it, shows much less red and more yellow. *Red star* (G. 141 (10), the pedigree of which has been given in the *Gardener's Chronicle*, Feb. 14. 1920) though not a large flower, is a real advance in colour. It is a seedling from a series of crosses in which I combined *Mme Chereau*, *Cordelia*, *Queen of May* and *Assuerus*. From the same pod of seed there came two *plicata* out of 15 red *pallida-neglecta*. *Susan Bliss*, a very pure rose-pink, and *Saranac*, the reddest *pallida* form I have obtained, are sister seedlings with a long pedigree.

Mme *Chereau* × *Cordelia*
       Sweet lavender × *macrantha*
           L. 147 × *Diadem* (= *Assuerus* × *Leonidas*)
          { *Susan Bliss*
          { *Saranac*.

Several *plicata* appeared from the same seed pod. The pedigree of *Evadne* and *Auburn* is :

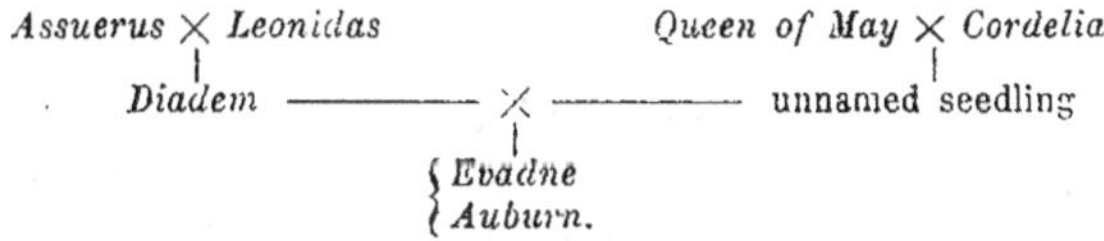

Assuerus × *Leonidas*   *Queen of May* × *Cordelia*
    Diadem ———— × ———— unnamed seedling
          { *Evadne*
          { *Auburn*.

Lastly, *citronella*, which is remarkable for the bright and clear crimson veining of the falls, has *plicata* in its ancestry, both from *Mme Chereau* × *Jacquesiana*.

Mme *Chereau* × *Jacquesiana*   *Queen of May* × *Cordelia*
   unnamed seedling ——— × ——— unnamed seedling
          citronella.

Perhaps after all, the crimson Iris, when it comes, as I am sure it will someday, will come unexpectedly as the result of a rare breaking of some linkage of factors that at present defies direct effort, and it will be a mutation.

The yellow-ground *plicata*, is also not yet obtained, but it is a much neear attainment than the crimson Iris. In 1907, I first flowered a *plicata* with a pale sulphur ground, and perhaps *Mercédes* is even older. Since then, many of the same type, — *squalens-plicata*, — have been raised, and they show that the *plicata* type factor does not affect the yellow ground colour, the weakening or dilution of it in these *squalens-plicata* being most probably due to other and quite distinct factors, as shown in analogous crosses, where *plicata* is not present. Now, *citronella* and Miss Sturtevant's *Shekinah*, in wich a full primrose yellow has been obtained in the *pallida* type, make it almost certain that the full yellow ground can also be obtained in the *plicata* type.

Though these two particular aims have not yet been attained, improvements in many other directions have come, and in the, general aims of increasing the substance and broadening the segments, the results have been beyond all expectations. In *Dominion*, these most desirable qualities seem almost to have attained the limit of possibility. *Dominion* came from a single seed from a variety which I had as *Cordelia* crossed by *macrantha*. I am not, sure if it was the true *Cordelia*, for I lost the plant and the plant of *Cordelia* I now have does not seem quite like my recollection of the original one, through certainly of the same type. I have made the same cross several times since and the few resulting seedlings show many simularities with *Dominion*, — in the strong blue-green foliage, and even, in a far off way, in the flowers, but none approach *Dominion's* remarkable size and substance and breadth of falls. So I am inclined to think that *Dominion* is in some way a mutation, — possibly a tetraploid like De Vries, *Œnothera gigas*, which is calculated to appear only once out of 900.000 seedlings! However, it transmits its qualities to its progeny, and *Bruno* is larger, of equal substance, and has even broader falls, which are of the richest velvety red-brown.

It is worthy of note that exceptional flowers, showing a great advance on their parents, have nearly always come from crosses that produced very few seed, generally only one or two.

These may be considered to be difficult crosses and, in my opinion, they demonstrate the value of making « out-crosses », that is, crosses of widely dissimilar parents. I imagine that the comparative incompatibility of the germ plasms induces breakages of the factor linkage which, in the case of more normal unions, would always hold together. Such crosses require much patience and perseverance, but the rewards are commensurate with the labour. As an exemple, *Pioneer* came from one of two seed from a cross in which *Paladin* was the pollen parent (it has so far proved entirely infertile as a seed parent). It is the only seedling I have yet obtained from *Paladin* though more than 200 crossings have been made. Often such exceptional seedlings are sterile or nearly so, but *Pioneer* is a fairly free seeder and so at last it will be possible to carry on a strain that has exceptionally fine qualities and which has *germanica* in its ancestry; *Paladin* being a seedling of *germanica* × *macrantha*.

Dominion came from one seed; *Bruno* from 2 seeds; *Gabriel*

2 seeds; *Patrician*, one seed; *Blue bird*, one seed, *Phyllis Bliss* from one seed. The only real exception is *Samite* (= *flavescens* × *Mrs Neubronner*) of which there were 22 seed. This, though not an exceptional flower from a garden point of view, is as remarkable, in proportion, as Dominion for the great advance on its parents, in substance and breadth of falls. *Clematis* (= *Cordelia* × *Princess Beatrice*), which is a sudden departure in form, was from six seed.

Cretonne (= *Assuerus* × *Maori King*), which is certainly remarkable for the amount of colour that pervades the whole plant, came from 10 seed; none of the other seedlings showed special colouration.

Citronella, which is really only exceptional in that it is a new combination of colours already in the parents, came from 16 seed. *Titan*, *Cardinal* and others of the *Dominion* race though remarkable flowers, are not an advance of the same kind, — their exceptional qualities being simply derived from their parent *Dominion*.

In illustration of the diversity of type which may appear from the same cross, *Du Guesclin*, — a rich violet-blue *neglecta* of *Monsignor* type, — and *Sweet lavender* came from the same pod of seed from a cross of *Mme Chereau* × *Cordelia*. The *Sweet lavender* type is the rarer one appearing once to about 12 or 16 of the *Monsignor* type.

To any one unacquainted with the breeding of mixed hybrids, it would also seem surprising that *Azure*, — a deep violet blue *neglecta*; — and *Dusky Maid*, — a purplish brown *squalens*, — came from the same pod of seed of the cross *Leonidas* × *Maori King*.

Knysna (= *Maori King* × *Jacquesiana*) illustrates how, probably, the *plicata* factor (in *Jacquesiana*) keeps the yellow of the standards clear, similar crosses of a *variegata* by a *squalens*, when no *plicata* is present, generally result in standards of a brassy yellow.

Francina (= *Assuerus* × *Mme Chereau*) illustrates the possibility of modifying or transfering colour characters by crossing with a variety of the desired colour, and then crossing back again. *Assuerus* is heterozygous for *plicata*, and by crossing it with a *plicata(Mme Chereau*) one half of the seedlings will be *plicata*, and in some of them the red colour of *Assuerus* will come over together with the *plicata* type. *squalens-plicata* may be produced in a similar way.

Light or yellow margins in the falls of *variegata* are common enough, but a really *defined* margin appears to be very difficult to obtain. *Marsh Marigold* (= *Maori King* × an *amœna* seedling) was the only *variegata* seedling with a really defined yellow margin out of several hundred from various crosses.

My experience with white Iris has not been very large until quite recently. *Mrs H. Darwin*, on which I relied at first besides being a recessive white, gave flowers of such bad form that all have been destroyed.

Iris Hoogiana.

(Photo Hoog).

Iris ... -mier.

(Photo Hoog).

Iris de Hollande.

(Photo Hoog).

albicans and *germanica alba* appear to be dominant whites, — giving white flowers in the first generation, — and promise good and even exceptional results. But their earliness makes it difficult to cross them with most of the June flowering bearded Iris, and they are poor seeders, with infertile pollen. My only interesting white from *albicans*, at present, is *Berenice* (= *albicans* × *trojana superba*). It is a pure white, with golden yellow reticulations on the hafts (in place of the brown of *trojana*) which seems to show that in these reticulations there is yet a third kind of yellow pigment besides the *variegata* and *flavescens* yellows. *Amœna* give whites (generally tinted pink or porcelaine) from crosses with some *squalens*, e. g. *Judith* × *Thorbeck*; *Thorbeck* × *Jacquesiana*; *Queen of May* × *Thorbeck*. These *amœna* derived whites are however unsatisfactory and since the whites derived from *plicata*, which are now appearing, have much finer flowers and are freer flowering, all the *amœna* whites have been discarded. I do not yet fully understand the genetics of the *plicata* derived whites *flavescens* × *aurea* or *Mrs Neubronner* give *cream* whites, often exceedingly free flowering, but with small flovers.

From the collected results of many experimental crossings it has been possible to draw general conclusions, which are also of practical use to breeders, regarding the origin and constitution of the types, — (once regarded as species), — *neglecta*, *squalens* and *amœna*. I have given the reasons for these conclusions in the *Gardener's Chronicle*. Feb. 14., 1920 and in *The Journal of the Royal Horticultural Society*. Vol XLV, parts 2 and 3. *Amœna* varieties are simply colour varieties of *variegata*, white taking the place of the yellow, and purple or violet-blue taking the place of the red-brown of the falls of *variegata*. The relationship between *neglecta* and *squalens* is of the same nature; *neglecta* being, practically, *squalens* in which there is no yellow. Both *neglecta* and *squalens* come, — in about equal numbers, — from crosses of *pallida* × *variegata* varieties.

Furthermore, from a long series of crosses it has been demonstrated that the *plicata* type is recessive to all other types, except perhaps some whites.

RÉSUME EN FRANÇAIS

On peut employer trois méthodes pour l'obtention de variétés nouvelles de fleurs :

1° En récoltant et en semant les graines de plantes qui ont paru exceptionnelles et, en continuant cette opération durant plusieurs années, dans le cas des espèces annuelles, d'excellents résultats peuvent être obtenus.

2° En réunissant une collection des plus belles variétés et en y joignant, si possible, quelques espèces nouvelles. Par la fécondation croisée entre toutes ces formes, on peut obtenir, parmi de nombreux semis, quelques rares combinaisons de caractères, donnant des plantes de grand mérite. C'est la méthode extensive.

3° En choisissant les parents et en pratiquant des croisements raisonnés avec un but défini. C'est la méthode intensive, celle qui donne les plus grands résultats.

Il est bon, lorsqu'on se propose l'amélioration d'une plante, d'avoir un but bien défini. Ce but n'est pas nécessairement atteint; mais à mesure qu'on progresse dans cette voie, l'horizon s'élargit et l'on aperçoit des possibilités insoupçonnées.

L'auteur s'était proposé pour but d'obtenir un *Iris pallida* rouge et un *Iris plicata* à fond jaune. Il n'est pas parvenu à ces résultats, mais le temps passé à ces recherches n'a pas été complètement perdu.

D'après l'étude des substances colorantes chez les fleurs, il semble que généralement, le coloris rouge indique la présence d'un acide et le bleu, celle d'une substance alcaline.

L'auteur pense que, s'il est possible d'obtenir un *Iris rouge*, il faudra surtout travailler les variétés qui sont peu affectées par l'absence de chaux dans le sol; ce qui se reconnaît en ce qu'elles sont moins attaquées par la maladie (*Heterosporium gracile*) dans un terrain manquant de chaux.

Différents procédés ont été employés par l'auteur :

1° L'entrecroisement des *pallida* de coloris les plus rougeâtres.

Il n'obtint pas des types plus rouges que ceux existants; mais il y eut amélioration au point de vue d'autres qualités.

2º Le croisement des *pallida* avec les *squalens* et les *neglecta* de teintes rougeâtres (principalement *Jacquesiana et Cordelia*) ne donna rien de nouveau; l'emploi du *flavescens* (jaune pâle) donna des résultats très divers, des tons roses, mais aussi des coloris très bleus.

3º Le croisement des *plicata* entre eux. Tous les semis de coloris rougeâtre se montrèrent hétérozygotes pour le caractère *plicata* et il est permis de croire, que l'obtention d'un Iris rouge se produira d'une manière inattendue par dissociation d'une « liaison » (linkage) de facteurs pour la coloration.

On est arrivé assez près de la solution du second problème; l'obtention d'un *pallida* à fond jaune, chez la variété *citronella* et chez *Shekinah*, de Miss Sturtwant.

Au cours de ces recherches, des variétés intéressantes et inattendues ont été obtenues, notamment *Dominion* qui semble être *une mutation* « *tetraploïde* » dans le genre de *l'Œnothera gigas*, de H. de Vries.

On peut noter que ces plantes exceptionnelles proviennent presque toujours de croisements difficiles à réaliser, ayant produit très peu de graines; ce qui pourrait indiquer que, dans ces hybridations entre variétés éloignées, il se produit une dissociation de facteurs qui seraient restés « liés » dans des unions plus normales.

De ses divers croisements, M. Bliss tire les conclusions génétiques suivantes :

Les *amœna* sont des *variegata* chez lesquels le blanc a pris la place du jaune, et le pourpre ou le violet, celle du rouge brun sur les divisions inférieures.

Les rapports entre les *neglecta* et les *squalens* sont de même nature; les *neglecta* étant pratiquement des *squalens* chez lesquels le jaune manque.

En croisant des variétés de *pallida* avec des *variegata* on obtient des *neglecta* et des *squalens* en proportions sensiblement mêmes.

Il semble démontré que le type *plicata* est récessif à tous les autres types excepté, peut-être, à quelques blancs.

THE RANGE AND DISTRIBUTION OF COLOR IN POGONIRIS

BY

M. R. S. STURTEVANT

I write as a close student of garden Irises, not as a scientist familiar with the chemistry of color; nor even as a scientific hybridist; my inferences are drawn from careful observations of the characters of many varieties, and from records of experiments in hybridization, incidental to the production of new and worthwhile varieties for the garden.

My treatment of the subject is divided into three fairly distinct parts. First, the actual range of color as recorded from a standard color chart; second, the distribution and localization of these colors upon the various parts of the Iris flower, as suggested, both by appearance and inheritance; and third, the relative value that these facts should be given in formulating a system of classification.

Recently I compiled a full list of the colors recorded on the Data cards of between four and five hundred varieties, and in accordance with the actual comparisons with *Color Standards and Nomenclature*. This chart has been adopted as a standard by The American Iris Society and has proved adequate and convenient, more convenient for garden use than the *Repertoire des Couleurs*. It permits of the accurate definition of some 1115 colors, of which only 250 to 300 are found in Irises. Five to seven hues are given between each primary color, seven tones between white and black, and both hues and tones are also given in four gradations between pure color and grayed neutrality. I enclose a list of terms arranged according to Ridgways' Chart.

It is quickly noted, in studying this list, that two thirds of the Iris colors come between violet and red, and even less than one third among the yellows. Clear yellows are more common, comparatively, than clear violets, but furthermore deep tones of yellow are practically non-existant. The only tones of red and orange hue are of deep shades, colors found in the velvety falls of such a variety as Fro. There are no true rose-pinks, no true blues, and even the blue-violets are rare and much neutralized. Visually, we recognize blue and pink toned Irises, but they are blue, or pink, only by comparison with other Irises. Both the yellow and violet hues become deeper as they approach red, and lighter as they tend toward green and blue respectively, and only in varieties of comparatively recent introduction do we discover these hues at the extreme limit of the range. I think that further investigation would reveal that each year the color range of garden Irises was increased, and the mere listing of the color terms suggests that new developments in coloration will be toward light tints of pink, blue, and yellow green, and toward dark shades of red. If Iris colors were simple pigments we might visualize and actually produce Iris of every hue, at least in the neutralized tones, in fact, however, certain colors are found almost without exception in certain parts of the flower, and not elsewhere, so that it is not inconceivable that certain kinds of colors are inherently « linked » with what we might call a factor of distribution or localization.

The question of real interest to the hybridizer is whether and to what extent, he may break this linkage of characters and by careful breeding recombine them. Visually, we discriminate not only between the colors themselves, but between self-colored, bicolored. and what we are accustomed to call *plicata* Irises. Furthermore, within the bicolored division we may distinguish what I call a « solid bicolor », such as *Oriflamme,* from a « velvety bicolor » like *Souvenir de Mme Gaudichau,* or a « veined bicolor » like *Her Majesty*. You will note that I now disregard mere difference in color and consider its distribution only. Distribution is less difficult of exact definition than color, for who can draw a concise line between light and dark, or red-and blue-purple?

Practically all varieties show traces of reticulation at the base of the petals; in *cypriana,* this is yellowed; in *pallida,* blue-toned; in *variegata,* red-toned. We have no examples of yellow venation of the blade, although often the vein color is modified by a yellow sap, or ground color, and curiously enough, we find true red only as a vein color in varieties of *variegata* strain. Throughout this paper, I use the word « venation » as applied to the presence of veins on the blade of the fall, and extending beyond the beard. From research through hybridization this « venation », seems to be a typical, and usually a dominant character of *variegata*; its presence is a proof of *variegata* blood. The experiments of MM. Dykes and Bliss prove conclusively that our original so-called *amœna, neglecta,* and to an extent our *squalens* groups, were all developped from *pallida* and *variegata* crosses. This, naturally, would not apply to the more recent introductions of *trojana*, *cypriana* and *mesopotamica* origin, these last three, when crossed with *variegata*, tend to produce sterile progeny, which are rarely of *variegata* coloring. This last point is emphasized when we realize that but one, or two, typical *variegata* have been ranked higher than 80 % in the Symposium recently published by The American Iris Society. Before leaving this subject of « venation », it is worth noting that a « solid bicolor » may exist unveined, in fact is usually unveined, but that a velvety quality of the blade of the fall is almost invariably due to the confluence of richly colored veins.

Broadly speaking, our modern tall bearded Irises are derived from *pallida*, *variegata*, *germanica*, *trojana*, *cypriana* and *mesopotamica*, and from the point of view of the hybridist the lines of distinction between these last four are close and their inter-relationship not yet fully understood. It would seem that *variegata* of *germanica* and *trojana* origin are typically lavender, the standards lighter than the falls, which very rarely show the velvety character found in so many *neglecta* which have their origin in *variegata*. The progeny of *cypriana* hybrids are also typically lavender, as are those of *mesopotamica*, but the former shows yellow tones on the haft, tones that not only soften and dull the color but that gives a sheen to the surface that reflects the light. This extra substance and finish modifies the color considerably and may be due to a factor entirely distinct from color, but it is worth noting that this fine quality is the rule among *cypriana* seedlings and the exception among seedlings of other origin. For example, compare *Caterina* and *Arsace* with any *pallida* except the variety *pallida dalmatica*, *Princess Beatrice*.

If by *plicata* we mean varieties the standards of which are variably feathered, edged or otherwise marked with a deeper color, we have examples, not only of original *plicata* like *Buriensis* and *Mme Chereau*, purple on a white ground, but also what I term *variegata-plicata* like *Mme Chobaut* and *Mme Denis*, where not only the ground color, but the markings and often the venation, all show a blending of tones due to an infusion of *variegata* blood. The *plicata* character is clearly a recessive, and originally was very closely allied to *pallida*, if not a " break " from that stock. At least from our records, a *plicata* crossed with *plicata* has but once produced a *plicata*, whereas seedlings of deep-toned *pallida* often produce a *plicata*. Only by pedigree breeding through a number of generations can we hope to secure *plicata* in the first generation and it is proving extremely difficult to achieve the *plicata* markings on the standards in combination with different ground colors and different habits of growth. I have seen these markings on yellow, lavender and blended grounds, I expect to see also *trojana* and *cypriana-plicata* in various colors, but they are still in the future.

Hybridization work with Irises is not a fertile soil for scientific investigation, practically all breeders are working toward garden results rather than toward scientific proof. We are dealing with relatively small numbers of any one parentage, and with very large numbers of inherent factors and, consequently, we must draw inferences as to certain tendencies revealed by inadequate records rather than attempt to state proved facts.

As I think that inherent characters that influence the distribution of color should be considered in the formation of a classification, I shall now present the deductions that I have drawn from my familiarity with the work of Miss Grace Sturtevant and A. J. Bliss. Both these hybridists plan and record their experiments in hybridization. Miss Sturtevant is working chiefly to develope strains of yellow *pallida* and *cypriana* types of height and habit, and Mr. Bliss has done the most with *plicata* and his " *Dominion* race ", but both have produced improvements in many other types and colors.

I wish that I might forsee to what extent your hybridists would agree to the following statements.

Self (standards and falls of apparently the same color, and unmarked). A dominant character in lavenders of *pallida* origin, a recessive in yellow and white.

Plicata (standards marked) a recessive character, the ground color variable, the markings also variable, sometimes bronze, but never yellow.

Veined bicolor (venation present on blade of falls) ground of any color, venation red or purple-toned, sometimes bronze, but never yellow.

Velvety bicolor usually, but not always, due to veins becoming confluent on the fall. (*Jacquesiana* and *Dr. Bernice* are from their appearance of similar make-up, but the first gives selfs in the first generation, the other bicolors, often veined bicolors. Hence; this quality may be a separate inherent factor).

Solid bicolor derived from many sources, colors often blended, but rarely dominantly yellow.

These distributions of color seem to be inherent, as well as apparent characters, and permit of sufficiently accurate definition to classify all possible combinations of color as found in garden Irises. The great majority of Iris varieties are either lavender selfs, or solid, or veined bicolors, the small minority (at present) white, or yellow selfs, plicatas, or velvety bicolors. Presumably, this minority represent recessive characters that, as it happens, are fairly closely linked with certain habits of growth or form of flower. For example, our yellow *variegata* lack height and size, qualities which practically all breeders are attempting to get through an infusion of *cypriana* or *trojana* blood.   M. Denis reports that *cypriana* and *variegata* usually produces sterile plants, and he has reported blends like *Mme Durrand*, rather than true yellows.   Mr. J. Marion Shull has worked with *trojana* and *variegata*, but has not yet succeeded in combining the habit of one and the color of the other.   Miss Sturtevant has introduced two yellows, veined with red, of *cypriana* blood.   The color is brilliant, the venation sparce, the flower fairly large and of a modified *variegata* form, the height and branching distinctive.   In the second generation, these produced (some 20 perhaps) all veined yellow essentially like the parents.   Unfortunately, none of these set seed easily, but a third generation is on the way and theoretically at least we look for further development toward a new type of yellow.

In all this hybridization work few factors have prooved invariably dominant, but we can say that two lavenders or two yellows (not yellow selfs) bring forth their like, but an *amœna*, or a *squalens*, or a *plicata*, may give almost anything.   In one instance, in a number of cases of crossing *Anne Leslie* by itself (an *amœna*) the progeny showed the following variations in the first generation : solid and velvety *amœna*, selfed and veined lavenders, veined and velvety *variegata*, velvety blends and even a pure white.

I know of only one example of two whites producing a batch of all white seedlings, ordinarily the result is either colored or veined.

The same is true of yellow selfs.   By progress breeding, Miss Sturtevant has succeeded in this to a certain extent with yellow, white, and pale pink in both selfs and *plicata*, and unless I am mistaken, Mr Bliss has accomplished similar results with *plicata* and the Dominion race.   I think this line of progress breeding a necessity if we are to develop new colors and colors distributed in a novel way.

Before leaving this subject of color distribution, I wish to consider briefly the statuts of blends or shot shades.   A large proportion of the recent introductions are in this class and not only may the colors show a preponderance of pink or yellow or blue, but they may be self-toned or bicolor veined or solid, or in some cases one color seems to be actually laid upon another.   Whatever the classification adopted, their proper grouping will prove extremely difficult.   Who shall say whether blue or yellow predominates in varieties like *Mady Carrière*, or *Afterglow*, so evenly balanced are the two tones? They are practically blended selfs.   Or take *Alcazar*, with its rich coloring, it is a solid bicolor, but I should hesitate to specify any particular color as dominant.

One other point as to distribution I find of interest in that it suggests the development of varieties with the upper petals darker than the lower ones, and in both *variegata* and *plicata* there is a strong tendency toward an absence of sap color at the center of the falls. Two unrelated observations but there is a fair chance of their developing a new type.

Before taking up a concrete suggestion for classification, I wish to state my opinion as to the limitation of Iris development because any system which does not look to the future cannot prove permanent. With two exceptions, yellow venation of the falls, or markings of the standards, and a velvety upper petal, I consider all other combinations of our present colors and their distribution factors perfectly possible of development. It may take years, but if our interest in Irises continues, we have but to review the advances made in the last decade to realise what the future may bring forth.

A classification, to be of value to even amateurs, must have two qualifications : first, a clearly defined and easily perceived distinction between the various classes, and second, sufficient classes and subdivisions to separate varieties into groups numbering not over thirty or forty. An even smaller number would prove a greater convenience in description and identification. Furthermore, no classification which depends upon the arbitrary placing of varieties by a small Committee can become of international importance. We must have definitions pliable enough to admit all future introductions and yet so clearly expressed that anyone who can read and observe, may classify a variety without error.

The color of the flower is our reason for growing Irises and is therefore a fit basis for a garden classification. Botanical distinctions will not be understood by the average grower; variations in height, in time of bloom, are wide under different conditions of soil or climate. Coloration at the base of the leaves has been suggested as a basis, but it also is variable and should merely be considered as an aid to identification when the plant is not in bloom. There remains color, but color also varies in response to atmospheric conditions.

Certain varieties hold their color in the hot sun, others fade; certain varieties develop splotches or veins of deeper tone, under moist conditions; in short, we can draw no sharp lines of distinction between slight variations of color. I do not mean that we should not use the terms light and dark, for example, but we should use them only as a last resort in a subdivision of very minor importance. If you accept these statements, you will agree that a good classification must make use of the distribution of color, as well as of color itself, and personally, I think that the inherent factors which govern the distribution are of first importance.

My proposed classification is based on these principles and I trust that in substance, if not in detail, it will meet with your approval and that after full consideration of this and all other proposals, your Committee may formulate a classification that will prove acceptable to the members of the American Iris Society.

A PROPOSED CLASSIFICATION OF BEARDED IRISES
(with typical examples).

GROUP I. — *Self-colored.*
(Standards and falls of the same color or nearly so).

1° *White*;

a) Reticulations at haft lavender : *Mrs H. Darwin*,   *Ingeborg*, Int. (1).
b)   »   »   »   yellowish : *La Neige*, 18 in.   *Innocenza*, 3 ft.

2° *Yellow*;

a) Clear : *flavescens*, light, 30 in. *aurea*, 2 ft.   *Elia*, Int. 18 in.
b) Falls occasionally clouded : *Mrs Neubronner*, deep, 2 ft.

3° *Lavender* (violet, or purple, might be selected) (*pallida*);

a) As light as *Celeste*.   *Lohengrin* (lilac), 3 ft.
b) Darker than *Albert Victor*.
c) As dark as *Parc de Neuilly*.
   1° Blue-toned : *Parc de Neuilly*, 2 ft.
   2° Red-toned : *Caprice*, 2 ft.   *Edouard Michel*, 3 ft.

4° *Blends or Shot Shades*;

d) No color predominant.
   1° Light.   *Mady Carrière*, 3 ft.
   2° Dark   (bronze) *Alcazar*, 40 in.
a) Red dominant : *Queen Alexandra*, 2 ft.
b) Yellow dominant.
c) Blue dominant.

GROUP II. — *Bicolored.*
(Standards and falls of different tones or colors).

1° *Standards white* (or nearly white) *amœna*.

a) Falls, veined : *Edina*.
b)   »   solid : *Sybil* (red), 2 ft.   *Rhein Nixe* (purple), 3 ft.
c)   »   velvety : *Victorine*, 2 ft.

(1) Int. intermediate; DB d. warf bearded.

2° *Standards yellow*;

a) Falls veined.
b) Falls solid : *Princess Victoria Luise*, 30 in.   *Ossian*, 3 ft.
   1° Bordered with color of standards.
c) Falls velvety : *Maori King*, 18 in.   *Mithras*, 3 ft.
   1° Bordered : *Marsh Marigold*, 3 ft.

   3° *Standards lavender*; falls blue toned, unless otherwise
      specified.

a) Falls veined : *Albatross*, 2 ft.
b) Falls solid : *Saracen*, 4 ft. *Shelford Chieftain*, 3 ft.
c) Falls velvety : *Perfection*, 3 ft.   *Kharput* (early, red) 3 ft.
   1° Bordered : *Monsignor*, 2 ft.

   4° *Standards blended*;

a) Falls veined.
   Red, yellow, or blue dominant.
b) Falls solid.
   Red, yellow, or blue dominant.
c) Falls velvety.
   1° Red dominant : *Syphax*, 2 ft.   *Jacquesiana*, 3 ft.
   2° Yellow dominant : *Iris King*, 2 ft.   *Dr. Bernice*, 30 in.
   3° Blue dominant. *Nuée d'orage*, 3 ft. *Lent A. Williamson*,
      40 in.
   4° No dominance.

GROUP III. — *Plicata.*
(Standards feathered or edged, style branches usually conspicuous).

   1° *Ground color white* : or nearly white.   Markings of blue-
      or red-violet hue.

a) Standards marked only toward the base.
   1° Markings light.
   2°   »   dark : *Ma Mie*, 3 ft.
b) Standards heavily edged with color.
   1° Blue-toned : *Mme Chereau*, 3 ft.
   2° Red-toned : *Pocahontas*, 30 in.
c) Standards completely netted all over.
   1° As light as *Mrs G. Reuthe*.
   2° As dark as *Parisiana*.

   2° *Ground color yellow* : *Montezuma*, 2 ft.
   3° *Ground color lavender*:
   4° *Ground color lightly blended*;

a) Markings very light : *Pancroft*, 30 in.   *Fantasy*, 30 in.
b) Markings dark.
   1° No " venation " of falls apparent.
   2° Falls veined.
      a) Red dominant : *Demi Deuil*, 30 in.
      b) Blue dominant : *Mme Denis*, 2 ft.

The word vein or venation refers only to the prescence of veins on the blade of the fall, not to reticulations on the haft alone.

It is clearly evident that certain main subdivisions need greater reduction into still smaller units and these minor classes may easily be added elsewhere as new varieties are introduced. By adding height and tone after each variety listed we avoid using these unstable characters in an important place and the specification of certain varieties as light or dark tends to more clearly define our meaning.

RÉSUMÉ EN FRANÇAIS

L'auteur déclare ne pas être un savant familier avec la chimie des couleurs, ni même un génétiste, mais un observateur attentif des caractères d'un grand nombre de variétés.

Il divise son sujet en trois parties : 1° l'étendue actuelle des couleurs; 2° la distribution et la localisation de ces couleurs sur les diverses parties de la fleur; 3° la valeur relative de ces faits, formulée en un système de classification.

Une charte des couleurs établie, par M. Ridgway, a été employée aux lieu et place du *Répertoire des couleurs*, qu'on ne parvient que très difficilement à se procurer en Amérique. Des 1.115 couleurs qu'elle renferme, 250 à 300 s'observent chez les Iris.

« Les deux tiers des couleurs des Iris se placent entre le violet et
« le rouge et un tiers parmi les jaunes. Les jaunes clairs sont plus
« communs que les violets clairs, mais les jaunes foncés n'existent pra-
« tiquement pas. Les seuls tons de rouge et d'orange sont foncés et
« s'observent dans les divisions inférieures de variétés telles que *Fro.*
« Il n'existe pas de roses purs, et même les bleu-violets sont rares et
« très neutralisés...

« Si les couleurs des Iris étaient de simples pigments, on pourrait
« espérer obtenir des Iris de tous les tons;... en fait, certaines cou-
« leurs se trouvent presque sans exception dans certaines parties des
« fleurs et pas ailleurs: il semble ainsi que certaines couleurs soient
« « liées » à ce que nous pouvons appeler un facteur de distribution
« ou de localisation.

« Visuellement, nous distinguons les unicolores, les bicolores et ce
« que nous nommons les « *plicata* ». Au surplus, je distingue parmi
« les bicolores, un bicolore uni, tel que *Oriflamme*, d'un bicolore
« velouté, comme *Souvenir de Mme Gaudichau*, ou d'un bicolore
« veiné comme *Her Majesty*...

« Pratiquement, toutes les variétés sont réticulées à la base des
« pétales..., il est assez curieux que le rouge ne s'observe qu'à l'état de
« veines chez les variétés du groupe *variegata*..., le velouté du limbe
« des divisions inférieures est presque invariablement dû à la con-
« fluence de veines richement colorées.

« Les variétés dérivant de l'*Iris cypriana* présentent un ton jaune

« sur les onglets qui, non seulement adoucit et assombrit la couleur,
« mais donne à la surface un brillant réflétant la lumière. Cette
« teinte supplémentaire qui modifie considérablement la couleur, peut
« être due à un facteur entièrement différent; il y a lieu de remarquer
« que cette particularité est commune au semis de l'*Iris cypriana* et
« exceptionnelle chez les semis d'une autre origine. »

M. Sturtevant examine critiquement l'origine des *plicata* et con-
firme par divers faits leur descendance des *pallida*. Il désigne
sous le nom de « *variegata-plicata* » des variétés telles que
Mme Chobaut et Mme Denis, dans lesquelles la couleur de fond et
souvent les veines montrent un mélange de tons dû à l'infusion du
sang de *variegata*. Le caractère *plicata* est nettement rescessif. Le
croisement de deux *plicata* n'a produit qu'une fois un *plicata*, tandis
que les semis de *pallida* foncés produisent souvent des *plicata*...

L'auteur soumet à l'appréciation des génétistes les indications suivantes :

« *Concolores* (self) (divisions supérieures et inférieures apparem-
« ment de la même couleur et non veinés).

« Ce caractère est dominant chez les bleu-lavande issus des *pallida*
« et rescessif chez les jaunes et les blancs.

« *Plicata* (divisions supérieures veinées). Caractère rescessif; cou-
« leur de fond variable; panachure également variable, parfois bronzée,
« mais jamais jaune.

« *Bicolores veinés* (veines présentes sur le limbe des divisions
« inférieures). Fond de toutes couleurs, veines rouges, pourpres,
« parfois bronzées, jamais jaunes.

« *Bicolores veloutés*. Couleur ordinairement, mais pas toujours, due
« aux veines devenant confluentes sur les divisions inférieures. *Jac-
« quesiana et Docteur Bernice* semblent être de même constitution,
« mais le premier donne des concolores en première génération et le
« dernier des bicolores, souvent des bicolores veinés. Cette aptitude
« peut, par suite, dépendre d'un autre facteur.

« *Bicolores unis* (solid). Dérivent de plusieurs sources; couleurs
« souvent fondues, le jaune dominant rarement. La majorité des
« variétés d'Iris est soit des bleu-lavande concolores, soit des bico-
« lores unis ou veinés; la minorité est blanc ou jaune concolore, *pli-
« cata* ou bicolore velouté. Cette minorité représente probablement
« des caractères rescessifs.

« L'auteur rentre ensuite dans les détails des résultats obtenus par
« les semeurs ayant essayé d'obtenir des Iris jaunes ayant la gran-
« deur des fleurs et le port des *cypriana*. Les résultats sont encore
« imparfaits et la plupart des hybrides sont presque stériles. Dans
« tous ces croisements, quelques facteurs seulement se sont montrés
« invariablement dominants ».

Des détails sur les résultats de nombreux croisements sont donnés par l'auteur, que le cadre de ce résumé ne nous permet pas de traduire.

Beaucoup des variétés récentes présentent des tons fondus ou fumés..., leur classification sera extrêmement difficile. « Qui dira si c'est le bleu ou le jaune qui domine dans des variétés telles que *Mady Carrière* ou *Afterglow. Alcazar* est un bicolore uni, mais j'hésiterai à spécifier la couleur dominante ».

M. Sturtevant exprime longuement ses vues sur les considérations qui l'ont conduit à établir sa classification par couleurs que les lecteurs traduiront aisément.

Il indique en renvoi que les termes « veined » ou « venation » s'appliquent seulement à la présence de veines sur le limbe des divisions inférieures (falls). Il propose d'indiquer, comme il l'a fait, la hauteur des variétés pour éviter de réduire encore certaines subdivisions.

HOW I OBTAINED VIGOUR AND BRANCHING HABIT
IN IRIS RAISING

BY

M. George YELD M. A. Oxon.

A newly opened blossom of *Pallida dalmatica*, on a dewy morning, in June, forty years ago, awoke my interest in Irises. Soon after, I began to get together a collection of the best varieties at that time obtainable from MM. James Backhouse, of York, and the late M. Robert Parker, of Tooting. It was not very long before I began to think of raising new varieties, and it was a joyful day to me when I discovered, on my own initiative, how to do it. For years I used *pallida* and *Queen of May* (*pallida*) as my chief seed parents along with *Gracchus* (*variegata*) and other old varieties which I need not mention. Some of my seedlings of that period are still to be found in catalogues such as *Sincerity, Memory* (Award of Merit R. H. S.), *Verbena, Oporto, Porsenna, Fay* and others.

A visit to Professor (afterwards Sir Michael) Foster's garden, at Shelford, near Cambridge — the Mecca of Iris lovers, as it has been called — gave me a new inspiration. We spent the whole day in the garden, and the geniality of my host, his delightful humour, and his generosity in giving plants to an unknown gardener, make that day a red letter day in my life. « Ask for any plant you would like to have, and if I cannot spare it I will say so ». Could generosity go further? I think I won his heart by kneeling down to find out whether *Iris ruthenica* was scented or not. « Why, it is as fragrant as violets », I said. « Yes », he answered, « but most people do not discover that it has any scent at all ». Later on, a second visit — also spent all day in the garden — deepened my regard for him as a man, and my admiration for him as a gardener.

Among the plants which he sent me was one which I admired greatly and which I showed at the great Yorkshire Flower Show at York, on June 17 th., 1896. I placed it among my seedlings with a note that I had no name for it, but that it had been given me by Professor Foster. I remember that the late M. Selfe Leonard said to me, « why dont you put that flower up for a certificate? It is really good ». I did so, and as the plant had no name it was provisionally styled « *Iris germanica G. Yeld* » and was given an Award of Merit by the Royal Horticultural Society's Deputation. It was really I*ris cypriana.* I had at once perceived that it was likely to be a good plant for the hybridist and proceeded to use it.

Professor Foster also sent me a plant which he called *Amasia* (now well known as *macrantha*). I shall never forget the day when it flowered, for I recognised at once that it would be an excellent flower for my purpose. He also sent me *asiatica,* now known as *trojana.* When seeking to increase my stock of this plant I have on various occasions received what I know as *Kharput*, instead of it.

I used all these three varieties and my first seedling, *cypriana* crossed with *Amasia* (pollen parent), which I called *Arac*, after the giant brother of *Princess Ida*, in Tennyson's « *Princess* », was shown at the Drill Hall, Westminster, on June 19, 1900, though it failed to find favour with the R. H. S. Floral Committee. It has the large blossoms and branching habit which we now see in so many Irises.

I raised a good many similar flowers, but it was not till June 10 th., 1902, that *asiatica* crossed with *macrantha* (pollen parent), shown under the name of *Sarpedon*, obtained an Award of Merit from the R. H. S.

I had found that, in the York climate *pallida* and especially *pallida dalmatica*, had certain congenital weaknesses, and it seemed to me that by employing these three varieties, which Professor Foster had given me, and especially by using *macrantha*, as much as possible, I should gain a vigour in my seedlings — apart from the branching habit — which I had failed to obtain in the progeny of *pallida.* Nor was I disappointed. I have received many testimonies to the vigour of my plants, including some from keen Iris growers in the U. S. A.

I raised a great many strong plants, the best of which is known as *Lord of June.* I am sorry that its exact parentage has been lost. *Neptune* followed, though it gained its Award of Merit before *Lord of June*, it was very difficult for me to send my flowers from York to the R. H. S., and I am much indebted to my friends C. E. Shea and G. P. Baker for growing them for me in their gardens (so far superior to mine) at Foots' Cray and Bexley.

I made many efforts to raise a satisfactory red Iris. Some seedlings were tolerable, but I have failed to produce a first class flower. However I console myself with *Asia* (Award of Merit, 1918) for, though

it is not red, it has something of old rose about it. I called it *Asia*
because it seemed to recall the gorgeous East. It is a stately
plant. The exact parentage of *Asia* I have unfortunately lost. I
may mention in self defence that I had to move all my plants some
years ago, when I not only lost many important labels but a good
number of seedlings.

Iris Prospero, vhich gained an Award of Merit at the Chelsea show,
in 1920, vhen exhibited by M^r. R. Wallace, has an interesting
history. I had a plant, which I rather fancied as a seed parent, with
yellow standards and crimson falls under the name of *Leopoldine*. I
crossed it with one of my strong blue or purple seedlings with
macrantha blood in it. The result pleased me, but the plant was
weak, in fact, I gave up growing it. Yet, when M. R. Wallace took
it in hand it flourished so much that he describes it as « welcome
for its grand habit and strength ». It has clearly outgrown the
weakness of the mother, though the lighter shading at the margin of
the falls is obviously inherited from her.

In conclusion I may say that I largely attribute the vigour of my
plants to *macrantha*, and in this opinion I think I shall be supported
by some of the most famous French raisers who have done such
splendid whork in improving the Iris.

RÉSUMÉ EN FRANÇAIS

M. Yeld explique qu'une fleur d'*Iris pallida dalmatica* éveilla, il y a 40 ans, l'intérêt qu'il a porté aux Iris. Il s'en procura une collection et commença, de sa propre initiative, à obtenir des nouvelles variétés. Il employa principalement l'*I. pallida Queen of May* et l'*I. variegata Gracchus* et obtint plusieurs variétés.

Une visite au Prof. Michäel Foster fut pour lui la source d'une nouvelle inspiration, et diverses variétés lui furent offertes, dont une qui porte son nom, était en réalité l'*I. cypriana*. M. Yeld l'employa par la suite comme parent. Il reçut aussi du Prof. Foster l'*I. Amasia (Amas)*, dans lequel il reconnut un excellent parent, ainsi que *trojana*. Le croisement de *cypriana* par *Amasia* lui donna la var. *Arac* qui a les grandes fleurs et les hampes rameuses que possèdent maintenant beaucoup d'Iris, puis il obtint *Sarpedon*.

Le groupe *Macrantha* lui donna de meilleurs résultats que celui des *Pallida* qui lui avait paru manquer de vigueur sous le climat d'York. Il en obtint les variétés *Lord of June* et *Neptune*.

Si les efforts de M. Yeld pour obtenir un Iris rouge ne lui ont pas donné complète satisfaction, il s'en est consolé en obtenant *Asia* qui a un peu de vieux rose dans sa couleur et qui est une plante majestueuse.

M. Yeld raconte enfin l'obtention de sa variété *Prospero* et il termine ainsi :

« En conclusion, qu'il me soit permis de dire que j'attribue largement la vigueur de mes plantes aux *Macrantha*, et je pense que cette opinion est partagée par quelques-uns des principaux semeurs français qui ont réalisé une si belle œuvre dans l'amélioration des Iris. »

CLASSIFICATION DES VARIÉTÉS D'IRIS DES JARDINS
(Groupe Pogoniris).

PAR

M. S. MOTTET

Qu'il s'agisse d'espèces spontanées ou de variétés horticoles, le besoin d'un groupement systématique se fait sentir dès qu'elles deviennent nombreuses.

Dans tous les grands genres de végétaux, les espèces ont été classées, parfois même de diverses manières, par les botanistes.

En horticulture, les variétés, lorsque nombreuses, ont été classées par races d'après leurs propres caractères ou ceux des espèces dont elles sont issues et souvent aussi d'après leurs aptitudes à certains usages ou traitement. Souvent aussi un seul caractère a été envisagé, notamment la couleur. des fleurs.

Les Iris des jardins, généralement désignés sous le nom impropre d'*Iris germanica*, dont les variétés se comptaient déjà par centaines vers la fin du siècle dernier, n'ont pas échappé à la nécessité d'une classification. Ils dérivent d'espèces (pures ou impures) présentant entre elles des différences plus ou moins notables qui, du fait de leur variabilité et d'hybridations, ont donné naissance, dès les premiers semis effectués au commencement du siècle dernier et plus encore de nos jours, à des plantes infiniment diverses dans la plupart de leurs caractères et, en particulier, dans les couleurs de leurs fleurs ; les trois couleurs fondamentales : le jaune, le rouge et le bleu, s'y trouvant diversement associées, le jaune et le bleu parfois dans la même fleur, fait très rare chez les autres fleurs.

Néanmoins, les espèces pures, telles que les *I. pallida* et *I. variegata*, ont imprimé à leurs descendants la plupart de leurs caractères essentiels qui permettent de les reconnaître et de les grouper assez aisément.

Longtemps, on s'est attaché à grouper les variétés horticoles sous le nom de l'espèce dont elles étaient issues ou dont elles présentaient le plus grand nombre de caractères et on les désignait sous un nom familier précédé de celui de l'espèce typique. Ex. : Neglecta *Astarte* ; Amœna *Mrs H. Darwin* ; Pallida *dalmatica* ; Plicata *Mme Chéreau* ; Sambucina *Le Vésuve* ; Squalens *Jacquesiana* ; Variegata *aurea*, etc.

C'est ainsi qu'une classification naturelle s'est établie qui a eu pour point de départ les espèces primitives et qui sont ainsi devenues des types de sections, de désignation usuelle et que mentionnent encore certains établissements, notamment les jardins de Kew, à Londres et divers horticulteurs, entre autres, MM. Barr and Sons, en Angleterre, Papendrecht, en Hollande.

A ces anciennes espèces, plusieurs autres ont été ajoutées vers la fin du siècle dernier qui ont apporté dans le genre un caractère grandiflore particulièrement apprécié en horticulture. Ce sont : *I. macrantha (Amas)*; *I. cypriana*; *I. mesopotamica (Ricardi)*; *I. troyana* et quelques autres qui sont tous des Iris asiatiques, présentant la plupart des caractères des Iris de la section *Germanica*, mais ayant des fleurs beaucoup plus grandes et dont nous reparlerons dans leur section. Ces Iris, qui ne pouvaient manquer de retenir l'attention des horticulteurs, ont donné naissance, depuis une vingtaine d'années, à des variétés qui deviennent rapidement nombreuses et très recherchées en raison de l'ampleur et des riches coloris de leurs fleurs. On les désigne parfois sous le nom d'Iris « à fleur d'Orchidée ».

En raison peut-être du nombre d'espèces originaires, la classification des Iris est loin d'être aisée. Soit que les espèces typiques fussent impures ou hybrides, soit que la fécondation croisée, naturelle ou provoquée, ait encore amplifié la diversité de leurs descendants, on se trouve fréquemment en présence de variétés possédant certains caractères propres à deux ou parfois plusieurs groupes ou encore intermédiaires qui en rendent la classification laborieuse et imparfaite.

Lorsque, en 1903, la collection d'Iris que la Maison Vilmorin-Andrieux et Cⁱᵉ cultive à Verrières depuis fort longtemps, qui se composait jusque là d'environ 200 variétés, se trouva brusquement accrue d'environ 150 variétés provenant de la collection de M. Eugène Verdier, M. Ph. L. de Vilmorin, que ces belles fleurs passionnaient, entreprit de les classer systématiquement afin de pouvoir comparer les variétés d'Eugène Verdier, provenant pour la plupart de ses propres semis, à celles composant le fond de son ancienne collection. J'eus le grand honneur de collaborer à ce travail et par la suite le perfectionner jusqu'à ce jour.

Nous nous trouvâmes ainsi conduits à adopter la classification naturelle basée sur l'ensemble des caractères des espèces typiques, en cherchant à perfectionner le groupement déjà établi par l'usage des noms spécifiques.

Depuis cette époque, beaucoup de variétés étrangères et celles provenant des nombreux semis effectués à Verrières, qui occupent aujourd'hui une place honorable parmi les variétés grandiflores, ont successivement été classées dans cette collection. D'autres encore, d'obtention récente, ne le seront que lorsqu'elles seront devenues stables (1).

Malgré des efforts prolongés et constants pour classer les variétés dans leur section la plus naturelle et rapprocher les plus similaires entre elles, cette classification est encore loin, sans doute, d'être parfaite et ne le sera peut-être jamais, tant pour les raisons indiquées plus haut que par suite des divergences de vues dans l'appréciation des caractères,

Devant l'impossibilité d'amener certaines des anciennes sections à un état d'homogénéïté acceptable, notamment les *flavescens*, *squalens* et *amœna*, nous avons été amené, dans ces dernières années, à les réunir à leurs voisines et à ne plus avoir que sept sections principales, au lieu de dix primitivement établies et des subdivisions.

Aussi bien, cette classification, que nous donnons plus loin, est-elle grandement perfectible. Elle pourra, cependant, aider les amateurs à grouper leurs variétés préférées et peut-être servir de base à un travail plus complet et appelant de plus grandes compétences.

Néanmoins, lorsqu'on examine la collection de Verrières, classée suivant la méthode indiquée plus loin, dans son ensemble et dans chacune de ses sections, on ne peut s'empêcher de reconnaître que la majorité des variétés se trouve assez naturellement groupées et souvent bien rapprochées de leurs similaires, et que les sections offrent une plus grande homogénéïté que celles uniquement basées sur la couleur des fleurs, qui se trouvent côte à côte, et qui constituent la réplique des mêmes variétés. Nous en reparlerons plus loin.

CLASSIFICATION DE LA COLLECTION DES IRIS DES JARDINS DE LA MAISON
VILMORIN-ANDRIEUX ET Cⁱᵃ EFFECTUÉE A VERRIÈRES (2).

TABLEAU SYNOPTIQUE POUR LA DÉTERMINATION
DES SECTIONS ET DES GROUPES

I. — Bractées entièrement scarieuses :

1° Plantes hautes et fortes ou moyennes; feuillage souvent ample et glauque; hampes à ramifications courtes ou très courtes; fleurs

(1) Chez beaucoup de plantes d'origine horticole et plus particulièrement peut-être celles qui ont été amenées à un haut degré de perfectionnement, les variétés obtenues de semis sont inconstantes dans leur jeunesse. Un certain flottement se produit dans leurs caractères et par suite dans leur valeur horticole. Tantôt leurs mérites s'affirment ou s'amplifient même, tantôt ils s'amoindrissent. Ce n'est qu'au bout de quelques années et à la suite de plusieurs floraisons qu'elles deviennent adultes et constantes, et qu'on peut alors les juger définitivement. Les Tulipes fournissent un exemple bien connu de cette variation juvénile à laquelle les Iris n'échappent pas.

(2) Cette classification est donnée dans l'ordre de rapprochement des variétés actuellement établi. Nous avons cru devoir y ajouter un certain nombre de variétés étrangères qui n'y figu-

souvent grandes, bleues, violet-bleu ou violet-rougeâtre, concolores, à divisions inférieures arrondies, souvent odorantes ; floraison demi-tardive. Section VI. — Pallida.

2° Plantes moyennes ; feuillage plus ou moins court et étroit ; hampes droites, à ramifications assez courtes ; fleurs moyennes ou petites, à fond blanc, les divisions supérieures à bords souvent ondulés et toujours plus ou moins striés de lilas ou de violet.
Section VII. — Plicata.

II. — Bractées demi-scarieuses :

1° Plantes plus ou moins fortes et hautes ; feuillage assez ample, persistant en partie durant l'hiver ; hampes à ramifications assez longues ; bractées parfois colorées ; fleurs grandes ou très grandes, à divisions inférieures souvent longues et pendantes, à tons bleus ou violets ; floraison hâtive.
Section V. — Germanica.

a) Plantes et fleurs assez grandes ; floraison hâtive ou très hâtive.
Groupe *Germanica.*

b) Plantes plus ou moins fortes et hautes ; fleurs grandes ou très grandes ; floraison hâtive ou demi-hâtive. Groupe *Macrantha.*

c) Plantes assez basses ; fleurs moyennes ; divisions inférieures assez étroites ; floraison hâtive. Groupe *Florentina.*

2° Plantes de taille moyenne ; bractées scarieuses ; fleurs à divisions supérieures jaune violacé fumé, les inférieures violet bleuâtre, veinées ; odeur de sureau plus ou moins faible, souvent absente, floraison en moyenne saison. Section III. — Sambucina.

3° Plantes assez hautes ou moyennes ; base des feuilles parfois violette ; hampes rameuses, fortes ; fleurs moyennes ou assez grandes, se tenant dans les tons rougeâtres ou violacés et fauves, à divisions supérieures jaunâtres, toujours plus ou moins fumées, peu odorantes ; floraison moyenne ou tardive. Section II. — Lurida.

rent pas encore, mais qui sont assez largement répandues et appréciées ; elles sont précédées du signe ⊙ et mentionnées parmi les variétés non classées de chaque section. Un assez grand nombre de variétés nommées, mais non répandues et ayant peu de chances de l'être, en raison de leur infériorité, notamment des semis de E. Verdier, ont été omises afin de ne pas encombrer les listes de variétés à peu près inconnues.

Le classement des variétés dans chaque section n'implique pas qu'elles dérivent des variétés de ce groupe, mais qu'elles en présentent certains caractères plus ou moins purs et le faciès général et qu'elles y trouvent leur place ayant semblé la plus naturelle.

La plupart des variétés d'Iris des jardins étant des hybrides d'hybrides, parfois multiples, s'hybridant, en outre, fréquemment entre elles, il se présente assez fréquemment, dans les semis, des plantes dont les caractères sont ceux d'une section autre que celle à laquelle appartient la plante mère ou intermédiaires entre plusieurs groupes, rendant ainsi leur classement difficile. Au surplus, selon qu'on accorde la priorité à tel ou tel caractère et aussi selon les appréciations individuelles, certaines variétés peuvent sembler mieux aller dans une autre section.

a) Divisions supérieures jaune fauve; les inférieures striées ou maculées de brun rougeâtre.   Groupe *Lurida*.

b) Divisions supérieures rougeâtres, cuivrées ou fumées; les inférieures violet rougeâtre foncé.   Groupe *Squalens*.

III. — Bractées vertes et plus ou moins ventrues :

1° Plantes peu élevées; hampes souvent fortes, raides, rameuses; fleurs moyennes, à divisions fortes, les inférieures généralement étalées, variant dans les tons bleus et violets plus ou moins foncés, floraison demi-tardive.   Section IV. — Neglecta.

a) Divisions supérieures violettes ou bleu clair, les inférieures bleu foncé.   Groupe *Neglecta*.

b) Divisions supérieures blanc plus ou moins pur; les inférieures violet ou bleu foncé.   Groupe *Amœna*.

2° Plantes plus ou moins basses, à feuillage court, arqué, plissé, parfois violet à la base; hampes courtes, rameuses; fleurs moyennes ou petites, où le jaune domine, à divisions supérieures souvent jaune pur; les inférieures veinées ou maculées de brun ou de violet rougeâtre, assez courtes et étalées, non odorantes; floraison tardive ou très tardive.   Section I. — Variegata.

a) Fleurs jaune d'or ou plus souvent jaune et brun.
                    Groupe *Variegata*.
b) Fleurs jaune clair.   Groupe *Flavescens*.

Section I. — Variegata.

L'*I. variegata*, Linn., est un des plus anciennement connus, un des mieux caractérisés et des plus largement dispersés dans l'Europe centrale. C'est une des deux espèces admises sans conteste par les botanistes et un des principaux parents des Iris des jardins.

On le considère comme un des parents probables de certains Iris d'origine obscure, notamment des *Iris sambucina*, *I. squalens* et des *I. lurida* horticoles. Il a donné naissance à un très grand nombre de variétés. Le semis des variétés bien caractérisées reproduit généralement une majorité de plantes présentant, sous diverses formes et couleurs, la plupart des caractères de la race.

Ne pouvant en séparer les *I. flavescens*, auxquels il ne semble pas, non plus, complètement étranger, nous en avons fait un simple groupe de cette section.

Caractères généraux de la race. — Plantes en général peu élevées, souvent naines. Feuilles courtes, plus ou moins raides, arquées et plissées, parfois violacées à la base, périssant en hiver. Hampes raides, très rameuses ; bractées herbacées ou un peu scarieuses au sommet, généralement ventrues. Fleurs moyennes ou petites, où le jaune domine, divisions supérieures souvent jaune pur et vif; les inférieures assez courtes, raides, étalées, veinées ou maculées au sommet de brun ou de violet rougeâtre, parfois marginées de jaune pur. Floraison tardive, parfois la plus tardive.

TYPES : *aurea, Prince d'Orange, Gracchus, Darius.*

variegata.	*Loreley.*	*Munico.*
multicolor (1).	*Dorine.*	*Antinous.*
aphylla (*hungarica*).	*Darius.*	*Bariensis* (2).
variegata à grande fleur.	*Louise de Savisse.*	*Cornélie.*
Bartoni.	*lutea variegata.*	*Iris König* (Roi des Iris).
aurea.	*Bossuet.*	*spectabilis.*
Chasseur.	*Bergii* (Bergiana).	*Homère.*
sulfurea.	*Pfauenauge* (Œil de paon).	*Princesse Victoria Louise.*
Mrs Neubronner.	*Actéon.*	*Rebecca.*
Klondyke.	*Ganymède.*	*Robert Burns.*
Cicéron.	*Gonzalve.*	*Archinto.*
Rigoletto.	*augustissima.*	*Conqueror.*
Beauregard.	*Chéreau.*	*Phidias.*
Gracchus.	*Idion.*	*Eugénie Verdier.*
Adonis.	*Calinat.*	*Malvina.*
Gathorne Hardy.	*lutea minor.*	*Herodotus.*
Modeste Guérin.	*Prince d'Orange.*	*Soliman.*
Ossian.	*Simile.*	

Non classés.

Alvarez.	⊙ *Berchta.*	⊙ *Mme Abel Châtenay.*
Fro.	⊙ *Citronella.*	⊙ *Mme Patti.*
Gajus.	⊙ *Deuil de Valery Mayet.*	⊙ *Marie Corelli.*
Marjolin.	⊙ *Flammenschwert.*	⊙ *Maori King.*
Marsh Marigold.	⊙ *Foster's yellow.*	⊙ *Minnehaha.*
Mithras.	⊙ *Goldfinch.*	⊙ *Mrs A. F. Baron.*
Nibelungen.	⊙ *Hector.*	⊙ *Miss E. Eardley.*
Saül.	⊙ *Ingres.*	⊙ *Salonique.*
⊙ *Aragon.*	⊙ *Knysna.*	⊙ *Sans souci.*
⊙ *Assuerus.*	⊙ *Mme Janiaud.*	⊙ *Trouvaille.*
⊙ *Beaconsfield.*	⊙ *Liberty.*	⊙ *Victor Hugo.*
⊙ *Belgica.*		

(1) Cet Iris serait. d'après M. Dykes, l'*I. variegata* type.

(2) L'*Iris Bariensis* passe, par suite d'une corruption de nom, pour être l'*I. Buriensis* obtenu par de Bures, en 1822. Il y a lieu, toutefois, de remarquer que sa plante était un semis de *Plicata*, donné comme « ayant des fleurs plus grandes, une tige rameuse et des divisions blanches, marginées de rouge violacé. » (Krelage, in *American Iris*, Soc. nº 2, 1921, p. 7). Or, l'*I. Bariensis* existant dans la collection de Verrières est un *Variegata*.

D'autre part, l'*American Iris Check list* indique *Belle Hortense* comme un synonyme de l'*I. Buriensis*. C'est, en effet, un *plicata* présentant bien les caractères de race et de couleur de la plante originale de De Bures, mais il peut aussi bien en être un semis que le type lui-même, puisque De Bures fit, par la suite, de nombreux semis, comprenant ceux de sa plante et qu'il a existé des variétés qui en sont dérivées, notamment l'*I. Buriensis Elisabeth*, encore catalogué.

Groupe *Flavescens*.

L'*I. flavescens*, D C., est d'origine douteuse; son habitat en Bosnie n'est pas certain et le Caucase, qu'on lui attribue, résulte suivant M. Dykes de sa confusion avec l'*I. imbricata*, Lindl. Sa valeur spécifique est non moins contestée; le même auteur le suppose un hybride des *I. pallida* et *I. variegata*. Le jaune plus ou moins pur et dominant sur toutes les divisions caractérise les variétés de cette sous-section, d'ailleurs, peu nombreuses.

Caractères généraux de la race. — Plantes plutôt basses; feuillage vert très blond en naissant; hampes rameuses; bractées scarieuses; fleurs moyennes, jaune pâle plus ou moins pur sur toutes les divisions, non odorantes, stériles; floraison hâtive :

Type : *Canari.*

Canari.	*Miss Nightingale.*	*The Dawn.*
Alonzo.	*Pancrace.*	⊙ *Shekinah* (1).
Belcolor.	*Solfatare.*	

Section II. — **Lurida**.

L'*I. lurida*, Soland., est représenté, dans les collections, par l'*I. Redouteana*, Spach, dont l'origine est inconnue. C'est une petite plante à fleurs rougeâtres et à floraison hâtive, ayant plutôt l'aspect d'un *I. pumila*, au moins par sa taille très réduite et par la précocité de sa floraison.

Les variétés usuellement admises comme *I. lurida* sont bien différentes par leur taille beaucoup plus élevée, par leur feuillage plus ample, par leurs fleurs bien plus grandes, leur floraison beaucoup tardive. Elles se confondent, en outre, avec celles admises comme descendant de l'*I. squalens*.

Ne pouvant parvenir à les grouper convenablement, nous avons été amenés à réunir ces deux prétendues races en une seule, en les maintenant, toutefois, séparées, plutôt en raison de leur ancienneté que des différences réelles qu'elles présentent entre elles. Au surplus, M. Dykes leur attribue une origine hybride commune entre les *I. pallida* et *I. variegata*.

A. — Groupe *Lurida*.

Caractères généraux de la race. — Plantes moyennes ou grandes; base des feuilles parfois violette. Hampes assez hautes et fortes; bractées vertes et légèrement ventrues. Fleurs moyennes, à divisions supérieures jaune fauve ou fumé; les inférieures lavées ou striées de

(1) *Shekinah* est donné en Amérique, comme étant le premier *Iris pallida* à fleurs jaune clair.

brun rougeâtre ; odeur faible ou nulle. Floraison plus ou moins tardive.

Types : *lurida, Lady Stanhope, Bronzen Stoffels.*

Redouteana.	*Bronzen Stoffels.*	*Lady Stanhope.*
lurida.	*Hamlet.*	*Miralba.*
Judith.	*Ten Kate.*	*Minerve.*
Cassandre.	*De Lesseps.*	*Jules Souillard.*
Nausès.	*Sapho.*	

Non classés.

Apollon.	⊙ *Duke of Bedford.*	⊙ *La prestigieuse.*
Daniel Lesueur.	⊙ *Hugh Block.*	⊙ *Porsenna.*
Orion.	⊙ *Lavengro.*	⊙ *Red cloud.*
⊙ *Bruno.*	⊙ *Mary Garden.*	⊙ *Sudan.*
⊙ *Dr. Bernice.*	⊙ *Mrs Cowley.*	

B. — Groupe *Squalens.*

Caractères généraux de la race.— Plantes grandes ou demi-naines. Hampes souvent fortes et raides ; bractées scarieuses. Fleurs moyennes ou grandes, à divisions supérieures rougeâtre cuivré ou fumé ; les inférieures violet rougeâtre plus ou moins foncé et veinées ; odeur faible ou nulle. Floraison assez tardive.

Types : *Jacquesiana, Ambassadeur, Esmeralda.*

Jacquesiana.	*Mme Denis.*	*Ambigu.*
Belle Yvrienne.	*Grand Mogol.*	*Opéra.*
Arlequin.	*Esmeralda.*	*Grévin.*
Prosper Laugier.	*squalens marginata.*	*Médrano.*
Ambassadeur.	*Victor Verdier.*	
Walter Scott.	*Alliés.*	

Non classés.

⊙ *Arnols.*	⊙ *Le Rêve.*
⊙ *Fédora.*	⊙ *Mrs Shaw.*
⊙ *Goliath.*	⊙ *Mount Penn.*
⊙ *Isaure.*	

Section III. — **Sambucina.**

L'*I. sambucina*, Linn., est très anciennement connu et cultivé. La plante qui représente sa forme typique dans les jardins botaniques et les collections est voisine des *I. lurida* horticoles et probablement de même origine hybride entre les *I. pallida* et *variegata.*

Les variétés qu'on lui rapporte dans les publications et catalogues horticoles s'en distinguent, toutefois, plus ou moins nettement, au moins par leurs divisions inférieures plus ou moins fortement lavées de violet bleuâtre sur fond jaunâtre ; les divisions supérieures sont d'un jaune fauve ou bronzées. Enfin, on leur attribue une odeur de sureau qui est, toutefois, peu prononcée chez diverses variétés. En somme, les Iris de cette section constituent un passage des *I. lurdai* (où le violet rougeâtre fauve domine) aux *I. neglecta* (dont le violet bleu est la teinte de fond), avec plus de ressemblance aux premiers par leurs teintes fauves, par leur taille et leur faciès général.

Types : *sambucina, Bronze beauty, Don Juan, Van Geertii.*

sambucina.	*Don Juan.*	*Eldorado.*
Léopold Vauvel.	*Harrison Weir.*	*Trianon.*
Bronze beauty.	*Proserpine.*	*Le Vésuve.*
Miss Nightingale.	*Turco.*	
Van Geertii.	*Nuée d'orage.*	

Non classés.

Quaker Lady.	⊙ *Dora Longdon.*	⊙ *Mady Carrière.*
Thétis.	⊙ *Dusky Maid.*	⊙ *Nothung.*
Zeus.	⊙ *Général de Witte.*	⊙ *Le Pactole.*
⊙ *Afterglow.*	⊙ *Le Grand Ferré.*	⊙ *Patience.*
⊙ *Beethoven.*	⊙ *Mlle Yvonne Pelletier.*	⊙ *Peau Rouge.*
⊙ *Bélisaire.*	⊙ *Mme Blanche Pion.*	⊙ *sambucina major.*
⊙ *Dalmarius.*		

Section IV. — **Neglecta.**

L'*Iris neglecta*, Hornem., est d'origine obscure, probablement hybride, comme l'est aussi l'*I. amœna* DC., qui ne peut guère en être séparé que par ses divisions supérieures d'un blanc plus ou moins pur. Ce caractère, plutôt conventionnel, nous a amené à former, des variétés présentant cette particularité, un simple groupe des *Neglecta*.

D'après M. Dykes, les *I. neglecta* pourraient provenir d'une variation de l'*I. variegata* par disparition de la couleur jaune. M. Lynch les considère comme hybrides des *I. variegata* et *I. sambucina*. Quoi qu'il en soit, les variétés de *neglecta* sont nombreuses, plus ou moins nettement distinctes et plusieurs des variétés modernes sont de fort belles plantes grandiflores et de coloris foncés.

Les variétés d'*I. amœna* sont moins bien caractérisées, car les divisions supérieures ne sont pas blanc pur chez toutes.

A. — Groupe *Neglecta.*

Caractères généraux de la race. — Plantes peu élevées, trapues. Feuillage court, arqué, plissé, parfois violet à la base; bractées ventrues, vertes, un peu scarieuses au sommet. Hampes fortes. Fleurs à divisions supérieures violettes ou bleu clair ; les inférieures épaisses, presque horizontales, violet ou violet bleu, parfois très foncé. Floraison demi-tardive ou tardive.

Types : *Cordelia, clarissima, Othello, Astarté, Archevêque.*

Astarté.
azurea.
Salvatori.
Hericartiana.
Lady Seymour.
Léopold.
Lelieur.
Rolandiana.
Walneriana (dalma-
tica).
Faustine.
Duc Decazes.
De Bois Milon.
clarissima.
Poiteau.
Candélabre.

Sultane.
reticulata superba.
Velouté.
Monsignor.
Raffet.
Demi-deuil.
Cordelia.
Archevêque.
Spahi.
Scala.
L'Ardoisière.
reticulata purpurea.
Florence Barr.
Alice.
Aurora.
Othello.

M. Lesèble.
Black Prince (Liberia).
Dominion.
striæflora.
Troost.

CONCOLORES ROSES.

Miriam.
Her Majesty.
Eugène Verdier.
Our king (Queen of May
amélioré).
⊙ M. Aymard.
⊙ Margaret Moore.
⊙ Rhoda.
⊙ Wyomissing.

Non classés.

Antarès.
Azure.
Cassiopée.
Clematis.
Cretonne.
Sweet lavender.
⊙ Blue lagoon.
⊙ Camelot.
⊙ Cardinal.

⊙ Chester Hunt.
⊙ Cythère.
⊙ Daphné.
⊙ Empress Victoria.
⊙ Faust.
⊙ John Bull.
⊙ Méphistophélès.
⊙ Mozart.
⊙ Monastir.

⊙ Petit Vitry.
⊙ Perfection.
⊙ Queen of the Dale.
⊙ Radianee.
⊙ René Denis.
⊙ Samite.
⊙ Supranina.
⊙ Sympathy.
⊙ Willie Barr.

B. — GROUPE *Amœna*.

Caractères généraux de la race. — Plantes plus ou moins naines. Hampes à ramifications écartées; bractées vertes et ventrues. Fleurs à divisions supérieures blanches ou légèrement nuancées; les inférieures violet clair ou foncé, veinées ou parfois également blanches, étalées horizontalement. Floraison en moyenne saison. Odeur à peu près nulle.

TYPES : *amœna, Comte de Saint-Clair, Mrs H. Darwin.*

amœna.
Innocenza.
Annie Jane.
Mrs H. Darwin.
Bridesmaid.
Pénélope.
Calypso.
Erigone.
Comte de Saint-Clair.
reticulata alba.
Juliette.
Eugène Sue.

Gloriette.
Julie Meunier.
Marie-Amélie.
Ganymède II.
Unique.
Psyché.
Duchesse d'Orléans.
Duchesse de Nemours.
Arlequin malinais.
Victoire Lémon (Victo-
rine).
Madame Modeste.

Dona Maria.
Dalila.

CONCOLORES BLANCS.

La neige.
Queen Mary (White
Queen).
Vierge Marie.
⊙ Balaruc.
⊙ Perry's white.

Non classés.

Rhein Nixe.
Richard II.

⊙ Alice Barr.
⊙ Eclaireur (Cayeux).

⊙ George Thorbeck.
⊙ Sybil.

Section V. — **Germanica**.

L'*I. germanica*, Linn. est le plus répandu et le plus connu de tous les Iris des jardins. Beaucoup d'auteurs en ont fait la principale espèce originelle et lui attribuent, sinon l'Allemagne, ainsi que l'indique son nom, du moins l'Europe centrale comme patrie. Bien qu'on le rencontre en abondance dans la Suisse méridionale, le sud du Tyrol, l'Italie, le midi de la France, etc., partout on peut admettre qu'il y a été introduit à une époque plus ou moins ancienne, accidentellement ou volontairement. La persistance d'une partie de son feuillage durant l'hiver fait supposer à M. Dykes qu'il est originaire d'une région à climat plus doux que celui du nord de l'Europe. L'origine de cet Iris populaire reste donc obscure à moins qu'on admette l'*I. aphylla*, Linn., de la Hongrie, comme un des parents probables.

A ce type si répandu, se rattachent quelques Iris d'origine orientale, tels que les *I. australis*, Tod., *I. Kochii*, Kerner, *I. macrantha* (Amas), *I. Kharput*, *I. cypriana*, Baker, *I. troyana*, *I. mesopotamica* (*Ricardi*, Hort.), bien distincts par leurs fleurs beaucoup plus grandes, mais qui ne peuvent en être séparés par aucun autre bon caractère et qui ont largement contribué à l'obtention des variétés grandiflores modernes.

Enfin, l'*I. florentina*, Linn., très populaire et largement répandu dans les jardins du Midi de la France, ne peut être séparé du type *germanica*, sauf peut-être par ses bractées demi-scarieuses, qui l'ont fait classer dans les *Pallida* par M. Lynch, et par ses divisions supérieures poilues sur l'onglet. Son origine est également obscure.

Au point de vue horticole, nous avons donc cru devoir maintenir ces races séparées sous le titre collectif de *Germanica*.

A. — Groupe *Germanica*.

Caractères généraux de la race. — Plantes plus ou moins fortes. Feuilles assez amples et longues, les plus jeunes persistant en partie durant l'hiver. Hampes plus ou moins hautes et rameuses; bractées scarieuses, au moins dans leur moitié supérieure, souvent lavées de violet. Fleurs généralement grandes, à divisions supérieures amples, pâles ; les inférieures longues, réfléchies et foncées ; coloris variant du bleu au violet et au violet rougeâtre ou blanc par décoloration ; odeur faible ou nulle. Floraison hâtive ou demi-hâtive.

Types : *germanica ancien, germanica alba, Erèbe.*

germanica ancien.	*Biliotti.*
germanica alba.	*Goumier.*
germanica atropurpurea (Purple	*cœlestis.*
King = I. nepalensis).	*cærulca.*
Erèbe (I. Kochii).	

B. — GROUPE *Macrantha*.

Caractères généraux de la race. — Les variétés de ce groupe dérivent, comme nous l'avons dit plus haut, de variétés orientales se distinguant surtout des *Germanica* par leurs fleurs plus grandes, à divisions supérieures très amples et arrondies; les inférieures longues et larges à leur extrémité, pendantes; styles larges et colorés, souvent bleutés.

Le semis des variétés types reproduit une majorité de plantes présentant les caractères de cette race. Toutefois, la diversité des coloris, résultant de l'hybridation spontanée ou artificielle avec les variétés dès autres sections augmentant rapidement, l'homogénéïté des variétés de cette race, encore récente, diminue à mesure qu'elles deviennent plus nombreuses. Elles sont de plus en plus appréciées et recherchées parce qu'elles produisent les plus grandes et les plus belles fleurs.

La rusticité, la vigueur et la floribondité étant insuffisantes chez l'*I. Ricardi* qui n'est qu'une petite forme de l'*I. mesopotamica*, les variétés qui ont hérité de son tempérament ne prospèrent réellement bien que dans le Midi de la France. Nous sommes ainsi amenés à former deux divisions basées sur l'adaptation de ces variétés.

a) *Variétés rustiques dans le Nord.*

TYPES : *Amas, cypriana, troyana.*

Amas.	*Lord of June.*	*Isoline.*
cypriana.	*Tringlot.*	*Déjazet.*
troyana.	*Athénée.*	*Molière.*
Kharput.	*Diane.*	*Alhambra.*
magnifica.	*Mrs Walter Brewster.*	*Moncey.*
Bosniamac.	*Sarpedon.*	*Grenadier.*
Ricardi ✕ *serbica.*	*Victoire.*	*Alcazar.*
Tamerlan.	*Junon.*	*Loute.*
Oriflamme.	*Drapeau.*	*Marsouin.*

Non classés.

Argos.	☉ *Ivanhoe.*	☉ *B. Y. Morrison.*
Lady Foster.	☉ *Halo.*	☉ *Morwell.*
Lent. A. Williamson.	☉ *Lance.*	☉ *Prospero.*
Shelford Chieftain.	☉ *Lady Sackville.*	☉ *Stamboul.*
☉ *Asia.*	☉ *Marc Aureau.*	☉ *Swazi.*
☉ *Crusader.*	☉ *Merlin.*	☉ *Tuscany.*
☉ *Hermione.*	☉ *Nine Wells.*	☉ *troyana superba.*

b) *Variétés imparfaitement rustiques et peu florifères dans le Nord.*

TYPE : *Ricardi.*

Ricardi.	*Leverrier.*	☉ *M. A. Gérard.*
J. B. Dumas.	*Clément Desormes.*	☉ *Miss Edith Cawell.*
Mme Durrand.	*Oriflamme.*	☉ *M. Massé.*
Mme Claude Monnet.	☉ *Arsace.*	☉ *M. A. Gérard.*
Mlle Suzanne Autissier	☉ *Louis Bel.*	☉ *M. Brun.*
M. Cornuault.	☉ *Ménétrier.*	

C. — GROUPE *Florentina.*

Caractères généraux de la race. — Les variétés de ce groupe sont moins élevées, moins vigoureuses et moins florifères dans le Nord que celles du groupe *Germanica.* Elles prospèrent beaucoup mieux dans le Midi. Les divisions inférieures sont longues, assez étroites, demi-étalées et les supérieures portent parfois des poils épars, plus ou moins abondants sur l'onglet et la base du limbe. La floraison en est généralement hâtive.

TYPES : *albicans, florentina.*

albicans (florentina type).	*cashmiriana Margaret.*
florentina alba.	*Kashmir white* (Foster).
Madonna.	☉ *Princess of Wales.*
cashmiriana (Foster).	

SECTION VI. — **Pallida.**

L'*I. pallida*, Lamk., est un des *Pogoniris* des plus importants. Il est spontané sur plusieurs points de l'Europe centrale, notamment dans le Tyrol.

C'est, avec l'*I. variegata*, un des principaux parents des Iris des jardins ; les botanistes l'admettent comme espèce pure. Les nombreuses variétés qui en dérivent légitimement ont toutes gardé son faciès spécial et bien distinct. Le semis de ces dernières reproduit en grande majorité des *Pallida* plus ou moins purs. M. Dykes considère cet Iris comme un des parents probables de plusieurs types d'Iris d'origine obscure, notamment des *I. flavescens, I. lurida, I. sambucina, I. squalens,* peut-être même des *I. plicata* qui en présentent la plupart des caractères, sauf l'ampleur et la couleur des fleurs. C'est, enfin, le seul dont on possède des variétés à feuilles panachées.

Caractères généraux de la race. — Plantes fortes et hautes chez les variétés typiques ; à feuillage très ample et très glauque ; d'autres variétés sont moins fortes et à feuillage moins glauque. Hampes souvent très hautes, assez grèles, à ramifications courtes ou très courtes ; bractées *toujours* très scarieuses et argentées. Fleurs grandes ou moyennes, bleu ou mauve plus ou moins tendre sur

(Cliché Agric. Nouv.).   (Photo S. M.).

Iris magnifica.

(Photo S. M.).

Iris Monsignor.

(Cliché Agric. Nouv.).   (Photo S. M.).

Iris Ambassadeur.

toutes les divisions, ou les inférieures plus foncées, variant, toutefois, au lilas ou au rouge violacé clair chez un assez grand nombre de variétés; divisions supérieures arrondies; les inférieures parfois très réfléchies; barbe variant du blanc au bleuté et au jaune; odeur plus ou moins prononcée. Fertilité fréquente. Floraison en moyenne saison.

a) *Variétés à fleurs bleues ou mauves.*

pallida.	*Hussard.*	*Crépuscule.*
Clio.	*Miss Maggie* (*Her-mione*).	*Souvenir de Mme Gau-dichau.*
A parfum de Florence.	*Le Khédive.*	*National.*
pallida mandralicæ.	*Muta.*	*Duc d'Orléans.*
pallida argenteo-mar-ginata.	*Princesse Elise.*	*Souvenir de Coulom-bier.*
pallida aureo-margi-nata.	*Tinei.*	*Etendard.*
pulcherrina.	*Belladonna.*	*Cluny.*
pallida dalmatica.	*Matthioli.*	*Ballerine.*
Mlle Schwartz.	*Pajol.*	
Andrée Autissier.	*violacea grandiflora.*	
	Parc de Neuilly.	

b) *Variétés à fleurs lilas ou rouge violacé.*

pallida brionense.	*Tarquin.*	*violacea superba.*
Queen of May.	*Gœthe* (*pallida spe-ciosa*).	*Mainsart.*
Châtelet.		*Bougère.*
Poilu.	*Marigny.*	*Violet épiscopal.*
Chérubin.	*Caprice.*	*La rosée.*
Princesse Berthe.	*Edouard Michel.*	⊙ *Imperator.*

Non classés.

Ann Page.	⊙ *Fidelio.*	⊙ *Oporto.*
Caterina.	⊙ *Florence Wells.*	⊙ *Peter Hanson.*
Cengialti.	⊙ *Gloriæ.*	⊙ *Phyllis Bliss.*
Cengialti Loppio.	⊙ *Germaine Le Clerc.*	⊙ *Princess Beatrice.*
Diadem.	⊙ *Idéal.*	⊙ *Queen Caterina.*
Lohengrin.	⊙ *Jacqueline Guillot.*	⊙ *Ringdove.*
Mrs Tinley.	⊙ *Jenkins.*	⊙ *Roseway.*
Tartarin.	⊙ *Kathleen.*	⊙ *Ruby.*
Tom Tit.	⊙ *Juniata.*	⊙ *Simonne Vaissière.*
⊙ *Albert Victor.*	⊙ *Lady Bings.*	⊙ *Sincerity.*
⊙ *Aurora* (*Foster*).	⊙ *Leonidas.*	⊙ *Standard bearer.*
⊙ *Avalon.*	⊙ *Le Vardar.*	⊙ *Suzann Bliss.*
⊙ *Beauty.*	⊙ *Mme Pacquitte.*	⊙ *Tamar.*
⊙ *Blue bird.*	⊙ *Mlle Yvonne Pelletier.*	⊙ *Tinei.*
⊙ *Colonel Candelot.*	⊙ *Mrs Alan Gray.*	⊙ *William Marshall.*
⊙ *Corrida.*	⊙ *Mist.*	⊙ *Wiking*
⊙ *Donna Nook.*	⊙ *Neptune.*	⊙ *William Marshall.*
⊙ *Drake.*	⊙ *Nelson.*	
⊙ *Eugène Bonvallet.*	⊙ *Nora Cowley*	

Section VII. — **Plicata.**

L'*I. plicata*, Lamk., est d'origine obscure; on ne le connaît pas à l'état spontané. Foster le considérait comme un hybride des *I. pallida* et *I. sambucina*. M. Dykes le suppose être un hybride de l'*I. pallida* ou un albinos, chez lequel la présence de certains facteurs génétiques auraient fait disparaître la couleur bleue ou lilas des variétés de ce dernier, ne laissant persister que l'extrémité marginale des veines des divisions. Quoi qu'il en soit, les *Iris plicata* forment une section des plus distinctes et des plus homogènes. Les fleurs en sont parfois un peu petites et comme fripées, mais leurs tons clairs et leurs fines stries marginales leur donnent un charme particulier.

Caractères généraux de la race. — Plantes moins fortes, moins hautes que les *Pallida*, à feuillage plus court, plus étroit. Hampes droites, à ramifications courtes; bractées scarieuses. Fleurs moyennes ou petites, à bords ondulés, parfois un peu fripés, fond blanc, à divisions supérieures presque toujours plus ou moins striées de lilas ou de violet sur les bords; les inférieures souvent blanc pur au sommet. Floraison en moyenne saison.

Types : *Mme Chéreau, Mme Thibaut, Reine des Belges, Ma Mie.*

Lord Mayor.	*Raphaël.*	*Papillon.*
Hébé.	*Clara.*	*Parisiana.*
Jeanne d'Arc.	*Belle Hortense* (1).	*Artilleur.*
Comtesse de Courcy.	*Mme Guerville.*	*Aixa.*
Gaieté.	*Sœur supérieure Albert.*	*Aspasie.*
Ma mie.	*Olympia.*	*Mme Truffaut.*
Emma.	*Emmeline.*	*Mme Louesse.*
Neptune (ancien).	*Reine des Belges.*	*Mercédès.*
Mme Chéreau.	*Giselle.*	*Mme Chobaut.*
Mme Jouneau.	*Mme Thibaut.*	*Mme Boulet.*
Chloris.		

Non classés.

Dimity.	☉ *Aletha.*	☉ *Mme de Sévigné.*
Mme Denis.	☉ *Elizabeth.*	☉ *Mary Garden.*
Mrs Reuthe.	☉ *Jean Chevreau.*	☉ *Mascotte.*
Zouave.	☉ *Hilda.*	☉ *Ophélie.*

CLASSIFICATION PAR COULEURS

DES IRIS DES JARDINS

Comme toutes les classifications basées sur un seul caractère notamment, le système sexuel de Linné), la classification des Iris des jardins par couleurs présente l'inconvénient de rapprocher des plantes très dissemblables par la majorité de leurs caractères. Par contre, elle permet de mieux juger les couleurs lorsqu'il s'agit

(1) Voir note *I. Buriensis*, sect. I, p. 105.

d'études comparatives, d'embrasser d'un coup d'œil l'ensemble des variétés de même nuance et d'en choisir les meilleures pour un usage déterminé, notamment pour la fleur à couper, celles dont la floraison coïncide à un moment donné, enfin les coloris préférables pour l'ornementation pittoresque des jardins.

Au point de vue horticole, la classification par couleurs est donc pleinement justifiée, si utile même que, dans beaucoup d'autres genres où les variétés sont nombreuses, des classifications par couleurs ont été établies pour répondre aux mêmes besoins.

On pourrait croire cette classification bien plus aisée que celle basée sur l'ensemble des caractères, puisqu'un seul est ici envisagé et que les couleurs semblent, *a priori*, plus facilement jugeables. Il n'en est rien, malheureusement, parce que les couleurs des Iris sont infiniment variées, presque toutes composées de deux et parfois des trois couleurs fondamentales (jaune, rouge et bleu), fait assez rare chez les espèces d'un même genre, plus rare chez les variétés d'une même espèce et très rare dans les fleurs d'une même plante. Ces couleurs se fondent en une infinité de nuances telle qu'il est difficile d'en trouver qui soient identiques. En outre, les divisions supérieures et inférieures sont presque toujours de nuance différente et fréquemment de couleur dissemblable et elles pâlissent parfois notablement avec l'âge. Enfin, les panachures, sous forme de stries, souvent confluentes et formant alors des macules vers le sommet des divisions inférieures, interviennent fréquemment qui modifient complètement l'aspect de la fleur.

Lorsqu'on examine une collection importante, comme l'est celle de la Maison Vilmorin, à Verrières, au moment de la pleine floraison, on s'aperçoit que cette classification, malgré des retouches incessantes et longtemps poursuivies, laisse peut-être plus encore à désirer que la classification botanique. En outre, la majorité des variétés gravite autour des couleurs des anciens types, reconstituant dans une certaine mesure et justifiant ainsi, par ce seul caractère, pourtant si variable, la classification systématique. C'est ainsi que la majorité des bleus et mauves est fournie par les *Pallida*, les violets par les *Germanica* et des *Neglecta*, les lilas, roses et pourpres par les *Pallida*, les blancs nuancés par les *Plicata*, les jaunes par les *Variegata*.

Parallèlement à la classification botanique qui précède et avant qu'elle ne fut établie, la collection des Iris des jardins de Verrières avait été classée par couleurs, par M. Henry L. de Vilmorin, que ces magnifiques fleurs intéressaient beaucoup. Depuis cette époque, qui remonte à une trentaine d'années, les deux collections des mêmes variétés, groupées différemment et alternativement replantées, sont cultivées côte à côte pour faciliter les comparaisons.

Les deux classifications se complétant mutuellement, nous aurions également donné la classification par couleurs établie à Verrières si la Société Royale d'Horticulture de Londres, dont le sympathique secrétaire, M. W. R. Dykes qui est, en même temps, le meilleur des iridologues, n'avait publié, l'an dernier, sous ses auspices, une classification par couleurs des variétés cultivées en Angleterre.

Cette classification nous semblant plus étudiée, plus précise que celle de Verrières, ayant, en outre, plus de chance d'être généralement adoptée, nous avons obtenu la permission de la traduire et de la publier, en lieu et place, afin d'uniformiser la méthode qui sera probablement suivie, par la suite, pour la classification des Iris par couleurs dans les divers pays où cette fleur est devenue populaire et recherchée.

CLASSIFICATION PAR COULEURS DE LA SOCIÉTÉ NATIONALE D'HORTICULTURE DE LONDRES (1).

CLASSE I. — Blancs.

albicans, Mrs H. Darwin, Queen Mary, La neige.

CLASSE II. — Blancs veinés de bleu violet ou de rouge violacé sur les bords.

1° Bleu-violets.

Jeanne d'Arc, Mme Chéreau, Ma mie, Pocohontas.

2° Rouge-violacés.

Aixa, Bridesmaid, Miss Maggie, Mrs Reuthe, Parisiana, Sylphide.

CLASSE III. — Divisions supérieures blanches (ou à peu près); les inférieures violettes.

a) Couleur réduite aux veines.

La tendresse, Duchesse de Nemours, Tristram.

b) Couleur suffusée sur les divisions inférieures.

Richard II, Thorbecke, Rhein nixe, Victoire Lémon.

CLASSE IV. — Violets bicolores (divisions supérieures, plus pâles que les inférieures).

a) Divisions supérieures bleu lavande.

Amas, Caterina, Diane, Lady Foster, Oriflamme, Mrs Tinley, B. Y. Morrison.

(1) Nous avons cru devoir traduire la couleur désignée " purple " en anglais, par *violet* plutôt que par pourpre, parce que cette dernière désignation est considérée, en France du moins, comme étant très imprécise, prêtant à confusion avec les roses lilacés et les lilas. Les violets ne le sont peut-être pas beaucoup moins, mais suivis d'un qualificatif : *violet-bleu*, *violet-rougeâtre*, qui indique qu'ils tournent au bleu ou au rouge, ils deviennent plus nettement perceptibles à l'esprit et risquent moins d'être confondus avec les roses et les lilas. Au surplus, les pourpres anglais sont des violets où le bleu domine, tandis que les pourpres français sont des violets où le rouge domine, parfois même fortement.

b) Divisions supérieures bleu-violet foncé.

> *Dominion, Petit Vitry, Perfection, Black Prince, Raffet, Prospero, Molière, Blue Jay.*

c) Divisions supérieures violet-rougeâtre clair.

> *Alcazar, Candélabre, Tamar, Walneri.*

d) Divisions supérieures violet-rougeâtre foncé.

> *Cordelia, Kharput, Archevêque, Monsignor, Rubens, Eugène Bonvallet.*

Classe V. — Violets concolores (divisions supérieures et inférieures à peu près de même teinte).

a) Bleus lavande.

> *Cluny, Lavender, pallida dalmatica, Princess Beatrix, pulcherrima, Porcelain.*

b) Bleu-violets foncés.

> *Miranda, Como, Crépuscule, Cengialti Loppio, Oporto, Parc de Neuilly, Wyomissing.*

c) Violet-rouges pâles (rose plus ou moins vif).

> *Suzann Bliss, Margaret Moore, Queen of May, Mrs Alan Gray, Miriam, Lohengrin.*

d) Violet-rouges foncés.

> *Florence Wells, Caprice, Edouard Michel, Kochii, Ruby, Roseway.*

Classe VI. — Divisions supérieures, ombrées, bronzées ou fumées (toute teinte due à un mélange de deux couleurs dont une est toujours le jaune, qui est toujours apparent à la base des divisions supérieures).

a) Le jaune peu apparent (ombrés).

1° Bleus pâles ou bleu lavande.

> *Afterglow, Quaker lady, Dalmarius, Fay, Nuée d'orage, Mady Carrière.*

2° Roses clairs ou vifs (ombrés).

> *Chérubin, Isoline, Porsenna, Sybil, Trianon, Troost, Mme Blanche Pion.*

b) Bronzés.

> *Faust, Loute, Méphistophélès, Rosy Dawn, Van Geertii.*

c) Le jaune bien visible (fumés).

1° Le violet prédominant.

Divisions inférieures veinées.

> *La Prestigieuse, Mme Denis, Mural.*

Divisions inférieures non veinées.

> *Ambassadeur, Cretonne, Ambigu, Eldorado, Grévin, Opéra, Médrano, Jacquesiania.*

2° Le jaune prédominant.

> *Dora Longdon, Iris König, M. Chaber, Montézuma, Nibelungen, Victor Hugo.*

CLASSE VII. — Divisions supérieures jaunes; divisions inférieures violet-bleu, violet-rougeâtre ou violet-brun.

a) Divisions supérieures jaune pâle; divisions inférieures à veines distinctes.

> *Bronze beauty, Gracchus, Hector, Mme Patti, Vincent.*

b) Divisions supérieures jaune pâle ; divisions inférieures à veines confluentes.

> *Citronella, Dalila, Darius, Loreley, Gracchus, Modeste Guérin, Princesse Victoria Louise.*

c) Divisions supérieures jaune foncé; divisions inférieures à veines distinctes.

> *Aragon, Malvina, Prince d'Orange, Sans souci, Robert Burns.*

d) Divisions supérieures jaune foncé; divisions inférieures à veines confluentes.

> *Harold, Goldfinch, Fro, Honorabile, Maori King, Marsh Marigold, Knysna.*

CLASSE VIII. — Jaunes concolores.

a) Foncés.

> *aurea, Mrs Neubronner, Chasseur, Foster's yellow, Sunshine, Shekinah*

b) Pâles (crèmes compris).

> *Balaruc, Etta, flavescens* (Canari), *Dawn, Innocenza.*

IRIS NAINS ET INTERMÉDIAIRES

Ce mémoire serait incomplet si nous omettions les *Iris pumila* et les Iris intermédiaires qui rentrent également dans la grande série des *Iris* des jardins (*Pogoniris*), qu'ils précèdent dans la date de leur floraison (laquelle s'échelonne ainsi depuis le commencement d'avril jusqu'en fin juin) et dont ils présentent au surplus tous les caractères généraux. Toutefois, ces Iris étant moins importants et beaucoup moins nombreux que les grands Iris qui précèdent, l'utilité de leur classification ne s'est guère fait sentir au delà de leur groupement par couleurs, afin de les comparer et de les juger plus aisément. Il nous suffira donc d'en dire quelques mots.

Iris intermédiaires.

Ces Iris résultent évidemment de croisements effectués entre diverses espèces ou variétés des grands Iris des jardins et des *Iris pumila* que leurs obtenteurs n'ont pas fait connaître. Leur obtention ne remonte qu'à la fin du siècle dernier. M. Caparne, de Guernesey, fut un des premiers et des principaux; il en mit au commerce, vers 1900 une grande quantité parmi laquelle une sélection s'est opérée par la suite.

D'autres variétés ont été obtenues par divers semeurs des pays étrangers, où on les désigne sous le nom d'*Interregna*. La collection de Verrières a été réduite à une quinzaine de variétés présentant toutes assez uniformément les caractères suivants :

Plantes basses, très touffues, extrêmement vigoureuses, très multipliantes, gardant une partie de leur feuillage durant l'hiver; hampes grêles, peu rameuses, variant entre 30 et 50 centimètres de hauteur; bractées demi-scarieuses. Fleurs de moyenne grandeur, en général plus grandes que celles des *I. pumila* à grandes fleurs, égalant celle des anciens Iris des Jardins à petites fleurs, atteignant environ 10-12 centimètres de diamètre et présentant la plupart des couleurs de ces derniers. La floraison commence entre le 1er et le 10 mai, comblant exactement la lacune qui existait entre la fin de la floraison des *Iris pumila* et le commencement des variétés hâtives d'Iris des jardins. Voici les principales :

BLANCS OU CRÈMES.		JAUNES.
	Fritjof.	
Bride.	*Odin.*	*Brunette.*
Empress.		*Helge.*
Ingeborg.	VIOLETS.	*Queen Flavia.*
Ivorine.	*Alphonse.*	*Solfatare.*
Margaret.	*Dauphin.*	*Etta.*
	Diamond.	*Halfdan.*
BLEUS.	*Prince Albert Victor.*	
	Sarah.	
Dorothée.	*Walhala.*	
Freya.	*Royal.*	

Iris pumila.

Comme les grands Iris qui précèdent, les Iris nains, collectivement désignés sous le nom d'*Iris pumila*, dérivent de quelques espèces qui leur ont imprimé des caractères assez différents, observables principalement dans la hauteur des hampes, le nombre des gaînes et celui des fleurs qu'elles renferment, la grandeur et la couleur de leurs fleurs.

Les principales de ces espèces sont : l'*I. chamœiris*, Bertol., commun dans le Midi de la France où il se présente sous divers coloris; l'*I. olbiensis*, Hénon, des îles d'Hyères, à fleur violet rougeâtre, qui en est proche; l'*I. pumila*, Linn., à hampe presque nulle et tube de la fleur assez long, dont la variété *cœrulea* est un des représentants (1); l'*I. biflora*, Linn., qui serait l'*I. pumila* violet, des jardins; l'*I. lutes-*

(1) D'après M. Dykes, cet Iris serait presque sûrement un hybride.

cens, Lam., à fleurs jaunâtres; enfin l'*I. Reichenbachii*, Heuffel, des Balkans, botaniquement désigné sous divers noms (*I. balkana*, Janka; *I. bosniaca*, Beck; *I. serbica*, Pançiç) à fleurs concolores jaunes ou brun rougeâtre et quelques autres d'importance secondaire.

Malgré cette multiple parenté, le nombre des variétés d'Iris nains est resté très réduit jusqu'au commencement du présent siècle. C'est à peine si, en dehors des espèces précitées, on en cultivait une demi-douzaine. Puis, des semis ont été faits dans divers pays, notamment par M. Caparne, de Guernesey, et par M. Millet, de Bourg-la-Reine, qui en ont assez notablement augmenté le nombre et la diversité, bien qu'il n'atteigne qu'à peine la cinquantaine.

C'est là un fait surprenant si on compare ces Iris à ceux qui précèdent, dont ils présentent en réduction la plupart des caractères.

Aussi bien, le besoin d'une classification ne s'est guère fait sentir jusqu'ici. On s'est simplement contenté de les grouper par couleurs, pour en faciliter l'étude et la comparaison.

C'est dans cet ordre que nous en donnons un choix des plus distincts et des plus recommandables. Toutefois, nous avons cru devoir indiquer à part un petit nombre de variétés très naines et à floraison très hâtive, susceptibles d'être recherchées pour bordures.

Il existe encore un certain nombre d'autres variétés, notamment à l'étranger, peu connues en France, qu'il nous semble superflu de citer parce qu'elles forment probablement double emploi avec les précédentes. Ajoutons, enfin, que la nomenclature de ces Iris nains semble particulièrement confuse.

TRÈS NAINS (hâtifs)

Blanc.
Bleu azuré.
cyanœa.
Léopold.
lutea.
Négus.
Violet (biflora).

NAINS (demi-hâtifs).

BLANCS OU CRÈMES

eburnea.
Die Braut (La Fiancée).
florida.
Petite amie.
Rupert.

JAUNES.

Anaïs.
Aramis.
excelsa.
Canari.
Jaune à grande fleur.
Le Pactole.
lutescens.
virescens.
Voltaire.

VIOLETS.

Amalthée.
benacensis.
formosa.
Horace Vernet.
Fieberi.
Le Lido.

Lobelia.
Mireille.
albiensis.
Oriental.
Prince Victor.
Séraph.
Villréal.
violacea superba.
violet rougeâtre.

BLEUS.

Alpin.
Dixmude.
Count of Andrassy.
Margaret.
Petit Daniel.
Princesse Louise.

HISTORIQUE DE L'INTRODUCTION, DE L'HYBRIDATION ET DES VARIÉTÉS D'IRIS DU GROUPE APOGON

(*I. Kæmpferi, sibirica, ochroleuca*).

PAR

M. F. LAPLACE

D'un grand intérêt par la beauté des plantes qui la constituent, la série des *Iris Apogon* se fait aussi remarquer par la quantité relativement importante de plantes hybrides auxquelles elle a donné naissance. Les espèces et variétés de ce groupe présentent aussi la particularité d'avoir une floraison pour ainsi dire tardive, beaucoup d'entr'elles fleurissant en juin-juillet. A part une espèce, dont il sera question plus loin, les *I. Apogon*, sans revêtir des nuances aussi brillantes que celles de la série des *Pogoniris*, présentent cependant des coloris chauds et variés. L'*Iris Kæmpferi*, un des plus intéressants par les nombreuses variétés obtenues, tant au Japon que dans les cultures européennes et américaines, est très certainement un des plus beaux Iris. D'autres espèces ont été aussi « travaillées », par semis direct et surtout par hybridation. De ce nombre sont les *I. Monnieri, I. spuria, I. aurea, I. ochroleuca* qui, entre les mains d'horticulteurs tels que Sir Michaël Foster, Deleuil, Millet, ont donné naissance à des plantes extrêmement remarquables; de ce nombre sont les *Iris Monspur Juno, Monspur Premier, Monspur Dorothy Foster, I. ochroleuca Shelford giant*, dus à Sir M. Foster; *spuria hyerense* de Deleuil, *I. ochraurea* obtenu à Kew, *I. ochroleuca Canari*, de Millet, etc. D'autres croisements ont été opérés par divers semeurs, mais les résultats n'ont pas encore été mis sous les yeux du monde horticole. Certaines tentatives aussi ont échoué; l'*I. Pseudacorus*, intéressant par sa grande vigueur, sa floraison abondante et prolongée, s'est montrée rebelle, jusqu'ici, à toute hybridation; ce serait cependant un sujet précieux par son abondante production de graines.

La série des *I. Apogon* comprend un assez grand nombre d'espèces, dont quelques-unes sont très répandues; il n'y a pas utilité à passer en revue toutes les espèces; il ne sera question ici que des espèces principales et de celles qui sont appelées à jouer un rôle ornemental.

I. albo-purpurea Baker, Japon. — Souche courte et rampante, feuilles vertes, un peu recourbées au sommet, longues de 50-60 centimètres sur 3 de large ; hampe de même hauteur, ferme, portant 2-3 fleurs grandes, à divisions externes obovales, recourbées, lilas clair maculées de pourpre violet ; les internes dressées, blanc pur maculées violet et lilas. Fleurit en juin-juillet ; rustique. Cette espèce, encore peu répandue dans les cultures, a été introduite en Angleterre vers 1898, par hasard, dans des touffes d'*Iris Kœmpferi* importées du Japon.

I. aurea Lindl, Himalaya occidental. — Souche robuste produisant des feuilles vertes, un peu glauques, raides, hautes de 50-60 centimètres ; hampe de 80 centimètres à 1 mètre, portant 2-3 groupes de 2-3 fleurs grandes, à divisions externes ondulées sur les bords, les internes lancéolées, toutes d'un jaune brillant. Cette espèce qui est très rustique, fleurit fin juin, mais est un peu parcimonieuse de ses fleurs.

I. Delavayi Micheli, Yunnan. — Plante vigoureuse, à rhizome un peu rampant ; feuilles dressées, raides, de 50-60 centimètres de long, côtelées, glauques ; hampe dressée, ferme, de 80 centimètres à 1 m. 20, fistuleuse, pourvue de 1-2 feuilles et portant 2-3 faisceaux de 2-3 fleurs dont les divisions externes, oblongues-obtuses, réfléchies, sont violet foncé et striées de blanc à la base ; divisions internes dressées, lancéolées et de même teinte ; lames stigmatiques violettes, bifides au sommet. L'*I. Delavayi* se rapproche beaucoup de l'*I. sibirica* ; il s'en distingue nettement par ses hampes beaucoup plus longues que les feuilles, les fleurs plus grandes, franchement pédonculées. Fleurit en juin. Rustique. Il a été introduit du Yunnan par M. l'Abbé Delavay qui en envoya des graines au Muséum d'Histoire naturelle de Paris, en 1889.

Iris ensata Thunb., Japon. — Petite espèce dont les feuilles atteignent 30-40 centimètres de haut, fermes, glaucescentes et linéaires ; elles présentent des nervures fortement accentuées ; hampes florales fermes, plus courtes que les feuilles, portant à leur sommet des fascicules de 2-3 fleurs très odorantes, à divisions externes lilas strié de jaune et un peu réfléchies ; les divisions internes sont étroites, lancéolées, dressées et lilas ; les lames stigmatiques sont jaunes. Sir M. Foster a obtenu, entre cette espèce et d'autres espèces à port graminoïde, toute une série d'hybrides fort peu répandus dans les jardins. On rattache à cette espèce, l'*Iris pabularia*, Naud., recommandé, il y a longtemps déjà, comme plante fourragère pour les terrains secs.

Iris fœtidissima Linné, Indigène, Europe. — Plante à végétation compacte, à feuilles fermes, d'un vert foncé et luisant, longues de 30-40 centimètres sur 2 de large, légèrement arquées à la partie supérieure ; hampe florale légèrement anguleuse, de même hauteur que les feuilles, portant 2-3 groupes de 2-3 fleurs inodores, moyennes, jaune pâle marbré lilas extérieurement, bleu et jaune terne intérieurement; les divisions externes sont ovales, concaves et ondulées, les intérieures lancéolées-oblongues. Intéressant par ses nombreux fruits qui, à maturité, s'ouvrent et laissent voir les graines d'un beau rouge corail; toute la plante exhale une odeur spéciale qu'on a comparée à celle du gigot à l'ail, d'où le nom d'*Iris gigot*, donné quelquefois à la plante. Il a donné naissance à une variété intéressante, l'*I. fœtidissima foliis variegatis*, à feuilles gracieusement rubannées de blanc et de vert et remarquablement constante. Une autre variété *citrina* a des fleurs franchement jaunes, sans aucune strie violette.

Iris Forrestii Dykes, Yunnan. — Feuilles linéaires, de 30 à 50 centimètres de long sur 1 centimètre de largeur; vert glauque et vert franc; hampe de 30 centimètres environ, portant 1 à 2 feuilles et 1 à 2 groupes (à l'extrémité) de 2-3 fleurs moyennes, à divisions externes oblongues, rétrécies à la partie inférieure, de nuance jaune citron, marquées de veines pourpres; divisions internes dressées, jaune pâle; lames stigmatiques jaune pâle teinté pourpre.

Découvert par E. H. Wilson, en 1905, dans les prairies montagneuses du Lichiang, dans le nord-ouest du Yunnan. Les premières floraisons eurent lieu dans les cultures de M. Dykes.

Iris fulva Muhl. (Syn. *I. cuprea* Pursh), Louisiane. — Plante à souche compacte et forte produisant des feuilles minces, flexueuses, lancéolées, de 50-60 centimètres de long, larges de 2-3 centimètres; hampe haute de 60 centimètres à 1 mètre, simple ou à rameaux très courts à la partie supérieure; d'autres fois ramifiée dès la base; elle porte plusieurs fascicules de 2-3 fleurs inodores, grandes, à divisions externes lancéolées-oblongues, un peu ondulées sur les bords, finement rayées de pourpre violet, divisions internes lancéolées, oblongues, arrondies au sommet, toutes d'un beau brun rouge; lames stigmatiques brun roux; au complet épanouissement, toutes les divisions sont étalées et celles-ci présentent l'aspect de celui de certains Lis (*Lilium croceum*, par exemple). Fleurit en juin-juillet. Introduit dans les cultures en 1812.

Iris graminea L., Europe méridionale. — C'est une plante à rhizome un peu épais, basse, très touffue, à feuilles minces, vert foncé, flexueuses, longues de 30-40 centimètres; hampe de 15-20 centimètres, généralement uniflore et portant 1-2 feuilles courtes; divisions externes de la fleur longuement onguiculées, violet lilas veiné de bleu avec une bande médiane jaune: divisions internes lancéolées-oblongues, bleu violet uniforme. Fleurit fin mai. Introduit dans les cultures vers 1597.

Iris hexagona Walt., Etats-Unis. — Espèce à développement moyen. Souche rampante, donnant naissance à des faisceaux de feuilles glauques, finement nervées, longues de 60-80 centimètres sur

2 cm. 1/2 de largeur, hampe de 1 mètre à 1 m. 20, ramifiée supérieurement et portant plusieurs feuilles. Fleurs à divisions externes obovales et à divisions internes lancéolées-spatulées, toutes d'une nuance lilas pâle. Cette plante est aussi représentée dans les cultures par une variété *Lamancei* Kew, de l'Arkansas, à fleurs plus grandes, d'un beau violet foncé, pourvues d'une macule jaune vif à l'onglet. Le type et sa variété fleurissent en mai-juin.

Iris lævigata Fisch. (Syn. *Iris Kæmpferi* Sieb.) Japon et Sibérie orientale. — C'est une plante à souche épaisse, serrée, donnant naissance à de nombreux faisceaux de feuilles minces, droites, vertes, à peine glaucescentes, longues de 40-70 centimètres sur 2 centimètres de largeur; hampe dressée, rigide, de 50-80 cent., portant 2-3 feuilles réduites et un groupe de fleurs à l'extrémité; celles-ci (dans les fleurs, dites simples), à divisions externes très amples, bien étalées horizontalement, violet foncé brillant; divisions internes beaucoup moins larges, courtes, obovales-onguiculées de même nuance que les externes; lames stigmatiques oblancéolées, violettes. Fleurit en juin-juillet.

Introduit vers 1850 dans les cultures européennes, il a fleuri pour la première fois en 1857, dans l'établissement Verschaffelt, en Belgique. Il est extrêmement probable que le type de l'*Iris Kæmpferi* ne nous est pas connu actuellement; depuis l'époque de la première floraison, un très grand nombre de plantes ont été importées du Japon. Il y a lieu de remarquer, en passant, qu'il y eut là (comme pour d'autres plantes d'origine japonaise (*Lilium auratum*, *Aucuba japonica*, *Funkia*) de la part des horticulteurs nippons, toute une série d'améliorations réalisées au cours de nombreuses années et se traduisant par les magnifiques résultats que nous avons maintenant sous les yeux. Des semeurs français au nombre desquels on peut citer M. Tabar et la Maison Vilmorin-Andrieux, ont enrichi la série de fort belles sortes et actuellement les variétés obtenues peuvent être groupées en 3 séries, ainsi que le propose M. Mottet :

1° *Forme simple ou typique* dont les trois divisions externes sont amples, étalées horizontalement, tandis que les trois internes sont très petites et dressées.

2° *Forme dite double*, dans laquelle la duplicature est plus apparente que réelle; les trois petites divisions internes et dressées du type simple étant aussi grandes que les externes et étalées comme elles. La fleur paraît, de ce fait, plus ample, plus étoffée, arrondie par le chevauchement des divisions et plus décorative.

3° *Forme pleine ou réellement double*, les étamines et parfois les styles ou leurs crêtes étant ici transformées en petites lames pétaloïdes de grandeur et de formes irrégulières, auxquelles se joignent parfois des divisions supplémentaires. (*Revue Horticole*, 1902, p. 506).

Iris longipetala Herb., Californie. — Plante à souche compacte, produisant des feuilles fermes, vertes, longues de 40 à 60 centimètres; hampe de 60 centimètres à 1 mètre, portant un seul groupe floral terminal dont les fleurs, larges de 15 à 18 centimètres, ont les divisions externes allongées, onguiculées, réfléchies depuis leur milieu, d'une nuance lilas brillant, avec l'onglet jaune réticulé de violet; les divisions internes dressées, presque lancéolées, sont lilas; enfin les lames stigmatiques sont larges et violet pâle. Fleurit en juin. Introduit en 1862. Une variété *Iris longipetala superba* se distingue du type par ses fleurs bleu porcelaine.

Iris mandshurica Maxim., Asie orientale. — Souche épaisse, produisant des feuilles longues, de 80 centimètres à 1 mètre, vert foncé un peu glaucescentes, larges de 2-3 centimètres; hampe dressée, de 1 mètre, ferme, portant des fleurs grandes, à divisions externes obovales-cunéiformes; divisions internes dressées, étroites et courtes, d'un beau jaune pâle. Fleurit en mai-juin. De port analogue à celui de l'*I. pseudacorus*, cette magnifique espèce s'en distingue par ses fleurs plus grandes d'un jaune plus pâle.

Iris missouriensis Nutt. (Syn. *I. tolmieana*). Montagnes Rocheuses. — Souche compacte, produisant des feuilles étroites, fermes, de 40-60 centimètres sur 1 centimètre de large; hampe ferme, de 40-60 centimètres, portant un seul fascicule de 2-3 fleurs à divisions externes obovales, cunéiformes, lilas veiné pourpre; divisions externes de même longueur que les premières, étroites, lilas franc. Fleurit en mai-juin. Introduit en 1880.

I. × *Monaurea* Foster. — Hybride entre l'*I. Monnieri* et l'*I. aurea*. De port analogue au premier, ce magnifique hybride a de très grandes fleurs à divisions externes jaune orangé et à divisions internes jaune primevère. Fleurit en juin.

I. Monnieri DC., Orient, Iles de Crète et de Rhodes. — Plante à souche compacte, à feuilles longues de 60-80 centimètres, larges de 2 centimètres environ, érigées, vertes, un peu glauques, striées; hampes de 80 centimètres-1 m. 20, portant au sommet 2-3 faisceaux de 2-5 fleurs odorantes, à divisions externes elliptiques, arrondies, un peu ondulées sur les bords; divisions internes oblongues, spatulées, toutes d'un beau jaune orangé; lames stigmatiques jaune d'or brillant. Fleurit en juin-juillet. Introduit en 1820.

I. × *Monspur* Hort. Foster. — Hybride entre l'*I. Monnieri* et l'*I. spuria*. Plante vigoureuse, à souche épaisse, compacte, feuilles dressées comme celles de l'*I. Monnieri*, hampe érigée, portant des fleurs plus grandes que celles de l'*I. spuria* et dont les divisions externes larges, presque orbiculaires, sont bleu violet clair, striées de blanc à la base; divisions internes presque dressées, de même nuance que les premières; lames stigmatiques violet foncé. Ce remarquable hybride existe dans les cultures sous plusieurs formes obtenues par Sir Michaël Foster ; ce sont : *I. Monspur Dorothy Foster*, à divisions externes blanc veiné bleu et à divisions internes bleu lilacé ; *I. Monspur Premier* à fleurs violet clair, *I. Monspur Juno* bleu violacé et

Iris ochroleuca.

bleu clair ; ces trois variétés ont été obtenues en 1890 ; enfin *Cambridge blue*, d'un beau bleu, date de 1910.

I. × *ochraurea* Hort. — Hybride obtenu à Kew, en 1897, du croisement de l'*Iris aurea* fécondé par l'*I. ochroleuca*. C'est une plante vigoureuse, rappelant par sa végétation l'*I. ochroleuca* ; également très floribond, ses fleurs sont grandes, les divisions externes étalées, d'un beau coloris jaune vif, les divisions internes plus étroites, dressées sont blanches, lavées de jaune pâle. Le croisement inverse effectué à Verrières, en même temps a donné le même hybride.

I. ochroleuca L. (Syn. *I. orientalis*, Mill., non Thunb. ; *I. gigantea*

Carr.), Asie Mineure. — C'est une espèce très vigoureuse, atteignant 1 m. 50 de hauteur, à rhizomes assez allongés, ramifiés, formant une touffe assez compacte, feuilles de 60 centimètres à 1 mètre et plus, droites ou flasques, vert glauque, un peu arquées au sommet; hampe de 1 m. 50, portant 3-4 groupes de 2-3 grandes fleurs (12-15 centimètres de diamètre) à divisions externes elliptiques ou ovales, blanc pur avec l'onglet jaune vif; divisions internes dressées, oblongues, spatulées, blanc pur; lames stigmatiques jaune pâle. Fleurit vers la mi-juin. Introduit dans les cultures en 1757. L'*I. gigantea* Carr., rattaché à cette espèce, n'en est probablement qu'une forme géante- Sous le nom d'*Iris ochroleuca à fleurs doubles*, MM. Vilmorin ont présenté à la Société Nationale d'Horticulture de France, une variété obtenue dans leurs cultures de Verrières; cette variété présente la même duplicature que les *Iris Kœmpferi* dits *doubles* (Voir plus haut, forme n° 2).

L'*Iris Shelford giant*. — Hybride entre *Iris aurea* et *I. ochroleuca* est une obtention de Sir Michaël Foster. C'est une forme très développée de l'*I. ochroleuca*, à divisions externes crème avec une large tache jaune orangé à la base de l'onglet, et à divisions internes jaune crème. L'*I. ochroleuca* var. *Canari* Millet, 1920, est une jolie variété qui se distingue du type par ses fleurs jaune canari.

Iris Pseudacorus L. Indigène. — Plante à végétation compacte, à feuilles longues de 50-80 centimètres, dressées, un peu réfléchies au sommet, vert franc, hampe atteignant 1 mètre-1 m. 20 et plus, rameuse à la partie supérieure, portant plusieurs feuilles et plusieurs fascicules de 3-5 fleurs assez grandes, dont les divisions externes à limbe presqu'orbiculaire, très obtus, sont jaune vif légèrement veiné de pourpre ; divisions internes ovales-elliptiques, dressées, d'un jaune un peu moins vif que les externes. Fleurit en mai-juin. Il a donné naissance à une variété très intéressante l'*Iris Pseudacorus foliis variegatis*, à feuilles marginées de jaune pâle.

On lui rattache souvent comme sous-espèce l'*I. pseudacorus* var. *acoroides* (Syn. *I. acoroides* Spach), de l'Amérique du Nord, dont les fleurs sont plus petites et d'un jaune plus pâle.

Iris sibirica L. Europe centrale et méridionale, Sibérie. — Plante à végétation compacte; feuilles vert franc, étroites, flexueuses, de 50-60 centimètres de long sur 1 centimètre de large ; hampe florale raide, cylindrique, grêle, ramifiée à la partie supérieure, haute de 60-80 centimètres, c'est-à-dire dépassant les feuilles; fleurs un peu odorantes, moyennes à divisions externes spatulées-obovales, un peu ondulées, fond bleu rayé et strié de blanc et de violet, surtout près de l'onglet, celui-ci jaune; divisions internes lancéolées-oblongues, bleu violet; lames stigmatiques panachées de lilas et de violet. Fleurit en mai-juin. Introduit dans les cultures en 1596.

Par suite de l'étendue de son aire de dispersion l'*I. sibirica* présente de nombreuses formes ou races géographiques; une des plus intéressantes au point de vue horticole est l'*I. sibirica orientalis* (synonyme *I. orientalis* Thunb. non Mill.). Originaire du Japon et de la Sibérie, cette race se distingue du type par ses fleurs beaucoup plus grandes et les bractées florales rouge sang.

Dans les cultures, ces deux types ont produit un certain nombre de variétés. Au type *sibirica* se rattachent : *I. sibirica alba*, à fleurs blanches; *I. sibirica flexuosa*, à fleurs blanches et à divisions crispées; *Baxteri*, à divisions bleues et blanches veinées, etc.; au type *orientalis* se rattache *Blue king*, *coreana* bleu pâle; enfin une plante connue sous le nom de *Snow Queen*.

I. spuria L. Europe, France, Région méditerranéenne. — Plante à végétation compacte; feuilles coriaces, étroites et glauques, longues de 50-60 centimètres, larges de 15-20 millimètres; hampe florale de 30-60 centimètres peu rameuse, grêle, flexueuse, portant 2-3 faisceaux de fleurs sessiles, de 12-15 centimètres de diamètre; divisions externes à limbe ovale, plus ou moins arrondi, bleu vif rayé de violet et de jaune à la base; divisions externes dressées, lancéolées, un peu ondulées et d'un beau bleu foncé; lames stigmatiques violet clair. Fleurit en mai-juin. Introduit dans les cultures en 1759.

Cette espèce a donné naissance à un certain nombre de variétés spontanées et culturales : *I. spuria subbarbata* jaune; *alba*, à fleurs blanc pur; *I. spuria Celestial*, bleu de Chine; *T. spuria foliis variegatis* à feuilles panachées; *A. W. Tait*, bleu porcelaine et surtout *Notha* (Syn. *I. Notha* Bieb.) forme très vigoureuse, du Caucase, d'où il fut introduit en 1780, fleurs d'un beau violet; sa vigueur et sa beauté l'ont fait rechercher pour les hybridations; il a notamment contribué à l'obtention du bel *I.* × *Monspur.*

Certains auteurs considèrent l'*I. spuria* comme un phénotype et lui rattachent comme sous-espèces les *I. aurea*, *I. Monnieri*, *I. sulphurea*, *I. Notha*, etc. Deleuil a obtenu par hybridation avec l'*I. Kæmpferi* une série de plantes connues sous le nom d'*I. spuria hyerensis* dont *I. ciel bleu*; *I. libania*, ce dernier obtenu par Foster.

I. unguicularis Poir. (Syn. *I. stylosa*, Desf.). — Originaire d'Algérie. C'est un Iris dont la hauteur n'excède guère 60 centimètres, à rhizome court et à végétation compacte; feuilles linéaires, vert foncé, longues de 30-60 centimètres sur 1 centimètre de large; hampe florale nulle, les fleurs sont portées sur le tube qui atteint 10-15 centimètres de long; divisions externes obovales-aiguës, étalées, lilas-violet; les internes sont oblongues, onguiculées, de même nuance; lames stigmatiques étroites et bifides. Fleurit de janvier à mars.

Cette espèce a donné naissance à quelques variétés : *I unguicularis alba*, blanc pur; *I. unguicularis grandiflora*, à fleurs plus grandes que

(Photo Hoog).

Iris Polymnie.

(Photo Hoog).

Iris Aphrodite.

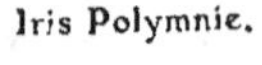

(Photo Hoog).

Iris Regelio-cyclus en pleine terre.

celles du type, violet pourpre ; *I. unguicularis pavonia*, à fleurs maculées à la gorge ; *I. unguicularis speciosa*, violet foncé ; *I. unguicularis purpurea*, mauve purpurin. Par suite de son origine méridionale, l'*I. unguicularis* n'est pas complètement rustique sous le climat de Paris ; dans les hivers doux, il résiste et dans ce cas il fleurit à partir de janvier ; dans le Midi de la France, il donne de très bons résultats.

L'*Iris cretensis* Janka (Syn. : *I. stylosa* var. *angustifolia* Boiss. est une plante très voisine de l'*I. unguicularis* ; il en diffère par sa taille un peu moins élevée, ses feuilles plus étroites et des fleurs lilas bleuâtre. Moins intéressant que l'*I. unguicularis*, l'*I. cretensis* est cependant plus robuste et se cultive plus facilement ; il fleurit cependant rarement sous le climat parisien.

I. versicolor L. Amérique septentionale — Souche compacte, feuilles glauques, longues de 50-60 centimètres, un peu flexueuses, vertes, larges de 3 centimètres environ ; hampe florale de 50-60 centimètres, un peu comprimée, portant 2-3 groupes de 2 fleurs moyennes, un peu odorantes, dont les divisions externes, à limbe presque orbiculaire, sont pourpre violet panaché de jaune et de blanc ; divisions internes oblongues-obtuses, dressées, de nuances un peu plus claires que les extérieures ; lames stigmatiques blanches lavées de rose. Fleurit en mai-juin. Introduit en 1732.

Il se présente souvent dans les cultures sous la forme dite *I. virginica* Ker. ; c'est alors l'*I. versicolor* var. *virginica* Baker. Cette plante se distingue du type par ses fleurs un peu moins grandes et d'un beau bleu violet intense. Fleurit en juin. Introduit en 1758.

Sir Michaël Foster et divers semeurs ont obtenu, par semis direct, un assez grand nombre de variétés dont les suivantes peuvent être signalées : *I. virginica columnæ* ; *I. virginica Fosteri, I. virginica rosea* ; *I. virginica purpurascens*, etc.

La section des *Iris Apogon* comprend encore quelques espèces moins répandues dans les jardins, les unes par suite de leur introduction ou de leur obtention relativement récente ; quelques-unes par leur peu d'intérêt décoratif ; enfin d'autres par la difficulté de leur culture. Les espèces et variétés passées en revue ci-dessus, constituent un ensemble intéressant, tant par le nombre des types, des variétés et des hybrides, que par leur haute valeur ornementale.

ESPÈCES, VARIÉTÉS ET HYBRIDES D'IRIS DES GROUPES ONÇOCYCLUS, REGELIA ET REGELIO-CYCLUS, XIPHIUM ET JUNO

PAR

M. C. G. VAN TUBERGEN Junior

Groupe des Oncocyclus

Parmi les différents groupes du genre *Iris*, quatre ont été l'objet d'une attention toute spéciale dans nos cultures; ce sont ceux des *Oncocyclus*, des *Regelia*, des *Xiphium* et des *Juno*.

Pendant longtemps les *Iris susiana* et *iberica* ont été les seuls représentants du curieux groupe des *Oncocyclus*. Des collecteurs envoyés par notre Maison dans le Turkestan central et oriental, en Boukharie, en Arménie, en Transcaucasie etc., en ont rapporté des espèces nouvelles.

Parmi elles, nous citerons : l'*Iris sofarana*, décrit par Sir Michael Foster, dans le *Gardeners'Chronicle* du 25 novembre 1899. La fleur en est grande, maculée et veinée de pourpre foncé sur fond crême. Son rhizome est court et compact. Notre collecteur l'a trouvé près d'Ain Sofar, dans le Liban, à une altitude considérable.

L'*Iris urmiensis*, décrit dans le *Gardeners'Chronicle*, 1900, volume II, page 373, est une autre très belle espèce trouvée par notre collecteur Kronenburg, près du lac Urmiah, en Arménie orientale, La couleur des fleurs est d'un jaune primevère uniforme. Ce coloris n'existait pas auparavant dans les *Oncocyclus*. M. Dykes, dans son bel ouvrage *The genus Iris*, en fait une variété de l'*Iris Barnumæ*, qui vient à peu près de la même région, mais dont la couleur est d'un rouge violacé uniforme.

Du même pays, vient le charmant *Iris paradoxa* var. *choschab* qui se distingue du type par des fleurs plus grandes, dont les étendards sont d'un blanc mat, délicatement veiné et maculé de pourpre clair. Il a été décrit et figuré dans le *Gardeners'Chronicle*, 1901, volume I, page 104.

L'*Iris Ewbankiana* fut trouvé en Transcaucasie, par notre collecteur Sintenis. Il est décrit par Sir Michael Foster dans le *Gardeners'Chronicle*, vol. XXIX, page 407. Cette petite espèce a été dédiée au regretté Révérend Ewbank, de Ryde (Ile de Wight), qui était un amateur passionné des *Oncocyclus* et qui en faisait une culture spéciale. Les fleurs, de petite dimension, sont d'un blanc crême veiné et maculé de pourpre.

L'*Iris Manissadjiani*, Freyn., *Bulletin de l'Herbier Boissier*, 1896, p. 180, nous fut envoyé par notre collecteur Manissadjian qui habitait un village près de Merzifun, dans l'Arménie centrale. Les fleurs sont jaunes, veinées et teintées de brun. M. Dykes le considère comme étant une forme locale de l'*Iris Sari* dont l'*Iris lupina* serait une autre variété.

L'*Iris iberica* var. *ochracea* était connu depuis longtemps des botanistes. Regel l'avait décrit, en 1863, dans le *Gartenflora*, mais il n'avait pas encore été introduit dans les cultures. Il nous fut envoyé par notre collecteur Kronenburg, qui l'avait trouvé près d'Elisabethpol, dans le Caucase méridional.

En outre de ces espèces et variétés nouvelles, les collecteurs : Kronenburg, Sintenis, Manissadjian et autres, nous envoyèrent un grand nombres d'autres Iris appartenant à ce groupe, déjà connus des botanistes. Il suffira de citer les *Iris Barnumæ, lupina, sofarana magnifica, Lorteti* et *Gatesi* qui est le plus beau des Iris. Le journal *The Garden*, a donné, à la page 83 du volume de 1897, une gravure faite d'après une photographie prise dans nos cultures ; elle représente plusieurs centaines d'*Iris Gatesi* en pleine floraison.

Sous le climat de la Hollande, froid et trop pluvieux en été, les diverses espèces d'*Oncocyclus* sont difficiles à conserver.

Nous avons fait de nombreux essais d'hybridation ; il en a été de même des semis que nous avons obtenus. Un seul a fait exception. Il provient du croisement de l'*Iris Lorteti*, remarquable par ses fleurs à fond rose avec l'*Iris Gatesi*. Nous l'avons appelé *Iris Aphrodite*. Bien qu'étant un véritable *Oncocyclus*, il possède la floribondité et la rusticité des *Regelio-cyclus*. Planté et traité comme les *Regelio-cyclus*, il fleurit chaque année facilement et avec régularité. Nous le considérons comme étant une de nos meilleures obtentions. La fleur est de belle forme, sa couleur est d'un blanc satiné, légèrement veiné et pointillé de violet clair.

Tous les essais faits en fécondant les *Onocyclus* et *Regelio-cyclus* avec les *Pogoniris* (*germanica*, etc.) ont donné des déceptions à l'exception de l'*Iris ib-macr*. L'aspect général de la fleur, avec ses sépales arrondis, rappelle les vrais *Oncocyclus*. Son port et son feuillage sont ceux d'un *Pogoniris* ; ce qui est d'autant plus intéressant que la plante qui a porté les graines est l'*Iris iberica* et la plante qui a fourni le pollen est le *germanica macrantha Amas*. Il demande la même culture que les *Pogoniris*. Nous le considérons comme étant une de nos obtentions les plus intéressantes.

Nous devons à Sir Michael Foster, de Shelford, qui a beaucoup travaillé dans cette même direction, les *Iris ib-var* (*iberica* × *variegata*), *Par-samb* (*paradoxa* × *sambucina*), *Par-var* (*paradoxa* × *variegata*), *Ib-pall* (*iberica* × *pallida*) qui sont très intéressants, mais de constitution assez délicate, et par ce fait, manquant de valeur au point de vue horticole.

Tous les efforts pour arriver à obtenir, dans cette section, une race aussi rustique que les *Pogoniris* ont échoué, au ·moins dans nos cultures.

Un *Pogo-cyclus* donnant des fleurs aussi belles que celles d'un *Oncocyclus* reste encore un desideratum jusqu'à présent. Il y a cependant une exception, c'est l'*Iris Zwanenburg*, que nous devons à l'amabilité d'un amateur de nos amis, M. Fernand Denis, qui a croisé l'*Iris lutescens* avec l'*Iris susiana*. Nous le considérons comme une bonne acquisition d'une rusticité extraordinaire, fleurissant chaque année sous notre climat et produisant de ravissantes fleurs comme les autres *Pogoniris*. Elles sont de coloris ocre avec taches et bandes brunes.

Que sont devenus les trésors du jardin de Nine Wells, du Professeur Michael Foster ? Son jardin, comme celui du révérend Ewbank, abondait en espèces et en hybrides d'*Oncocyclus* et de *Regelio-cyclus*. Après sa mort, tout semble avoir disparu. Est-ce par manque de soins ou parce qu'on ignorait que l'arrachage en été était indispensable dans leur culture ?

GROUPE DES REGELIA.

La section des *Regelia*, créée par le Docteur Ed. Regel, représente les *Oncocyclus* de l'Asie Centrale.

L'*Iris Korolkowi*, avec ses variétés : *concolor*, *violacea*, *Leichtliniana* et *venosa*. L'*Iris stolonifera* avec ses variétés : *Leichtlini* et *vaga*, ont été introduits par le Jardin impérial de Pétrograd. Une très belle espèce appartenant à ce groupe nous a été envoyée par notre collecteur Græber, quand il herborisait pour nous dans le Turkestan méridional. Elle a été décrite sous le nom d'*Iris Hoogiana*, par M. Dykes, dans le *Gardeners' Chronicle*, vol. LX, p. 216. Elle présente la particularité, intéressante dans ce groupe des *Regelia*, d'avoir les fleurs d'un bleu uniforme. Nous la considérons comme une des plus belles et des plus intéressantes nouveautés. Elle est de constitution robuste et se plait dans les terrains sains et ensoleillés.

Elle fleurit abondamment chaque année si l'on prend soin d'arracher les rhizomes en juillet et de les tenir au sec jusqu'à l'époque de plantation qui est d'octobre à novembre. Cette précaution n'est indispensable que dans les pays, comme la Hollande, où l'été est parfois froid et pluvieux.

Nous avons trouvé dans les plantes importées quelques jolies variétés. Une a des fleurs d'un bleu violacé et velouté, d'autres sont des albinos très purs.

GROUPE DES REGELIO-CYCLUS.

Si beaux et intéressants que soient les *Oncocyclus*, qui charment les yeux par leurs fleurs de forme parfaite et leurs riches coloris, ils ont un défaut capital qui est la cause que la plupart des amateurs se refusent à en tenter la culture. Ils sont capricieux au possible; tantôt donnant l'espoir qu'on a compris leurs besoins, tantôt nous désillusionnant complètement. Ce fait n'a rien d'étonnant, si l'on réfléchit que leur pays d'origine est le Levant, avec ses étés chauds et secs. Par contre, ce qui est remarquable, c'est que les plantes du groupe voisin des *Regelia* se prêtent admirablement à la culture sous notre climat, fleurissant en abondance et y multipliant rapidement.

Parmi elles, les variétés de l'*Iris Korolkowi* (*venosa, Leichtliniana, concolor, atropurpurea*) et celles de l'*Iris stolonifera* (*vaga, Leichtlini*) sont les plus connues. Elles fleurissent en même temps que les *Oncocyclus*, les fleurs, tout en étant moins éclatantes, ont à peu près les mêmes coloris uniques et bizarres. Leurs feuilles ont de 40 à 50 centimètres de hauteur et une forte touffe peut facilement produire de 6 à 8 hampes florales fortes et rigides, dépassant parfois 0 m. 50 de hauteur. On a devant soi un vaste champ pour faire des essais entre les deux groupes et des chances pour obtenir une race unissant la floribondité et la culture peu exigeante des *Regelia* aux belles fleurs des *Oncocyclus*.

D'après nos notes, les premiers croisements ont été faits en 1890. A cette époque, nous étions heureux de posséder une riche collection des espèces d'*Oncocyclus* introduites par nos collecteurs de Boukharie, du Turkestan et d'autres régions de l'Asie centrale et aussi d'autres provenant du célèbre botaniste et collectionneur Max Leichtlin. Nous avions une position exceptionnellement favorable pour sélectionner parmi des centaines de plantes en fleurs, les meilleures non seulement pour la forme et la couleur des fleurs, mais aussi celles dont les hampes étaient les plus hautes et les plus rigides. Comme dans toutes les plantes importées, il y avait, dans les Iris de ces deux groupes, une grande variation et il était nécessaire d'en tenir compte dès le début. Nous avons, en conséquence, marqué les meilleurs types dans les *Regelia* introduits par le Dr Regel, de Pétrograd, et nous les avons pris comme porte-graines en les fécondant avec les exemplaires les plus remarquables des *Oncocyclus* (*Iberica, iberica* var. *Van Houtteana, susiana, Mariæ, atropurpurea, sofarana, Lorteti,* etc). Nous avons eu rapidement de grosses capsules remplies de bonnes graines.

Semées aussitôt mûres, un certain nombre germaient le printemps suivant. Arrachés en Juillet et tenus au sec jusqu'au mois d'Octobre, moment de la plantation, les semis se développaient rapidement après l'hiver, et la plupart, après trois ans de soins, montraient leur première tige florale.

Notons en passant que le semis est un procédé très lent. Il arrive souvent que, pour des raisons mal connues, les graines restent dans le sol à l'état dormant pendant deux ou trois saisons. Après ce temps de repos, elles germent assez régulièrement le printemps suivant, après avoir été sous la neige pendant l'hiver.

La floraison a répondu à notre attente. Les fleurs étaient en effet intermédiaires entre celles des deux groupes, tantôt se rapprochant davantage de la plante séminifère, tantôt montrant l'influence prépondérante de celle qui avait fourni le pollen.

L'*Iris susiana* a joué un rôle important dans ces essais. C'est un fait bien étonnant que cette espèce, pendant plusieurs siècles de culture, serait montrée moins capricieuse que les autres *Oncocyclus*. Elle est encore l'objet d'une culture importante, non seulement dans le Midi, mais même dans des localités bien situées de la Hollande où on arrive à la conserver. C'est une des plus belles du groupe et on la retrouve dans plusieurs de nos hybrides

Encouragés par ce premier succès, nous avons continué les essais pendant une longue série d'années et pendant que nous perdions presque toute notre collection d'*Oncocyclus*, nos hybrides que j'ai baptisés suivant le système de Sir Michael Foster, *Regelio-cyclus*, se multipliaient toujours et fleurissaient chaque année de façon étonnante, sans exiger plus de soins que les Jacinthes et les Tulipes. Contrairement à ce qu'on pouvait supposer, la combinaison des *Regelia* avec l'*Iris Gatesi*, le géant des *Oncocyclus*, n'a donné que des déceptions et des fleurs sans valeur.

Peu de temps avant la Grande Guerre, nous avions envoyé, dans la Boukharie, une expédition d'où notre collecteur nous a fait parvenir une sélection spéciale d'*Iris Korolkowi*, bien supérieure à l'ancien type. Les fleurs ont une forme plus parfaite et un coloris plus riche et plus accentué que les anciennes variétés ayant servi aux premiers essais qui ont donné la collection du début des *Regelio-cyclus*. Nous avons répété les fécondations faites il y avait 25 ans, mais d'une manière plus restreinte ; la plupart des *Oncocyclus* dont nous étions si fiers, faisant alors défaut.

Les nouvelles obtentions ont éclipsé les anciennes par leurs magnifiques combinaisons de teintes jusqu'alors inconnues. Ce qui est particulièrement remarquable, ce sont les hampes florales qui, tout en étant fortes et rigides, dépassent 75-80 centimètres de longueur.

L'*Iris Hoogiana*, dont il a été question précédemment, croisé avec des *Oncocyclus*, a donné une série de semis dont les fleurs sont délicieusement nuancées de bleu lavande. Comme son introduction est encore récente, nous ne sommes qu'au début .des essais et, d'après les premiers résultats, nous pouvons espérer bien des surprises; le coloris exceptionnel de l'*Iris Hoogiana* apportera une note plus gaie dans les tons un peu sombres des *Regelio-cyclus*.

Voici un tableau des croisements que nous avons obtenus avec les indications de leur parenté.

Irène.	*Korolkowi type* × *iberica Van Houtteana.*			
Psyché.	—	—	—	—
Jocaste.	—	—	—	—
Isis.	—	*violacea* ×	—	—
Polymnie.	—	—	× *iberica.*	
Beatrix.	—	—	× *susiana.*	
Mars.	—	—		
Terpsichore.	—	—	—	
Freya.	—	—		
Artémis.	—	—	× *Mariæ.*	
Andromaque.	—	—	—	
Eurydice.	—	*concolor* ×	—	
Una.	—			
Dido.	—	—	—	
Perséphone.	—	—	—	
Leucothea.	—	—	× *iberica Van Houtteana.*	
Aspasia.	—	*concolor* × *Mariæ.*		
Felicitas.	—	—	× *paradoxa* × *iberica.*	
Astarte.	—	—	—	—
Charon.	—	—	× *atropurpurea.*	
Isolda.	—	—	—	
Hecate.	—	*venosa* × *iberica.*		
Massilia.	*Lorteti* × *iberica.*			
Cœlestina.	—	*Leichtliniana* × *Aphrodite.*		
Sirona.	—	—	× (*paradoxa* × *iberica*).	
Hera.	*Leitchlini* × (*paradoxa* × *iberica*).			
Cassandra.	(*Korolkowi* × *Leichtliniana*) × *susiana.*			
Clotho.	(— × *paradoxa*) × *Artémis.*			
Eos.	(— × *incarnata*) × *Gatesi.*			

Culture des Regelio-cyclus

Choix du terrain. — Ces Iris demandent un bon sol, riche, bien labouré et surtout drainé avec soin, afin de faciliter l'écoulement de l'eau en hiver. Sans cette précaution, les rhizomes, étant encore peu pourvus de racines, pourrissent facilement. Si le terrain est trop dur, il faut ajouter du sable pur et l'enrichir avec du fumier de vache bien décomposé.

Choisir un endroit bien ensoleillé et autant que possible à l'abri d'un mur exposé au sud. Un sol calcaire est indispensable. Une bonne précaution est de planter ces Iris dans une plate-bande un peu surélevée de façon à éviter l'eau stagnante, néfaste à ces plantes.

Dans les terrains lourds, il ne faut pas planter les rhizomes trop profondément : 5 à 6 centimètres suffisent; dans les terrains sablonneux, il est préférable de les recouvrir de 6 à 7 centimètres.

Epoque de la plantation. — En Hollande, la plantation vers la mi-octobre est celle qui donne les meilleurs résultats. Dans les régions dont le climat est plus tempéré, la plantation peut se faire jusqu'en novembre. Il est préférable de ne pas dépasser cette époque.

Couverture en hiver. — Les *Regelio-cyclus* sont rustiques; il suffira l'hiver de les protéger en les recouvrant de quelques branches de pin ou d'un peu de paille. Les jeunes feuilles sont un peu délicates; elles demandent une protection contre les vents froids du printemps.

Traitement après floraison. — Contrairement à ce qu'on observe avec les *Iris germanica*, en plein été, les feuilles des *Regelio-cyclus* commencent à jaunir, ce qui indique la période du repos qui dure depuis fin juillet jusqu'à octobre. Il faut, dès que le feuillage est jaune, arracher les touffes et les conserver dans un local aéré et un peu chaud; on assure ainsi leur maturation. Ce traitement est indispensable en Hollande, à cause des étés pluvieux et de l'humidité permanente en automne et en hiver. Si on ne procédait pas à leur arrachage, les plantes se mettraient en végétation avant l'hiver. Dans le Midi, où les étés sont chauds et secs, on peut laisser les plantes en pleine terre toute l'année.

Hybrides du groupe Xiphion.

Iris de Hollande. — L'origine des variétés de l'*Iris Xiphium*, plus communément appelée Iris d'Espagne dans les jardins, reste encore une énigme. Toutes les hypothèses émises à ce sujet sont peu satisfaisantes.

On suppose que l'*Iris Xiphium* à fleurs bleues et qui se trouve à l'état spontané en Espagne et au Portugal est un des parents, mais on cherche vainement l'espèce qui a fourni les teintes jaunes si abondantes parmi les variétés cultivées aujourd'hui. Certains prétendent qu'elles proviennent de croisements avec l'*Iris lusitanica*; il est impossible d'en avoir l'assurance. Les Iris de ces deux espèces, cultivés à côté les uns des autres, ont des époques de floraison différentes; les *Iris Xiphium* fleurissant quinze jours après les *lusitanica*. D'autre part, cette dernière espèce est plus robuste et donne des fleurs bien plus solidement constituées que celles de l'*Iris Xiphium*.

Afin de résoudre cette question, nous avons fait toute une série de croisements entre les espèces originaires d'Espagne, du Portugal et de l'Algérie, notamment : *Iris tingitana, lusitanica* et *Xiphium præcox* (plus connu sous le nom faux d'*Iris filifolia*, que lui donnent les horticulteurs). Nous eûmes la déception de constater, lors de leur floraison, que le résultat ne répondait pas à notre attente et que l'origine des Iris d'Espagne restait aussi mystérieuse qu'auparavant.

Cependant, tous ces hybrides étaient d'une précocité remarquable, épanouissant leurs fleurs quinze jours avant les variétés les plus hâtives des Iris d'Espagne. Cette précocité s'est toujours maintenue jusqu'à ce jour et si nous ne sommes pas arrivés à trouver la parenté des Iris d'Espagne des jardins, nous avons cependant obtenu une nouvelle race d'Iris d'une précocité qui nous parut assez importante pour nous décider à continuer les essais et à en faire une étude spéciale.

Si nous insistons autant sur cette question de précocité exceptionnelle de la floraison, c'est parce que, lors de la mise au commerce de cette nouvelle race d'Iris, on a supposé que l'Iris d'Espagne devait être un des parents. Il nous semble cependant logique qu'un Iris quelconque, croisé avec l'Iris d'Espagne, dont la floraison est tardive, ne peut jamais donner une race aussi hâtive. La rigidité et les grandes dimensions des fleurs indiquent aussi une influence toute autre que celle de l'Iris d'Espagne dont les fleurs n'ont que peu de substance.

Nous possédons une sélection de l'*Iris lusitanica* ainsi que de l'*Iris Xiphium præcox* (le faux *filifolia* des horticulteurs) dont la forme des fleurs est parfaite et qui ont des pétales assez épais pour résister à la pluie et au vent si fréquents en Hollande. Les pétales inférieurs de nos hybrides ont cette résistance et leur largeur peut atteindre jusqu'à 2 à 3 centimètres. Ce qui est particulièrement remarquable, c'est la macule centrale d'un jaune orangé, due à l'influence prépondérante de l'*Iris lusitanica*, dont les segments inférieurs sont d'un jaune orangé foncé. Les autres fécondations provenant des meilleures variétés faites pendant les années suivantes ont donné des résultats surprenants, principalement dans les teintes bleu et jaune. Nous en possédons des variétés superbes, surpassant tellement les variétés des Iris d'Espagne que, comparées avec elles, elles semblent insignifiantes. Dans notre collection, nous avons des variétés dont le coloris va du bleu foncé au bleu tendre, du jaune soufre au blanc, ainsi que toutes les teintes intermédiaires, comme nous les connaissons dans les Iris d'Espagne.

Une difficulté s'est présentée au point de vue horticole, au moment de la mise au commerce de cette nouvelle race ; c'était de lui trouver un nom approprié. Un de nos confrères anglais visitant nos cultures, dans les derniers jours de mai, au moment de la pleine floraison, fut tellement frappé par la beauté des fleurs et la floribondité de ces Iris, qu'il eut l'amabilité de proposer de leur donner le nom d'Iris de

Hollande que nous avons adopté. Nous connaissons déjà les Iris d'Angleterre, les Iris d'Espagne, les Iris du Japon, les *Iris germanica*; la désignation du nom d'Iris de Hollande, pour une race créée dans ce pays, était donc bien justifiée. Pour la même raison, nous avons donné à chacune des variétés un nom de peintre hollandais, ancien ou moderne.

La précocité de cette race est un fait important, non seulement au point de vue horticole, mais aussi au point de vue commercial. Après la floraison des Narcisses et des Tulipes tardives et avant celle des *Iris germanica* et des Iris d'Espagne, nos jardins sont pauvres comme fleurs; les Iris de Hollande remplissent le vide entre les deux époques.

Pour le forçage, les spécialistes préfèrent cette nouvelle race aux anciennes variétés d'Iris d'Espagne; comme en pleine terre, elle fleurit une quinzaine de jours avant ces dernières. Nous cultivons en grand, principalement dans ce but, la variété *Rembrandt*.

La culture en pleine terre est analogue à celle des Iris d'Espagne.

GROUPE DES JUNO.

Les Iris du groupe *Juno* possèdent des bulbes qui, à l'état de repos, sont pourvus de racines épaisses et charnues, ne se desséchant pas et formant, en quelque sorte, partie de ce bulbe.

L'espèce la plus anciennement connue en culture est l'*Iris persica*, cultivée dès le commencement du xviie siècle; elle fut décrite par Parkinson (*Paradisus*, page 172). Elle est très répandue dans toute la Perse et l'Asie Mineure; on en connaît de jolies variétés. En 1910, nous avons reçu une très belle forme venant du voisinage de la ville de Mardin, en Arménie centrale. Elle a été mise au commerce sous le nom d'*Iris persica mardinensis*. Les fleurs sont d'un blanc argenté, avec des macules violet clair. Malheureusement, comme les autres variétés, elle est de culture difficile et, comme nous n'avons pu en obtenir une nouvelle importation, elle est entièrement perdue.

Notre collecteur Græber nous a envoyé, du Turkestan central, des bulbes d'une petite espèce à fleurs jaunes que Sir Michael Foster a bien voulu dédier à notre firme, en la nommant *Iris Tubergeniana*, *Gardeners' Chronicle* 1899, p. 225).

Cet Iris a le port de l'*Iris caucasica*, mais les fleurs présentent la particularité d'avoir des segments inférieurs munis d'une sorte de crête formée par des filaments. Cette fort jolie espèce est malheureusement très délicate et nous n'avons pas réussi à la conserver.

L'*Iris Willmottiana*, décrit par Foster, dans le *Gardeners' Chronicle* de 1901, page 261, a été trouvé par notre collecteur Græber, dans le Turkestan oriental. Il est dédié à Miss Ellen Willmott, bien connue en horticulture. C'est une jolie espèce dont les nombreuses fleurs sont d'un bleu porcelaine pâle avec panachures d'un blanc pur. Il en existe une variété à fleurs complètement blanches.

En 1901, notre Maison envoya des collecteurs dans la Boukharie orientale. Ils en rapportèrent un grand nombre d'espèces de Tulipes, d'*Eremurus* et d'*Iris*. Parmi ces dernières, se trouvaient les deux plus belles espèces du groupe des *Juno* : l'*Iris bucharica* et l'*Iris warlegyensis*. Ils ont été décrits par Foster, dans le *Gardeners' Chronicle*, 1902, vol. XXXI, p. 386 et 387. Ils sont d'une grande rusticité et de culture facile; ils ont trouvé leur place dans la plupart des collections d'Iris, principalement dans les jardins des amateurs anglais où on peut en voir de magnifiques petites colonies.

L'*Iris bucharica*, que quelques botanistes considèrent comme une forme locale de l'*Iris orchioides*, est une plante de grande taille pour ce groupe. Sir Foster, dans son jardin de Nine Wells, près de Cambridge, en avait jadis des exemplaires ayant jusqu'à 0 m. 85 de hauteur. Le feuillage est d'un vert luisant; les fleurs sont grandes et nombreuses, d'un blanc argenté mat avec labelles jaune clair. Elles sont très odorantes.

L'*Iris warleyensis*, nommé par Sir Foster, d'après le jardin de Great Warley qui appartient à Miss Willmott, où il fleurit pour la première fois en Angleterre, ressemble à l'*I. bucharica* sous tous les rapports, mais les fleurs présentent une rare et heureuse combinaison de couleurs. Les segments supérieurs sont violet clair et les labelles violet plus foncé avec centre jaune d'or.

HYBRIDES DU GROUPE JUNO.

Par sa floraison précoce, le groupe des *Iris Juno* est précieux pour l'ornementation des plates-bandes printanières; leurs jolies touffes groupées avec des Scilles, des Muscaris, etc., produisent un effet ravissant. Si le printemps est doux, sans trop de gelées tardives, ces Iris forment rapidement de grosses capsules de graines. Semées dès leur maturité, les jeunes semis sont de force à fleurir au bout de 4 à 5 ans de culture.

Nous avons fait de nombreux croisements avec les espèces de ce groupe. Une de nos premières obtentions a été l'*Iris sind-pers*. Suivant la règle observée par Sir Michael Foster, ce nom représente une combinaison des noms des deux parents en prenant la première syllabe de chacun d'eux. C'est le résultat du croisement de l'*Iris sindjarensis* par l'*Iris persica*. La combinaison a été des plus heureuses; l'*Iris sind-pers* a la floribondité de la plante mère et les teintes délicates de l'*Iris persica*. C'est une plante naine, de 15 centimètres de hauteur, produisant de 6 à 8 fleurs les unes après les autres. Les labelles ont une macule orange vif au centre, la teinte passant au noir sur les bords, montrant ainsi l'influence de l'*Iris persica*. La variété blanche de l'*Iris sindjarensis* fécondée également par l'*Iris persica* a donné une plante analogue à *sind-pers* à fleurs d'un blanc de lait satiné lavé de bleu tendre, ayant aussi de l'orange et du noir.

L'*Iris sindjarensis* a été ensuite fécondé par l'*Iris stenophylla*, (synonyme *persica Heldreichii*). Les hybrides connus sous le nom de *sindjareichi* sont d'une floribondité remarquable et se distinguent par leur ravissante couleur bleu perle. J'en ai sélectionné plusieurs belles formes, dont la meilleure, à grandes fleurs d'un bleu uniforme, a été appelée *Miss Willmott*.

Sind-pur est un autre hybride de l'*I. Sindjarensis*. Comme l'indique son nom, il est issu de *sindjarensis* × *persica purpurea*. Je le considère comme une de mes meilleures obtentions dans ce groupe, surtout parce qu'il montre une combinaison de couleurs inconnue dans les *Juno*. Les fleurs sont grandes, d'un riche mauve violacé foncé. Le centre des labelles a une grande macule bleu clair et la crête est d'un jaune paille caractérisé. Il existe deux variétés, celle que nous venons de décrire et l'autre qui porte le nom d'*Harbinger* (Hérault). Cette dernière produit des fleurs de même dimension, mais la couleur est lilas très tendre; ce coloris est analogue à celui des fleurs de l'*Iris pallida* variété *Lohengrin*. Les deux variétés sont naines et produisent 3-4 fleurs qui se succèdent.

Dans les espèces naines, j'ai fait des essais avec l'*Iris persica purpurea*. Croisé avec *persica*, il a donné *purpureo-persica* qui a des fleurs d'un rouge rubis luisant, avec labelles arrondis et larges, ornés d'une crête orange vif. La combinaison des couleurs est des plus riches et produit beaucoup d'effet.

Persica purpurea, fécondé par *Iris sindjarensis*, a donné *per-sind* qui est une plante naine, montrant l'influence de l'*Iris sindjarensis* par ses labelles bleu lavande nuancés du pourpre de la plante mère. La couleur dominante des fleurs est rouge rubis foncé.

Parmi les espèces que nous avons introduites en culture, *war-leyensis* et *bucharica*, croisés entre eux, ont donné des plantes intéressantes, robustes, de même port que l'*Iris bucharica* qui a porté les graines. La couleur des fleurs est celle du *bucharica*, les segments supérieurs blancs, les divisions inférieures d'un beau jaune luisant bordé de pourpre. C'est cette bordure pourpre qui montre l'influence de l'*Iris warleyensis*.

Tous nos hybrides appartenant au groupe des *Juno* sont stériles. Le stigmate est normalement conformé, mais les anthères sont rudimentaires et sans pollen. A notre grand regret, il nous a été, par suite, impossible de pousser plus loin nos essais.

LES IRIS DES GROUPES
ONCOCYCLUS, POGO-CYCLUS, REGELIA, REGELO-CYCLUS,
IRIS D'ESPAGNE, IRIS DE HOLLANDE

PAR

M. F. DENIS

La Maison Van Tubergen, de Haarlem, que dirigent actuellement MM. Hoog, les neveux du fondateur, s'est spécialisée depuis long-temps dans l'introduction des plantes rares ou nouvelles des parties peu connues du Turkestan, de l'Arménie, du Caucase et de la Boukharie. C'est grâce à elle que nos cultures se sont enrichies de magnifiques espèces de *Tulipes*, d'*Eremurus* et d'*Iris*. Nous ne par-lerons ici que de ces dernières.

On a essayé de croiser les *Regelia* avec les *Pogoniris*. Les résul-tats n'ont pas été encourageants ; je ne connais qu'un seul de ces hybrides qui mérite d'être cultivé ; il a été obtenu par M. Massé en croisant le *Regelia Korolkowi* avec l'*Iris cypriana*.

Les premiers *Regelio-cyclus* ont été obtenus par Sir Michael Foster : *Korib (Korolkowi-iberica); Parkor (paradoxa-Korolkowi), Parkorib (Parkor-iberica)* existent encore, mais combien ils sont distancés par les *Regelio-cyclus* obtenus par MM. Hoog. Parmi leurs meilleurs, on peut citer *Polymnie, Clotho, Charon, Massilia, Artemis, Isolda*.

Leur culture est facile, si on a le soin de les arracher chaque année lorsque les plantes entrent dans leur période de repos. Cette précau-tion est, à mon avis, nécessaire, même dans le midi de la France.

Iris d'Espagne et Iris de Hollande.

Il n'y a pour moi aucun doute que deux espèces botaniques seule-ment ont contribué à l'obtention des diverses variétés d'*Iris d'Es-pagne* ; ce sont les *Iris Xiphium* et *Iris lusitanica*. L'objection de la différence des époques de floraison n'a pas grande valeur. Elle est tellement variable pour une même espèce. Je citerai un exemple : dans mon jardin, l'*Iris Xiphium type* fleurit dès le commencement de mai. Dans une localité de l'Hérault, où cette espèce se trouve à l'état spontané, la floraison a lieu un mois et demi plus tard, sous le même climat et à la même altitude.

La mutation a beaucoup contribué à modifier les coloris. Elle se produit parfois brusquement, comme je l'ai constaté chez moi sur des *Iris Xiphium type* provenant d'Algérie. A leur deuxième année de culture, les segments internes qui étaient d'un bleu assez foncé, sont devenus d'un bleu très pâle, presque blanc. Ils se sont maintenus ainsi les années suivantes.

Les *Iris de Hollande* obtenus par MM. Hoog, forment une race distincte et bien supérieure à celle des *Iris d'Espagne*. En outre de la précocité de leur floraison, j'ai constaté, que dans le midi de la France, ils avaient l'avantage d'être plus rustiques.

Une précaution à recommander, c'est de ne jamais planter aucun Iris du groupe *Xiphion* dans un terrain où précédemment on a cultivé des Tulipes. On peut être certain de les voir disparaître assez rapidement. Cet inconvénient est bien connu des horticulteurs hollandais.

GROUPE DES JUNO.

Je suis assez peu compétent pour parler des Iris de ce groupe. J'en ai beaucoup cultivé et beaucoup tué. Je me suis entêté après certaines espèces comme l'*Iris Rosenbachiana*; en deux ans au plus, j'arrivais à les perdre.

Seuls, les *Iris bucharica* et *alata* m'ont donné pleine satisfaction. L'*I. Bucharica* est, à mon avis, de beaucoup le plus rustique et le plus beau des *Juno*.

GROUPE DES ONCOCYCLUS.

Les plus beaux Iris appartiennent à ce groupe. Par la grandeur et la beauté du coloris de leurs fleurs, les *Iris susiana, Lorteti* et *Gatesi* n'ont pas de rivaux. Malheureusement, comme le font observer MM. Hoog, leur culture a toujours donné aux amateurs plus de déception que de satisfaction. J'ai sous les yeux une photographie d'un groupe de 300 Iris provenant de croisements entre *Iris iberica* et *Iris susiana*; deux ans après, il ne m'en restait plus qu'une dizaine,

Leur culture, exige avant tout, un sol riche en calcaire, pas d'eau pendant leur période de repos et des hivers peu rigoureux. Ces conditions sont relativement faciles à trouver dans le midi de la France. Cependant, exception faite de l'*Iris susiana*, après quelques années de culture, on arrive à les perdre. Une maladie due à des bactéries en est la principale cause. Quelques espèces sont cependant plus résistantes, particulièrement les *Iris Ewbankiana* et *iberica*.

Le charmant *Iris urmiensis* a ainsi disparu des cultures. Il reste cependant un joli petit hybride : *urmicata*, provenant de son croisement avec l'*Iris plicata Mme Chereau.*

MM. Hoog insistent, avec raison, sur la rusticité exceptionnelle de leur bel hybride : *Aphrodite* qui a comme parents *Lorteti* et *Gatesi.* Je le cultive depuis de nombreuses années ; il résiste beaucoup mieux que les autres *Oncocyclus* et on peut, sur ce point, le comparer à l'*Iris susiana,* tout en lui étant bien supérieur comme beauté du coloris.

POGO-CYCLUS

En suivant la règle adoptée par Sir Michael Foster, j'appelle *Pogo-cyclus* les hybrides entre *Pogoniris* et *Oncocyclus.*

En général, les *Pogo-cyclus* ne sont réellement rustiques que dans les pays où l'été est sec et l'hiver peu rigoureux. L'*Iris Zwanenburg,* provenant du croisement de l'*Iris lutescens aurea* par *Iris susiana,* est une exception. Sa floraison précoce et son adaptation au forçage en font une bonne variété horticole.

Plusieurs *Pogo-cyclus*, entre autres, *ib-macr*, obtenu par MM. Hoog, ont des grains de pollen qui sont fertiles. On peut espérer pouvoir obtenir plus tard des hybrides intéressants et plus rustiques. Il existe déjà *kashmiriana* par *ib-macr* qui mérite d'être cultivé. *Albicans* par *ib-macr* et *Ricardi* par *ib-macr* sont, par contre, à peu près sans valeur. *Paradoxa-pallida*, obtenu par Foster, a donné des graines qui ont germé et fleuri par croisement avec l'*Iris Souvenir de Mme Gaudichau.*

REGELIA ET REGELIO-CYCLUS.

Les *Regelia* sont peu cultivés, bien que plus rustiques que les *Oncocyclus.* On leur reproche leur coloris trop sombre. L'*Iris Hoogiana* fait une heureuse exception par sa couleur d'un bleu clair uniforme. C'est aussi le plus résistant et le plus facile à multiplier de tout le groupe.

LES RACES HORTICOLES DES IRIS BULBEUX : SECTIONS XIPHION ET JUNO

PAR

M. Ernest KRELAGE.

Il ne nous semble pas utile de traiter les espèces typiques, puisque le Professeur Michael Foster leur a dédié une monographie populaire et que la Monographie des Iris de M. Dykes les a décrites d'une façon encore plus complète. Au contraire, on n'a pas encore essayé un historique des races horticoles, il ne paraît donc pas superflu de publier quelques notes pouvant contribuer à établir leur histoire.

Les races horticoles dont il s'agit, sont les Iris d'Espagne et d'Angleterre, auxquels sont venus se joindre, plus récemment, les Iris hollandais.

Iris d'Espagne.

Déjà, du temps de de Lobel et de de l'Ecluse — vers la dernière moitié de xvie siècle — l'Iris d'Espagne n'était plus rare dans les jardins des Pays-Bas. Il avait été importé de l'Espagne et du Portugal ; bientôt on en connut plusieurs couleurs, parmi lesquelles le bleu et le jaune attiraient surtout l'attention.

La forme typique bleue croît à l'état sauvage en Espagne, tandis qu'on trouve au Portugal une race à fleurs jaunes, qui fut traitée autrefois comme une espèce à part, nommée *Iris lusitanica,* mais qu'on a regardée depuis comme une variété locale de l'Iris espagnol, *Iris Xiphium.*

Les Iris d'Espagne fleurissent en juin. Outre les formes bleues et jaunes déjà mentionnées, qui ont servi de point de départ pour l'obtention des variétés horticoles de toutes les nuances intermédiaires, on connaît depuis longtemps plusieurs variétés blanches et beaucoup d'autres tirant sur le brun.

Chez toutes les variétés, il existe, sur le limbe des pièces inférieures, une tache jaune d'or ordinairement très prononcée. Beaucoup de variétés montrent deux ou plusieurs couleurs qui produisent souvent un effet magnifique par les très beaux contrastes qui en résultent.

(Photo S. M.).

Iris Mrs Walter Brewster.

(Photo S. M.).

Iris de Hollande Imperator.

(Photo S. M.).

Iris Kæmpferi, simples et doubles.

Les Hollandais ont semé les Iris d'Espagne dès leur introduction, mais la première liste de variétés horticoles avec noms a paru en 1667, à Paris. Le fleuriste P. Morin qui, en 1651, avait publié ses *Remarques nécessaires pour la culture des fleurs,* faisait suivre la nouvelle édition de 1667 du *Catalogues de quelques plantes à fleurs qui sont trouvées au Jardin de P. Morin, fleuriste*. Ces listes se rapportent aux Anémones à pluche, Tulipes et Iris bulbeux.

L'avertissement qui précède la liste des variétés finit ainsi : « La variété des couleurs qui se rencontre dans les Iris est grande, provenant en partie des divers climats où ils sont élevez et c'est de là d'où sont venues tant d'espèces différentes et à qui on a aussi donné différents noms, ou de ceux qui les ont élevez les premiers de graine, ainsi qu'on pourra remarquer en ceux que je va y décrire ».

La liste contient les noms de 68 variétés avec descriptions.

La plupart des noms indiquent des localités qui, cependant, ne peuvent avoir aucune relation avec l'origine de ces variétés, par exemple : *Iris d'Afrique, Iris d'Alep, Iris d'Amboise, Iris d'Arabie, Iris d'Arménie, Iris d'Auvergne*, etc.

D'autres noms sont formés ainsi : *Iris des Anciens, Iris des Bretons, Iris des Lombards*, etc.; peu de noms sont constitués comme ceux-ci : *Iris agaté, Iris oriental, Iris senois*.

Les couleurs indiquent que les variétés aux coloris bruns et feuille-morte faisaient partie de cette collection. On distinguait déjà des variétés plus élevées et plus naines, ayant les mêmes coloris et on avait déjà remarqué la panachure, qui se montre souvent dans les fleurs de certaines variétés qui, alors, deviennent moins robustes que lorsque les fleurs restent unicolores, phénomène qu'on rencontre dans les Tulipes quand les Tulipes mères deviennent fines ou panachées.

Bien que quelques-unes des variétés décrites appartiennent aux Iris anglais, la plupart sont des variétés de l'*Iris Xiphium*. On ne sait pas combien de temps ces variétés sont restées dans le commerce, mais elles auront probablement été remplacées successivement par d'autres formes les surpassant sous plusieurs rapports.

Les variétés de commerce qui, au xixe siècle, se sont maintenues longtemps dans les collections, sont d'origine hollandaise. D'abord, on distinguait, comme jadis, des variétés élevées, naines et intermédiaires; on cultivait des centaines de variétés différentes et la nomenclature devenait de plus en plus encombrée et confuse. Pour y mettre fin, la Société générale pour la culture des oignons à fleurs de Harlem a organisé des conférences pour régler la nomenclature, d'abord en 1898 et plus récemment en 1912. Un Comité a contrôlé les fleurs coupées de toutes les variétés qui figuraient alors dans les cultures de tous les cultivateurs de plantes bulbeuses. Après vérification et comparaison de tout ce matériel, on a publié les résultats en fixant le nom exact de chaque variété exposée à la conférence.

Le nombre très étendu des variétés qui existait alors, a été beaucoup réduit depuis. La guerre européenne a forcé les cultivateurs à se borner strictement à ne plus cultiver que les variétés qui pourraient encore se vendre ; puis l'introduction de la race précoce, dite Iris hollandais, a inspiré plusieurs cultivateurs de remplacer leurs cultures d'Iris d'Espagne par des Iris hollandais. En outre, la période des grands assortiments variés d'une certaine plante est absolument passée ; le choix des Iris d'Espagne se borne de plus en plus à un nombre relativement restreint de variétés bien distinctes, de vives couleurs et de qualité supérieure pour la vente en fleurs coupées.

Voici une douzaine des meilleures variétés comprenant les plus jolis coloris :

British queen, blanc pur.
Cajanus, grande fleur, jaune canari.
Excelsior, pétales bleu violacé, sépales bleu perle à grande macule jaune ; variété tardive.
Flora, pétales bleu lavande, sépales blanc crème à maculé jaune d'or.
Golden wonder, jaune, à divisions frisées ou ondulées.
King of the blues, bleu unicolore.
Königin Wilhelmina, très grande fleur blanc pur ; la meilleure variété de ce coloris.
La tendresse, blanc teinté jaune.
Louise, bleu porcelaine.
Reconnaissance, bronze foncé, macule jaune.
Thunderbolt (Gold Cup), très grande fleur, pétales pourpre bronzé, sépales bruns à grande macule jaune.
Walter T. Ware, très belle fleur jaune primevère.

Iris d'Angleterre.

Les soi-disant Iris anglais de nos jardins sont, comme les Iris d'Espagne, originaires des Pyrénées et doivent apparemment leur nom erroné à la circonstance qu'ils sont venus par l'Angleterre dans les jardins hollandais, d'où ils furent de nouveau répandus en Europe. De Lobel donne dans son *Herbier*, paru en 1581, une reproduction très exacte de cet Iris qui, pourtant, semble l'embarrasser un peu. Ce n'est certes pas un Iris, raisonne-t-il, car la feuille et le bulbe sont bien différents des parties correspondantes chez les Iris qu'il connaissait ; ce n'était pas non plus un Lis ou un Glaïeul, comme d'autres le croyaient, donc, concluait de Lobel, ce devait bien être la Jacinthe des poètes, telle que nous la dépeint la mythologie. Il l'appelle pour cela « la Jacinthe à fleurs d'Iris des poètes, croissant en Angleterre ».

L'Iris anglais, dont le type est l'*Iris xiphioides* est très voisin de l'Iris d'Espagne (*Iris Xiphium*). Il s'en distingue par ses bulbes plus gros, par ses feuilles plus robustes et par ses fleurs plus grandes et plus larges, s'épanouissant quinze jours après les Iris d'Espagne et dont les nuances offrent moins de diversité. En effet, toutes les variétés d'Iris anglais de nos jardins peuvent être rangées parmi les nuances bleu foncé, pourpre, lilas ou bleu clair, blanc pur ou blanc panaché de pourpre ou de lilas. Chose remarquable, un Iris anglais jaune pur manque absolument, quoique chaque variété présente une ligne ou une tache jaune sur les divisions inférieures. C'est d'autant plus étonnant que les variétés jaunes ne sont pas du tout rares parmi les Iris d'Espagne, si étroitement apparentés et que les croisements essayés à plusieurs reprises entre les deux races n'ont pas donné naissance à un *Iris xiphioides* jaune.

Morin, dans son catalogue des Iris bulbeux (1667), décrit les premières variétés connues sous des noms spéciaux. Nous citons :

« *Iris de l'abbé*, a les mentons, les langues et les estendarts d'un haut pourpre, est tardif à fleurir et ne croit guère haut, quand il pousse hors de terre, le fourreau de ses feuilles est verd, marqueté d'un pourpre ou rouge pourpre, à la manière de la plante nommée grande serpentaire ».

« *Iris oriental*, a les mentons d'un bleu violet et jaune, les langues violettes, les estendarts fort violets, panachez de pourpre : c'est l'un des plus beaux Iris qu'on puisse voir et avec cela n'est pas commun en ce païs ».

Dans les ouvrages contenant des planches coloriées de fleurs, on trouve quelquefois des Iris anglais avec noms de variétés; nous en citons la variété *Andromeda*, figurée dans l'*Hortus Kewensis*, tome second, paru en 1772, et connu encore dans la première moitié du dix-neuvième siècle.

Il paraît que les cultivateurs d'Iris anglais ont bientôt commencé à semer pour améliorer leurs collections. Toutefois, après quelque temps, chaque cultivateur offrait et vendait sa propre collection, contenant des variétés avec ses propres noms, qui évidemment ne différaient pas sensiblement de celles des autres assortiments offerts et vendus sous d'autres noms.

Déjà, le fleuriste anglais bien connu John Salter, dans un article de l'*Horticultural Journal*, cité dans le *Flower Garden*, paru en 1832, se plaint que la même fleur est souvent vendue sous plusieurs noms. D'autre part, quand on compare les listes des variétés mentionnées dans cet article avec les listes insérées dans le *Floricultural Cabinet* de 1840 et 1842, on n'y trouve que quelques noms identiques sur un total d'à peu près 200 noms. Plusieurs de ces variétés figuraient autrefois dans la collection de ma maison, je me rappelle de plusieurs, mais toutes ont été remplacées par d'autres considérées supérieures. De nos jours, quelques rares variétés sont exceptionnellement connues partout sous un seul nom. Par exemple, *Mont-Blanc* est reconnu généralement pour une des meilleures variétés blanches; *Léon Tolstoï* est une variété d'un pourpre excessivement luisant qui ne peut être confondue avec aucune autre variété et dont une excellente figure a paru dans le journal anglais *The Garden*.

Quand la Société générale pour la culture d'oignons à fleurs de Harlem voulut faire, en 1913, pour les Iris anglais ce qu'elle avait réalisé pour les Iris d'Espagne, elle ne put y parvenir. Lorsque les fleurs coupées de toutes les collections commerciales des Iris d'Angleterre cultivées en Hollande fûrent réunies, on constata que l'uniformité de la nomenclature était impossible. La conférence se borna donc à classer les diverses variétés, selon leurs couleurs, sans fixer des noms officiellement reconnus.

Une autre circonstance augmente encore la difficulté de l'unification de la nomenclature. C'est que les fleurs de la plupart des Iris anglais tendent à devenir striées ou ponctuées. Les fleurs des semis sont ordinairement de coloris très pur et unicolores, mais après quelques années, les mêmes bulbes produisent des fleurs du même coloris de fond, mais marqué de petits points ou striées d'une autre couleur. Le caractère des fleurs change ainsi complètement et, malheureusement, pas à son avantage. C'est le même phénomène qui se produit chez les Tulipes mères qui deviennent panachées. Jusqu'ici, on n'est pas encore parvenu à empêcher ce changement de couleur.

Iris de Hollande.

Les Iris hollandais sont venus se joindre à ceux des deux autres sections d'Iris bulbeux depuis une douzaine d'années.

C'est la maison C. G. van Tubergen jeune, de Haarlem qui a commencé à croiser plusieurs espèces d'Iris bulbeux, tels que les *I. filifolia, Boissieri, tingitana*, etc. Il en est résulté une race se distinguant des Iris d'Espagne par une floraison plus précoce d'environ deux semaines, et des plantes à fleurs d'une constitution plus robuste. Les coloris des Iris d'Espagne, à l'exception du bronze, se trouvèrent bientôt dans l'assortiment toujours croissant des Iris hollandais. D'autres semeurs ont suivi l'exemple de la maison Van Tubergen, et on a pu distinguer d'abord deux types, dont un à fleurs plus robustes, ayant les divisions inférieures étendues horizontalement et un autre à fleurs plus élégantes, à segments supérieurs plus longs et plus étroits. Depuis quelques années, les deux types se sont rapprochés de plus en plus, de sorte qu'il semble inutile de les maintenir séparés. On fera donc bien de les cataloguer tous comme Iris hollandais.

L'avantage que possède cette nouvelle race a été compris de suite par les cultivateurs des fleurs coupées. Sa précocité lui donne un

avantage pour le forçage et elle commence déjà à remplacer les Iris
d'Espagne. Il existe une variété qu'on a recommandé en particulier
— et à juste titre — pour cet usage : c'est la variété bleue *Imperator*, qu'on a pu admirer à l'Exposition printanière de la Société
Nationale d'Horticulture de France cette année. La Maison Van
Tubergen a choisi les noms de ses variétés parmi ceux des peintres
hollandais. Un choix des meilleures variétés comprend les suivantes :

Albert Cuyp, blanc à macule jaune.
Albert Neuhuys, jaune soufré et orange foncé.
Anton Mauve, bleu lilacé tendre.
Bakker Korff, crème, nuancé bleu clair.
David Bles, couleur perle etlavande.
Frans Hals, crème avec bleu tendre et orange.
Huchtenberg, blanc, nuancé bleu, jaune et orange.
Jan de Bray, jaune orangé foncé.
Rembrandt, bleu foncé, macule orange.
Van Beyeren, bleu tendre et orange.
Van Everdingen, blanc et jaune.
White Excelsior, blanc pur.

CULTURE ET MULTIPLICATION DES IRIS DES SECTIONS : POGONIRIS, APOGON, ONCOCYCLUS, REGELIA, REGELIO-CYCLUS, XIPHION, JUNO

PAR

M. H. MASSÉ

SECTION POGONIRIS (I. des jardins).

Il est peu de plantes dont la culture soit aussi facile que celle des Iris de ce groupe. Peu exigeants sur la nature du sol, du climat, etc., ils sont de nature à prospérer un peu partout et s'accommodent de tous les terrains, pourvu qu'ils soient ensoleillés et plutôt secs.

De ce fait, leur emploi n'est pas limité et on peut les utiliser aussi bien dans les plates-bandes des jardins, sur les pelouses, sur les pentes, même arides, les talus, les rochers, voire même sur les vieux murs.

La culture en vases proportionnés à la dimension des plantes employées peut aussi, dans certains cas, fournir un motif décoratif intéressant. Relevées de pleine terre en temps opportun, c'est-à-dire commencement de septembre, ces plantes se comportent bien et fleurissent à merveille.

Les Iris précoces du groupe *pumila* peuvent subir un léger forçage, soit cultivés en pots ou relevés de pleine terre assez tôt et mis en pleine terre, sous châssis ou en serre froide ; leur floraison en est ainsi avancée de plusieurs semaines.

Les Iris de cette section sont peu avides d'engrais. Il est même essentiel de peu fumer, ce qui provoque une trop forte végétation qui est toujours au détriment de la floraison et de la bonne conservation des rhizomes.

La multiplication se fait par la division des rhizomes et par le semis.

Plantation et multiplication par rhizomes. — Les rhizomes sont pour ainsi dire des tiges souterraines qui, séparées en touffes plus ou moins grosses, par le déchirement ou à l'aide d'un instrument, servent à multiplier la plante.

Cette opération se fait au commencement de la végétation ou pendant le repos des rhizomes, c'est-à-dire au commencement du printemps et aussitôt la floraison terminée, jusqu'au commencement de septembre. Cette dernière époque est bien préférable au printemps, parce que les éclats prennent racine tout de suite, à la faveur des pluies d'automne et poussent vigoureusement au printemps suivant. Les plantations faites au printemps reprennent bien en ayant soin de les entretenir d'eau pendant la sécheresse, mais poussent peu, faute de bonnes racines. La floraison en est ainsi, en partie, compromise la première année.

Lors de la transplantation et de la multiplication, on doit toujours, pendant l'arrachage, extraire le plus grand nombre de racines possible en évitant de trop les mutiler, de même que les feuilles seront conservées s'il est possible dans leur état naturel. Cependant, pour les personnes qui expédient, on est toujours obligé, pour l'emballage, d'en supprimer l'extrémité.

Semis. — Le semis donne, en général, des plantes saines et vigoureuses, mais dont le caractère n'est pas toujours conforme à celui de la plante mère. On doit semer aussitôt que possible et si l'on peut aussitôt la maturité des graines.

Qu'on effectue les semis en vases ou en pleine terre, on aura soin de répandre les graines aussi uniformément que possible en les enterrant de un centimètre et demi à deux centimètres de profondeur, la terre légèrement tassée par dessus les graines. La terre employée est une bonne terre de jardin légère et pas trop épuisée par de précédentes cultures. Un bon terreau pas trop chargé de fumier peut servir. Un bon drainage de gros sable est nécessaire, de même qu'en surface, un paillis de fumier consommé ou mieux de *Sphagnum* haché dont l'effet modérateur est très avantageux à la germination des graines. On sème à mi-ombre et le sol sera constamment entretenu humide jusqu'à la germination.

L'hiver, on préserve les semis des trop fortes gelées, par des châssis, des branchages ou des paillassons.

La levée des graines se fait généralement au printemps d'après, mais suivant la qualité ou l'âge des graines, elle peut se faire irrégulièrement et très lentement. Aussi, nous conseillons de ne jamais détruire un semis qui n'a pas levé avant d'être absolument certain que la germination ne se produira pas.

Aussitôt la levée des graines et lorsque les plantules commencent à prendre un peu de consistance, c'est-à-dire quand elles ont deux ou trois feuilles, on procède au repiquage.

A mesure que les jeunes plantes se développent, il est nécessaire de leur faire subir un deuxième repiquage qui est généralement suffisant pour les amener à la plantation à demeure.

Section Apogon (*Kœmpferi, sibirica ochroleuca*, etc).

Si quelques espèces de cette section sont comme les *Iris Pogoniris*, susceptibles de résister à de grandes sécheresses, il est, par contre, dans ce groupe toute une série d'espèces et variétés représentée par des plantes aquatiques, amphibies ou paludéennes. Les beaux Iris jaunes de nos eaux tranquilles et de nos marécages sont connus de tous, ainsi que le délicat *I. spuria* qu'on cueille en certaines parties des marais de Vendée. L'*I. Kœmpferi* est une véritable merveille des eaux du Japon, dont les horticulteurs de ce pays civilisé nous ont doté de si intéressantes variétés.

D'autres espèces et variétés telles que les *Iris sibirica, orientalis, ochroleuca, aurea, Monnieri, fulva* et beaucoup d'autres prospèrent bien au bord des eaux. Leur emploi est donc tout indiqué pour garnir les terres grasses et humides, les bords des eaux où leurs racines peuvent plonger dans la vase.

Mais les amateurs ou cultivateurs n'ont pas toujours des terres basses, marécageuses ou irrigables. Il est acquis par l'expérience que tous les Iris paludéens prospèrent parfaitement en terre ordinaire tenue simplement fraîche durant l'été par des arrosements.

Plusieurs cultivateurs qui élèvent ces Iris pour la vente, les cultivent de cette manière et ils se comportent bien.

Quelques Iris de cette section sont essentiellement calcifuges, c'est-à-dire qu'ils végètent mal dans les terres calcaires : c'est le cas *I. Kœmpferi* et *sibirica*.

D'autres, espèces telles que les *I. aurea, ochroleuca, Monnieri, Monspur, spuria*, poussent bien dans une terre un peu calcaire.

Il est bon de rappeler aussi, notamment pour l'*I. Kœmpferi* qui est le plus cultivé, qu'il ne s'accommode pas des terres trop légères et encore moins de celles ayant été fortement allégées par une longue succession de cultures jardinières ou maraîchères. C'est donc une bonne terre argilo-siliceuse « terre à blé », qui lui convient.

Le cadre de ce mémoire est trop restreint pour pouvoir donner la liste de toutes les espèces et variétés que renferme cette section et susceptibles de se cultiver à la manière des vulgaires plantes vivaces (1).

Toutes sont ornementales par le feuillage et par leur floraison si riche et si diverse en coloris.

Nous en recommandons la culture sous tous les rapports. Elle est à la portée de tous.

La culture en vases n'est pas recommandable.

(1) Voir le volume : *Les Iris dans les jardins*, Librairie agricole, Paris.

Pour la plantation et la multiplication, voir ce qui est dit pour les *Pogoniris* Elles s'effectuent de la même manière.

SECTIONS ONCOCYCLUS, REGELIA et REGELIO-CYCLUS.

La culture des Iris de ces groupes diffère essentiellement de celle des *Pogoniris* et *Apogon*.

Pendant longtemps, la culture en a été mal comprise, et c'est pourquoi ils passent pour être de culture extrêmement difficile, et de ce fait, sont restés encore rares dans les cultures. C'est regrettable car, en général, tous les Iris de ces groupes donnent des fleurs d'une incomparable beauté :

Les Iris de ces sections craignent particulièrement l'humidité de l'hiver plus que la gelée, surtout les *Oncocyclus*.

C'est pourquoi nous recommandons la plantation tardive, novembre à février; encore celle faite en novembre doit être abritée de vitrages pour la préserver de la pluie. Nous recommandons plus particulièrement, sous notre climat, tout au moins, la plantation fin février, en pleine terre. L'essentiel dans la culture de ces Iris est d'empêcher qu'ils ne poussent avant l'hiver.

Le sol qui convient à ces Iris est une bonne terre franche, sableuse, pas trop altérée par de précédentes cultures et exempte de tout fumier frais.

A l'automne, par un beau temps, le sol doit être profondément travaillé et bien drainé. S'il est trop lourd, il faut y mélanger du sable de rivière. Il est bon aussi d'y ajouter un peu de chaux sous forme de plâtras ou détritus de murailles.

On doit toujours établir la plantation dans un endroit abrité et chaud.

Au moment de planter, et par un beau temps sec, on travaille à nouveau le terrain, sans rien y ajouter et on procède à la plantation en ouvrant des trous ou de petites tranchées assez profondes, de manière que les rhizomes soient enterrés de quatre à cinq centimètres. Avant de recouvrir, on met sur les rhizomes et autour une légère couche de poussière de chaux mélangée de poussière de charbon de bois. Après quoi, on recouvre le tout. Si de fortes gelées sévissent, on couvre un peu.

Il n'est pas d'autres soins particuliers à donner à ces Iris pendant la végétation que les soins de propreté ordinaires et quelques arrosages, si cela est nécessaire pendant la végétation.

La culture en pot ne se pratique guère; cependant, elle donne d'assez bons résultats, en ayant soin de se servir des rhizomes préalablement cultivés en pleine terre et assez forts pour faire de bonnes potées.

La période de végétation des Iris de ces groupes est courte, et dès le commencement de l'été, ils entrent au repos. Ceci se reconnaît aux feuilles qui se fanent. A ce moment, il faut les retirer de terre, les laisser un jour ou deux à mi-ombre se ressuyer, puis on les rentre dans un lieu sec, comme on le fait pour les Jacinthes et les Tulipes. C'est à ce moment qu'on doit faire la division des rhizomes; il est bon, toutefois, de ne pas les diviser en fragments trop petits.

Comme pour tous les Iris, le semis se fait aussitôt la maturité des graines, en pots ou terrines, suivant la quantité de graines. Les *Oncocyclus* surtout lèvent lentement et irrégulièrement, les *Regelia* et *Regelio-cyclus* lèvent plus facilement. Il faut donc, de la part de l'intéressé, un peu d'attente et de patience.

La terre employée pour les semis est la même que celle pour la culture en pleine terre, en ayant soin de la passer au crible.

Les semis seront faits à mi-ombre et entretenus constamment dans un état de fraîcheur modérée. On les préserve des gelées par les procédés ordinaires.

La conservation des jeunes plantes est assez difficile la première année. Il arrive qu'elles fondent avant d'arriver à leur complet repos. On peut repiquer aussitôt la levée des graines, mais il est préférable de laisser en place et d'en retirer le tout petit rhizome en été, lorsque les feuilles sont fanées, pour être replanté à la saison normale.

En terminant, nous recommandons vivement la culture de ces intéressantes filles du Levant et, en particulier, de la nouvelle série d'hybrides *Regelio-cyclus*. Ils sont excessivement vigoureux, rustiques, florifères et d'une incomparable beauté.

Sections Xiphion et Juno (I. bulbeux).

Les Iris bulbeux ne sont pas aussi anciennement cultivés que les Iris à rhizomes du groupe *Germanica*, mais grâce à de nouvelles introductions et surtout à l'obtention de nouvelles variétés aux fleurs si brillantes et si variées, ils sont rapidement devenus populaires et maintenant les *Iris Xiphium, xiphioides, reticulata, persica*, et leurs intéressants hybrides, etc., tiennent une bonne place parmi les meilleures plantes bulbeuses de nos jardins.

De culture très facile, il est des espèces et variétés pour se prêter à tous les usages horticoles, c'est-à-dire pour la culture en pleine terre, en pots, ou sous chassis.

Suivant les climats, certaines espèces précoces demandent un abri de vitrage l'hiver pour bien fleurir, tels sont les *Iris alata, persica, reticulata*; la floraison n'en est ainsi pas altérée par les intempéries. En Vendée pourtant, sauf l'*I. alata* tous nos Iris bulbeux sont cultivés à l'air libre où nous en faisons de ravissantes bordures et presque tous les ans nous sommes heureux de saluer la floraison de l'*I. sind-*

pers fin février, de l'*I. reticulata* un peu plus tard, et ensuite c'est une succession ininterrompue de floraison jusqu'à l'*I. xiphioides*.

Peu exigeants sur la nature du sol, les Iris bulbeux prospèrent dans toute bonne terre saine et pas trop humide.

L'époque de plantation la plus favorable est fin été-commencement automne. Néanmoins, on peut planter jusqu'à novembre les espèces à floraison tardive.

On plante en pleine terre, sous châssis froid ou en pots, suivant le tempérament des espèces et les usages auxquels on les destine. On aura soin, pendant la plantation, de préserver les grosses racines dont sont munies certaines espèces.

Pour la culture en pots, on aura soin de choisir des bulbes de première grosseur, de force à fleurir; on met un nombre suffisant de bulbes de manière à avoir une potée bien garnie. On enterre les bulbes de deux centimètres environ. On mouille d'abord modérément en augmentant un peu à mesure que la végétation apparaît. On abrite l'hiver par les procédés habituels.

Une fois la floraison terminée, il est bon de dépoter et mettre et pleine terre sans briser la motte formée par le pot.

En pleine terre, soit sous châssis ou à l'air libre, les bulbes seront plantés à une profondeur de 5 à 8 centimètres et à une distance proportionnée au développement des espèces. Après quoi, il n'y a plus qu'à entretenir la plantation par les soins ordinaires.

Après la floraison et lorsque les bulbes sont parvenus à maturité complète, c'est-à-dire lorsque les feuilles sont dans un état complet de dessiccation, on peut retirer les bulbes de terre, en ayant soin de ménager les grosses racines dont sont munies certaines espèces. Ils seront nettoyés, divisés et conservés dans des boîtes ouvertes jusqu'à la plantation.

Bien que les Iris bulbeux puissent être transplantés tous les ans avec succès, on peut, si l'humidité du sol n'est pas trop abondante en été, les laisser plusieurs années à la même place, sans que cela nuise à leur développement ultérieur. Il est même certain que des espèces qui ne donnent guère de caïeux gagnent dans ces conditions, à être laissées deux ou trois ans à la même place.

Les Iris bulbeux se multiplient par caïeux et par graines.

Les bulbes produisent de petits caïeux qui, relevés et replantés, servent à multiplier la plante et à la reproduire identiquement.

Le semis se fait comme pour les Iris des autres sections. La germination se fait assez régulièrement. Le repiquage des jeunes plantes ne se fait que lorsque les petits bulbes sont mûrs, jamais pendant la végétation. Il faut trois ou quatre ans de culture pour les amener à fleurir.

L'EMPLOI DES IRIS DANS L'ORNEMENTATION DES JARDINS, DES SERRES FROIDES ET POUR LA PRODUCTION DES FLEURS A COUPER

PAR

M. PHILIBERT LAVENIR

Le genre Iris, par ses grâces séduisantes et la diversité de ses couleurs, est un des plus remarquables du règne végétal. En dehors des Orchidées, il n'est peut-être pas de plante dont les fleurs soient aussi curieusement conformées; mais, tandis que les Orchidées exigent, pour la plupart, la tiède atmosphère des serres, les Iris, au contraire, sont presque tous rustiques et se contentent souvent des situations les moins favorisées. L'Iris est la plante de nos jardins par excellence, la plante idéale qui prospère avec le minimum de soins, la plante à grand effet, capable, par ses nuances vives, de fournir au paysagiste ou au jardinier un élément décoratif de premier ordre.

Tantôt d'une végétation vigoureuse et d'une taille élevée, tantôt d'un faible développement, mais toujours parés de fleurs attrayantes et s'épanouissant à des époques très variables, les Iris se prêtent également aux petits détails et aux grandes compositions. Depuis la simple bordure dans le jardin fleuriste jusqu'à la plantation par grandes masses dans le parc paysager, on apprécie, chez les Iris, ce charme de la couleur qui a dû contribuer, pour une large part, à les faire admettre parmi les fleurs populaires. D'ailleurs, le nom du genre n'est-il pas, lui-même, une évocation des teintes de l'arc-en-ciel que la belle Iris, messagère de Junon, faisait luire dans son sillage? Cette figure de la mythologie, auréolée de lumière, ne pouvait moins faire que de devenir la marraine d'une fleur aussi favorisée sous le rapport du coloris.

Nous allons donc étudier le rôle des Iris dans les jardins et nous nous appliquerons tout spécialement à montrer le parti que l'on peut en tirer dans leur ornementation.

I. — Les jardins d'Iris.

De même que nous avons créé, en France, des jardins de roses ou
« roseraies », les Anglais ont, depuis longtemps, composé des jardins avec un seul genre de plantes. Cette idée de former des scènes
spéciales avec des Narcisses, des Primevères, des Asters, des Iris,
mérite, à notre avis, d'attirer l'attention des paysagistes. Cette disposition permet d'obtenir de grands effets, à des époques différentes,
sur des points variés du parc. Ceci ne veut pas dire que la durée de
ces floraisons d'ensemble soit toujours très courte; cela dépend, évidemment, du genre de plante employé, mais, avec les Iris, la période
d'intérêt peut être relativement longue, en raison du grand nombre
d'espèces et de variétés capables de se succéder les unes aux autres,
si elles sont convenablement choisies et disposées.

C'est un des avantages de cette méthode de permettre au jardinier
des combinaisons multiples dans les assemblages des nuances qui
doivent se faire valoir mutuellement. Un large groupe d'Iris à fleurs
claires, placé près d'un autre à fleurs violettes ou pourpres, s'enlèvera en lumière par le seul effet du contraste. En règle générale, les
variétés de colorations bien franches, devront être préférées à celles
qui sont plus ou moins bigarrées ou ternes. Ces jardins, consacrés à
un genre unique, sont généralement faciles à entretenir. De même
que dans une roseraie, les Rosiers reçoivent, à certaines époques, des
façons d'ensemble : taille, fumure, etc., on donne plus facilement aux
Iris, ainsi réunis, les quelques soins qu'ils réclament de temps en
temps : division des touffes, ameublissement du sol, abri des espèces
délicates, s'il y a lieu, tandis qu'on risque fort de négliger ces plantes
si elles sont disséminées à travers la propriété.

Nous avons dit que l'attrait du jardin d'Iris peut se prolonger pendant une période assez longue, sans même avoir recours à certaines
espèces, pour la plupart bulbeuses, dont la floraison est, pour ainsi
dire, hivernale, ou tout au moins très printanière, la saison des Iris
commence en avril et se continue jusqu'en juillet.

Un jardin d'Iris n'est pas forcément un jardin botanique. On doit
seulement chercher à réunir, en assez grand nombre, des espèces ou
variétés susceptibles de fournir, dans leur ensemble, une décoration
aussi brillante et prolongée que possible. Il s'agit surtout d'aménager
un lieu agréable, empreint d'une aimable intimité, où l'on puisse
venir se reposer au milieu des fleurs et goûter le charme qu'elles
répandent autour d'elles. Il y aura tout avantage à ce que ce jardin,
conçu dans le style régulier, soit complètement séparé du reste du
parc par des rideaux de verdure, haies soigneusement entretenues ou

massifs d'arbustes verts, qui feront mieux ressortir les couleurs, tout en limitant la scène.

La figure ci-contre donne le plan d'un jardin d'Iris tel que nous le concevons.

Un grand parterre central, divisé en plates-bandes, est arrangé en boulingrin, légèrement enfoncé par rapport à l'allée principale qui en fait le tour et à un large terre-plein en demi-cercle. Des marches d'escalier, serties dans le talus de gazon, donnent accès à ce jardin creux. Le tout est entouré d'une haie, contre laquelle s'adosse une plate-bande continue. Quelques bancs, espacés au bord de l'allée supérieure, permettent au visiteur de s'arrêter devant les corbeilles du parterre situées en contre-bas.

Voyons maintenant la composition du jardin au point de vue de sa plantation. Toutes les plates-bandes sont bordées par un filet d'*Iris pumila* (ou *chamœiris*) de teintes claires et d'une même variété pour chacune d'elles. Ceux-ci ouvriront la série des floraisons en avril-mai, en dessinant, presque au ras du sol, des lignes de couleurs tendres. Le fond des corbeilles n°s 1, 5, 6 et 7, est planté surtout en *Iris intermédiaires*, disposés en larges plaques d'une même variété : *I. pumila, chamœiris, arenaria, graminea*. Comme ces corbeilles, ainsi garnies, seraient trop rapidement défleuries, on leur mélangera des Iris un peu plus tardifs tels que les *Iris sibirica* et leurs belles variétés *orientalis* et *orientalis alba*. Les quatre corbeilles n° 3 sont composées d'Iris variés, à raison de deux couleurs différentes par corbeille, par exemple : *I. germanica* pourpre avec *I. florentina* blanc ; *I. flavescens* jaune avec *I. neglecta* bleu ; *I. pallida* mauve avec *I. variegata* jaune ; *I. amœna* blanc avec *I. squalens* lilas. Pour donner plus de légèreté à l'ensemble, on placera encore, entre les touffes, des *I. Xyphium* et *xiphioides*. Les massifs circulaires n° 2 sont plantés d'espèces plusi hautes qui en occupent le centre : *I. ochroleuca, aurea, Monnier* jaunes, *spuria*, var. *Notha* et *I. monspur* bleus. Entre le filet d'*I. pumila* et les espèces ci-dessus, un large bandeau est encore réservé aux *I. sibirica* et leurs variétés.

La corbeille n° 4 pourrait être plantée toute entière en *Iris Kœmpferi*, si la terre était forte et fraîche. Dans le cas contraire, il serait très intéressant de remplacer cette corbeille par un bassin de même forme, ayant une faible profondeur d'eau, et dans lequel on cultiverait ces *I. Kœmpferi* et quelques autres espèces paludéennes : *I. Pseudacorus* et sa variété panachée, *I. acoroides* aux fleurs jaune soufre.

Enfin, la grande plate-bande entourant le jardin, contre le rideau de verdure (n° 8) est une macédoine d'espèces variées dont les floraisons s'échelonnent pendant toute la saison des Iris. Bien entendu, les grandes espèces sont placées en arrière, vers la haie, les moyennes au milieu et les naines en avant, près de l'allée.

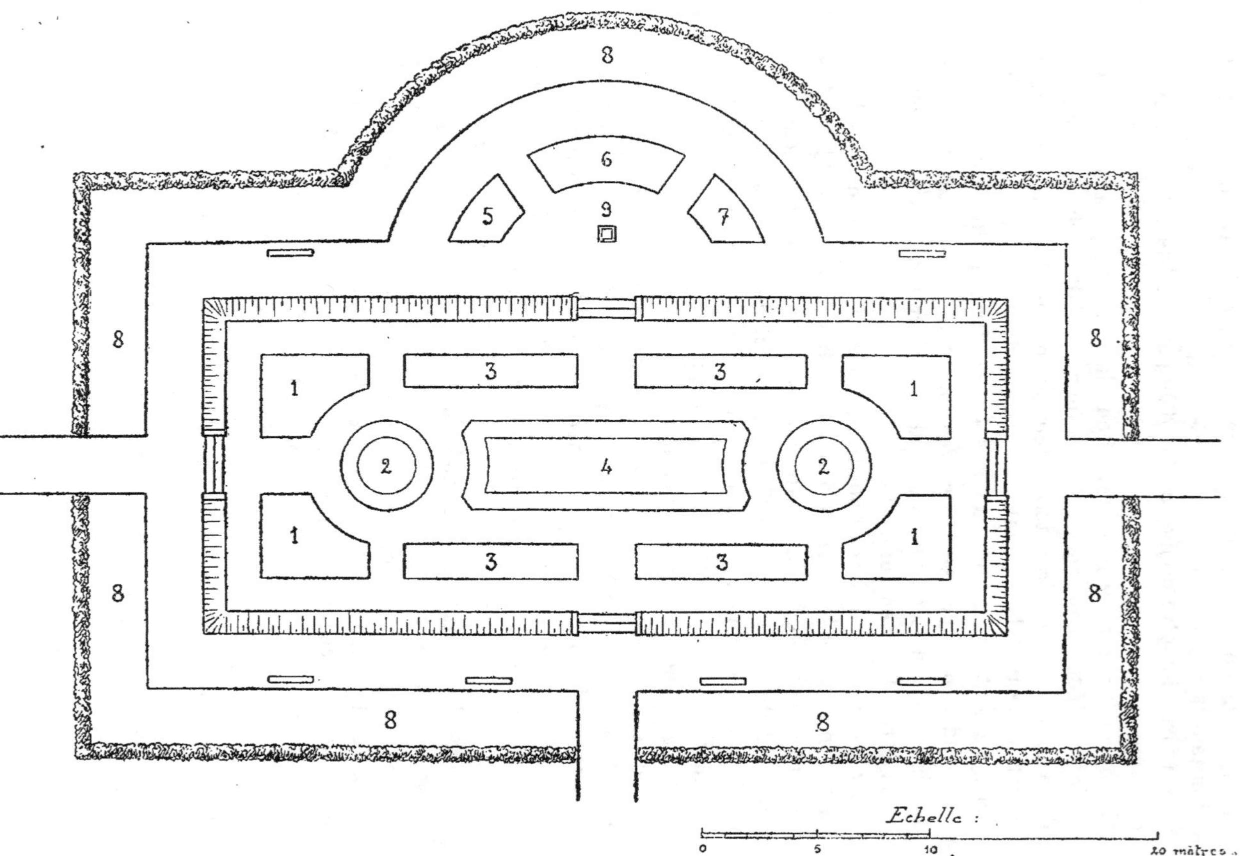

Plan d'un jardin d'Iris.

Un vase de pierre (n° 9), situé au centre des corbeilles 5, 6, 7, agrémente le tout d'une note d'architecture ; dans ce vase, sont plantés quelques *Iris germanica* ou *pallida* à feuilles panachées.

Cette composition du jardin d'Iris n'est qu'une indication. Elle pourra varier avec le goût et la fantaisie de chacun. Ainsi, au lieu de mêler, dans chaque corbeille, deux variétés de couleurs différentes, on obtiendra un effet plus puissant en n'en mettant qu'une seule. Si, au contraire, le propriétaire est un collectionneur, un tel jardin se prêtera à merveille à la satisfaction de ses goûts, mais il ne faut pas perdre de vue que la multiplicité des variétés ne peut se faire qu'au détriment du coup d'œil général.

II. — Scènes paysagères.

Ici, nous entrons dans le domaine des conceptions les plus variées. La diversité qu'offrent les situations, l'aspect et l'étendue des espaces à planter, vont nous permettre de nous servir des Iris comme le peintre se sert des couleurs de sa palette, soit qu'il s'agisse d'orner des talus, des enrochements, les côtés d'une allée de promenade, de fleurir les abords d'une pièce d'eau ou d'un ruisseau, d'égayer des murs en ruine ou de vieux toits de chaume, soit qu'on veuille créer de grands effets de couleur comme on le fait en Angleterre avec les Narcisses, partout nous trouverons, dans les nombreuses espèces ou variétés d'Iris, la plante qui convient à ces divers emplois.

a) Talus et Rocailles. — C'est surtout pour la garniture des pentes sèches que les Iris sont d'un secours précieux. Même lorsqu'ils sont livrés à eux-mêmes et qu'ils ne reçoivent aucun soin de culture, ils fleurissent souvent en abondance. Nous connaissons, aux environs de Lyon, des talus de chemin de fer qui sont littéralement couverts d'Iris violets, au mois de mai, et ces Iris réussissent à vivre dans un terrain caillouteux, très sec en été.

Tous les Iris des jardins s'accommodent bien de ces situations désavantagées. Si le talus est exposé en plein midi, on pourra essayer avec chances de succès le gracieux petit *I. stylosa*, dont les fleurs lilas-clair s'épanouissent souvent en plein hiver et dont le feuillage forme un tapis vert, très serré. On a remarqué que cette espèce fleurit mieux après un été chaud et sec, les plantes ayant eu une période de repos plus complète. Si, au contraire, le talus est à l'ombre, orientation défavorable à la plupart des Iris, il faudra choisir l'*I. fœtidissima*, un des rares qui s'accommodent des situations sans soleil. Ses fleurs ne sont pas très ornementales, mais la plante est d'un bel effet à l'automne et en hiver, quand ses capsules entr'ouvertes laissent apercevoir les graines d'un beau rouge-corail. Il en existe une variété à feuilles

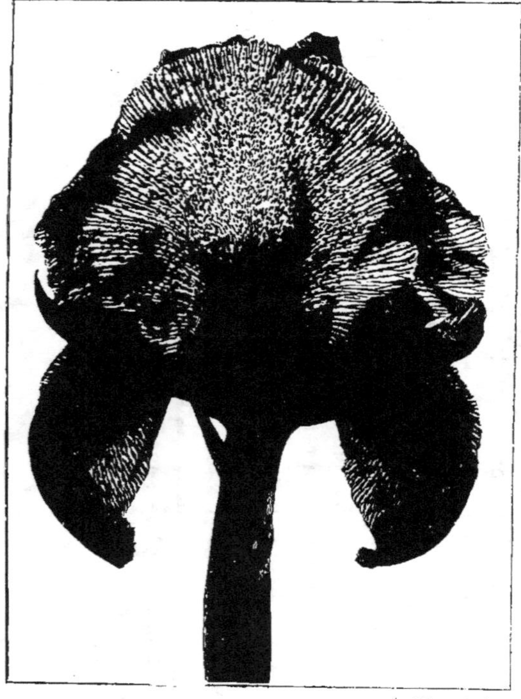

(Photo S. M.).

Iris susiana.

(Photo Hoog).

Iris iberica.

(Photo Hoog).

Iris iberica ochracea.

panachées, très intéressante, précisément par le contraste qu'offre la couleur des graines avec la panachure blanche du feuillage. Son nom de *fœtidissima* ne doit pas être un obstacle à sa plantation, car il ne devient fétide que lorsqu'on froisse les feuilles. Cette plante est assez abondante dans les ravins et les pentes du Mont-d'Or lyonnais, où on la trouve souvent le long des haies ou à la lisière des bois.

Les Iris des terrains secs permettent aussi de décorer des rochers qu'il serait difficile de garnir autrement. Il faut, en effet, peu de terre pour que ces Iris parviennent à s'implanter dans les creux de la roche et, s'ils n'y prennent pas un développement aussi parfait que dans une plate-bande de jardin, ils s'y maintiennent suffisamment bien et, en tout cas, mieux que beaucoup d'autres plantes. Il existe, aux environs de Vienne (Isère), des escarpements rocheux où les Iris se sont naturalisés ; ces collines s'éclairent, au printemps, de floraisons mauves ou pourpres qui ne manquent pas d'attirer l'attention des amis des fleurs.

Dans les rocailles de faible importance, dans les jardins alpins où les plantes sont destinées à être vues de près, et où l'on peut, en même temps, leur donner quelques soins particuliers, il sera intéressant d'essayer la culture des petites espèces bulbeuses, dont plusieurs s'épanouissent en hiver ou au début du printemps. De ce nombre sont les *Iris Vartani*, bleu-lavande et à fleurs odorantes, *Histrio*, bleu clair, et *Histrio alba*, *histrioides*, bleu vif, *Bakeriana*, bleu-violet, et le charmant *Iris alata* ou *Iris scorpion*, dont la couleur varie du bleu au blanc et qui ressemble à une Orchidée ; cette dernière espèce souffre de nos hivers et elle est à conseiller surtout dans le Midi. En général, tous ces Iris bulbeux sont un peu délicats, et c'est seulement dans les situations bien ensoleillées et dans les sols bien drainés que l'on peut espérer les cultiver avec succès.

Nous conseillerons encore, dans les rocailles, l'*Iris stylosa*, dont nous avons déjà parlé, et qui est beaucoup moins délicat que les précédents ; c'est, d'ailleurs, une espèce à rhizomes. Planté en touffes isolées ou associé avec des Narcisses précoces, des Perce-neige, des Scilles, cet Iris, dont la floraison est surtout abondante en mars, sous nos climats du centre, produit le plus gracieux effet.

b) BORDS DES EAUX ET DES ALLÉES. — Il est assez fréquent de rencontrer, dans les jardins, sur les rives des pièces d'eau, des groupes d'Iris n'appartenant pas aux espèces aquatiques ou des terrains humides. Les *Iris germanica* ou hybrides variés et, pour mieux dire, la plupart des Iris vigoureux, sont souvent plantés à proximité de l'eau ; il est vrai que ce voisinage ne signifie pas forcément que le terrain soit marécageux, car il s'agit, la plupart du temps, de pièces d'eau ou de ruisseaux cimentés ; mais on peut en conclure que les jardiniers et les amateurs ont reconnu depuis longtemps que les Iris se prêtaient admirablement à cet emploi. L'eau apporte, dans les jardins, un élément de vie, de mouvement, et fait naître une impression de gaité ; il est tout naturel que l'on cherche à accentuer encore cette impression, en réservant à l'ornementation des bords des pièces d'eau, des plantes, comme les Iris, aux fleurs de couleurs vives et très voyantes.

Quelques espèces sont particulièrement aptes à vivre dans les terrains qui sont vraiment humides. L'*Iris Pseudacorus*, la Flambe d'eau, est une de nos plus jolies plantes indigènes ; ses belles fleurs jaunes, portées sur de hautes tiges, s'ouvrent au soleil de mai, parmi les grandes herbes des étangs. Il peut être traité comme une véritable plante aquatique, à condition toutefois que la profondeur d'eau soit faible. Les *Iris sibirica*, aux élégantes fleurs blanc et bleu, *Iris acoroides*, jaune soufre, *fulva*, brun rougeâtre, *Monnieri*, *aurea*, aux larges corolles d'or, *ochroleuca*, jaune et blanc, *spuria*, bleu clair, s'accommodent très bien d'un sol humide ou marécageux. Ces quatre derniers sont des plantes vigoureuses, pouvant atteindre 1 mètre à 1 m. 50 de hauteur. Nous avons cultivé longtemps la belle variété de l'*Iris spuria*, connue sous le nom d'*Iris Notha*, que nous ne saurions trop recommander.

Enfin, il est une catégorie d'Iris, aux fleurs étonnantes par leur grandeur et la fraîcheur de leur coloris, qui sont venus apporter dans les jardins d'Europe la splendeur des laques transparentes et le caractère étrange de l'art japonais. Nous voulons parler des *Iris Kœmpferi* ou *lœvigata*. Dimension inusitée des fleurs, délicatesse des nuances, élégance des formes, telles sont les qualités qui font de ces Iris les plus beaux parmi les espèces connues. L'*Iris Kœmpferi* est cultivé au Japon depuis fort longtemps sur d'immenses étendues et les publications horticoles ont bien souvent reproduit des photographies de ces champs d'Iris multicolores qui doivent être, pour les yeux, au moment de la floraison, un ravissement sans égal. Cet Iris affectionne les terrains humides ou inondés, mais ce serait une erreur de croire qu'il soit absolument nécessaire de le placer dans l'eau. Nous avons pu voir, autrefois, dans les cultures de la Maison Vilmorin, à Verrières, des *Iris Kœmpferi* magnifiques, qui prospéraient en plein jardin, étant seulement tenus fréquemment arrosés. De toutes façons, ces beaux Iris sont tout désignés pour les plantations à proximité de l'eau.

Il n'est pas sans intérêt de signaler ici une façon très originale, inventée par les Japonais, pour cultiver les Iris paludéens. Nous devons la connaissance de ce procédé à notre ami, M. Correvon, qui l'a décrit dans un de ses ouvrages. Il s'agit des Iris cultivés sur radeaux. Dans une sorte de caisse plate, formée par des pièces de bois assemblées, on place de la terre dans laquelle on plante des *Iris Kœmpferi*. Ces radeaux sont ensuite dispersés à la surface de la pièce d'eau, et, dans ce sol constamment mouillé, ces plantes prospèrent, paraît-il, admirablement. C'est là une idée fort ingénieuse qui mérite d'être mise en application. L'aspect de ces îlots d'Iris, mirant leurs couleurs dans le cristal de l'eau, fait penser à ces « vaisseaux de fleurs », formés de Pistias et de Nénuphars, dont parle Chateaubriand, et sur lesquels des hérons et des flamands s'embarquent, passagers, au pays d'Atala.

Les mêmes principes, suivis pour la plantation des Iris près des pièces d'eau, peuvent s'appliquer à la décoration des bords des allées. Quelques touffes distribuées, de loin en loin, sur le gazon égaient la promenade. Presque toutes les sortes rustiques sont aptes à être employées dans ces conditions : *Iris germanica* variés, *pumila*, *pallida* à feuilles panachées, *florentina*, *Xiphium*, *xiphioides*, etc. Il sera bon de choisir, pour placer ces groupes d'Iris, les parties de gazon limitées en arrière par des massifs de verdure; les fleurs se détachant sur ce fond vert seront plus effectives. Pour la même raison, on profitera aussi du voisinage des arbustes isolés et on pourra même obtenir de très jolies scènes en disséminant, parmi les touffes d'arbustes bas, quelques grands Iris qui les dépasseront au moment de la floraison, comme on le fait quelquefois avec certaines variétés de *Lilium* que l'on plante parmi les Azalées ou de petits Rhododendrons.

c) Vieux murs et vieux toits de chaume. — L'Iris, écrivait Alphonse Karr, « sur la crête des pauvres toits de chaume, leur donne une splendeur que l'art ne saurait imiter que de loin, une richesse qui manque au séjour des rois et même aux palais des voleurs! » Rien n'est plus charmant, en effet, que ces touffes d'Iris accrochées aux vieilles toitures de paille à demi-décomposées et qui trouvent, dans cet élément, un terreau qui suffit à leur croissance.

Ce que nous avons dit au sujet de la plantation des Iris dans les rochers peut se répéter en ce qui concerne l'ornementation des vieilles murailles et des ruines. Partout où il aura été possible d'amasser un peu de terre dans les anfractuosités des pierres, l'Iris parviendra à se fixer et à vivre. L'idée de fleurir les murs, constitués en pierres sèches, est trop rarement réalisée en France. Que de plantes saxatiles ou xérophiles, cependant, sont susceptibles de répondre à cette utilisation pittoresque! Les Iris des terrains secs comptent parmi celles qui peuvent le mieux réussir dans de telles conditions. Un vieux mur fleuri d'*Iris germanica*, *pumila*, *florentina* ou *tectorum* serait une tentation pour le pinceau d'un artiste, et quels séduisants tableaux on pourrait composer en alliant aux Iris d'autres plantes de murailles, plus étoffées et fleurissant en même temps :

Alyssum saxatile jaune d'or, *Aubrietia* mauves, *Saponaria ocymoides* roses, aux gracieuses corolles étoilées, Saxifrages aux panicules légères, etc… Ces exemples sont fréquents dans les jardins d'Angleterre, où l'on trouve moyen de cultiver des plantes jusqu'au milieu des allées dallées en pierre ou en briques, et même entre les marches des escaliers.

Quand on construit, dans un jardin, un mur de ce genre, on devrait toujours avoir soin de placer entre les diverses couches de pierre, un lit de terre végétale, afin de pouvoir habiller les parois de ce mur avec des plantes. Les ressources de l'art horticole et paysager sont infiniment nombreuses et variées. Il appartient au jardinier de les utiliser dans tous les cas possibles et de mettre son savoir et son ingéniosité à créer de la beauté même dans les situations qui semblent, à première vue, s'y prêter le moins.

d) Effets de couleur par des plantations étendues. — Cette question touche de très près à celle des jardins sauvages dont M. W. Robinson s'est fait l'apôtre si éloquent dans son beau livre : *The Wild Garden*. Dans cet ouvrage, il est dit que les Iris peuvent faire à eux seuls un jardin sauvage. Rien n'est plus vrai, et quel prestigieux jardin on pourrait obtenir par des plantations étendues, imitant les peuplements naturels d'Iris dans leurs contrées d'origine! Quel rayonnant tableau, quelle symphonie de couleurs, ces plantes, disposées avec art, seraient capables de produire !

Il y a quelques années, nous étions à Gavarnie, dans les Pyrénées, avec la Société botanique de France. C'était à la fin de juillet. Les pelouses, d'un vert d'émeraude, à travers lesquelles coule le Gave de Pau, étaient illuminées par des milliers d'*Iris xiphioides* aux fleurs bleues comme le ciel d'Aragon. Ils étaient si nombreux, ces Iris, que nous herborisions pendant de longues heures en circulant à travers leurs tiges sveltes, comme on passe dans nos Alpes, des journées entières parmi les Gentianes.

Ne pourrait-on créer, dans les pelouses des grands parcs, des scènes de ce genre avec ce même Iris, auquel viendraient s'adjoindre les belles variétés horticoles que cette espèce pyrénéenne a données par la culture et l'hybridation? Ne serait-il pas possible de réaliser avec l'*I. xiphioides*, et peut-être avec d'autres, des champs de fleurs qui rappelleraient les champs de Narcisses des parcs anglais? C'est en regardant s'agiter, sous la brise, les trompettes légères des Narcisses de Warley, chez Miss Willmott, par une tiède journée d'avril, que nous avons compris, pour la première fois, ce que c'était que le « wild gardening ». Et nous avons pensé alors aux Iris des Pyrénées que nous venions de voir quelques mois auparavant.

Nous dirons, de suite, que chez nos voisins d'Outre-Manche, les Iris ont déjà été employés de cette façon ; il suffit de feuilleter leurs publications horticoles pour y trouver de fort belles illustrations de jardins d'Iris, plantés dans le style naturel, comme celui de Clandon Park. Citons encore le jardin de M. Wilson, à Wisley, signalé par M. Correvon, dans son livre sur les Iris, où il fut planté, en une seule année, 30.000 *Iris lævigata* sur les rives d'un petit lac. Voilà un bel exemple de plantation par grande masse. Peupler une portion importante d'un parc avec ces plantes, c'est aboutir à créer un véritable jardin d'Iris, mais un jardin qui, au lieu d'être conçu suivant des lignes géométriques, devient une reproduction, en petit, évidemment, de ces « déserts d'Iris » qui avaient enthousiasmé Pierre Loti au cours d'un de ses voyages au Maroc.

Il est fort probable que, dans certaines parties délaissées des vastes propriétés, où l'herbe n'est pas soumise à la fauchaison, on pourrait naturaliser un certain nombre d'espèces d'Iris. Mais le meilleur moyen d'obtenir sûrement un bon résultat est de leur consacrer toute une pièce de terrain, de la défoncer et de la planter entièrement avec des Iris, groupés par variétés ou espèces séparées. On aura ainsi la facilité de leur donner quelques soins de culture aussi bien que dans une plate-bande régulière et, quand la floraison se produira, tout le paysage sera transformé : un ravissant tapis polychrome réjouira les yeux et sera d'autant plus beau qu'il sera plus étendu.

C'est, d'ailleurs, la règle de toutes les plantations destinées à produire beaucoup d'effet. Planter en grand une seule espèce. Qu'on en prenne pour exemple les prairies de Gentianes dont nous parlions tout à l'heure, les sous-bois de Perce-neige dans les montagnes, ou, plus simplement, les champs de Bruyères de nos landes incultes, et qu'on les compare au rôle effacé que jouent ces mêmes plantes quand on les rencontre par touffes isolées dans les jardins. Il en est de même pour tous les végétaux.

On objectera, dans bien des cas, la dépense nécessitée pour réaliser des plantations d'aussi vaste envergure. Cette dépense est réelle, mais quand il s'agit d'une plante vivace comme l'Iris qui présente, en outre, l'avantage de n'être pas difficile sur la qualité du sol et peu exigeante au point de vue de sa culture, il semble que les frais sont largement compensés par le résultat obtenu.

III. — Les Iris dans les plates-bandes de plantes vivaces.

Depuis quelques années, les plantes vivaces tendent à revenir en faveur auprès du public de notre pays. Les exemples qui nous viennent d'Angleterre, vulgarisés par les soins de certaines publications françaises richement illustrées et par les efforts de nos horticulteurs spécialistes, commencent à trouver chez nous des admirateurs et, heureusement aussi, des imitateurs. Il est prouvé qu'en choisissant bien les espèces, en les groupant convenablement dans de larges plates-bandes, de forme régulière ou irrégulière, on peut réaliser, avec ces plantes, des décorations florales très brillantes. Le prix élevé des plantes, dites « à massifs », qu'il faut renouveler chaque année, est une raison de plus pour orienter les amateurs vers la culture des plantes rustiques.

Dans ces compositions, qui se prêtent à de très nombreuses combinaisons, les Iris sont appelés à jouer un rôle extrêmement important. Toutes les espèces vigoureuses peuvent y trouver leur place : *I. pumila*, en bordure, associés avec d'autres plantes naines; *I. germanica, Xiphium, fragrans, flavescens, sibirica, florentina, xiphioides*, dans le milieu; *I. ochroleuca, Monnieri, spuria, aurea*, en arrière. Le jardinier n'a que l'embarras du choix parmi la diversité des coloris qui existent aujourd'hui, non seulement dans les espèces types, mais encore et surtout dans les nombreuses variétés d'Iris des jardins, désignés fréquemment sous le nom d'*I. germanica variés*. Les fleurs disposées en plates-bandes sont généralement destinées à être vues de près; c'est donc là qu'on pourra placer les plus beaux Iris, ceux qui sont les plus parfaits au point de vue de leurs formes et de leurs coloris. Parmi les plus remarquables Iris actuellement connus, nous ne saurions trop recommander les magnifiques nouveautés, de la série des *macrantha*, obtenues par la Maison Vilmorin, qui portent les noms d'*Opéra, Oriflamme, Alcazar, Ambassadeur, Ballerine, Cluny, Déjazet, magnifica, Diane, Archevêque, Eldorado*, etc., que nous avons plusieurs fois admirés soit à Verrières, soit aux expositions parisiennes de printemps. Il suffit, d'ailleurs, de consulter les catalogues des maisons spécialisées dans les plantes vivaces pour y trouver un choix de superbes variétés, d'obtention relativement récente qui laissent loin derrière elles les Iris d'autrefois.

IV. — LES IRIS CULTIVÉS POUR LA FLEUR A COUPER.

L'Iris, cette fleur des artistes, serait un brillant appoint pour les éventaires des fleuristes si les tiges de toutes les espèces du genre étaient également aptes à se conserver dans l'eau. Malheureusement, on peut reprocher aux *I. germanica* leur peu de durée comme fleurs coupées; les fleurs qui sont déjà ouvertes se flétrissent très vite et les boutons encore fermés s'épanouissent assez mal.

Par contre, il est des Iris qui sont fort appréciés pour cet usage. Les merveilleux *I. Kœmpferi*, le grand *I. ochroleuca*, les *I. Monnieri* et *I. aurea*, l'*I. Notha* et l'*I. Monspur*, toujours très recherchés, les

I. sibirica enfin et surtout les *I. Xiphium, xiphioides* et leurs jolies variétés, se conservent facilement dans l'eau pendant huit jours. Dès le milieu de mars, chaque année, on peut voir les magasins approvisionnés avec l'Iris de Suze, aux curieuses fleurs tigrées de brun, et le bel Iris hollandais *Imperator*, aux fleurs bleues et jaunes portées sur de longues tiges fermes.

D'une façon générale, on recommande de cueillir les Iris au moment où le périanthe commence à s'ouvrir. Dans cet état, ils sont moins fragiles qu'à leur complet épanouissement et il est plus facile de les emballer et de les transporter. Ils finissent alors de s'ouvrir quand les tiges sont placées dans l'eau.

V. — Ornementation des serres froides.

Au jardin botanique de Kew, où nous avons pris d'intéressantes notes sur les Iris, il existe une serre froide, d'un caractère tout spécial, que les promeneurs ne manquent pas d'aller voir quand ils visitent le jardin en hiver ou au début du printemps. C'est la serre des plantes alpines. Nous ne nous étendrons pas sur les avantages de cette présentation particulière des joyaux de la haute montagne, ne voulant pas sortir de notre programme, mais c'est dans cet abri vitré que nous avons vu, pour la première fois, des Iris employés pour orner les serres froides. Il y avait là, cultivés dans de petites terrines, des *I. Bakeriana, stenophylla, Danfordiæ, reticulata, scorpioides*, dont les larges corolles bleues, jaunes ou violettes, voisinaient avec des potées de Saxifrages et autres plantes de rocailles.

Dans le « Conservatory » du même établissement, il n'était pas rare de voir les Iris mêler la fraîcheur de leurs couleurs aux éclatantes floraisons des plantes, forcées ou non, qui font la gloire de cette serre pendant une grande partie de l'année. L'*Iris japonica* opposait ses fleurs bleu-clair à médiane jaune aux boules roses des Bégonias *Gloire de Lorraine*; l'*I. stenophylla*, lilas et jaune, brillait parmi les Epacris, les Jacinthes, les Primevères de Chine.

Beaucoup d'Iris pourraient être cultivés en pots, comme ceux que nous venons de citer et ils seraient alors précieux pour décorer non seulement les serres, mais aussi les appartements. Les petites espèces bulbeuses sont particulièrement désignées pour être traitées ainsi. Comme elles craignent, pour la plupart, l'humidité de l'hiver, il sera plus facile, étant en pots, de les soustraire à cette humidité au moment voulu; pour cette même raison, il sera utile de drainer fortement les pots ou les terrines. La floraison précoce de ces petits Iris bulbeux est un avantage que le jardinier saura mettre à profit. A condition d'être placés sous de simples châssis froids, ils s'épanouissent à une époque où les fleurs sont rares. Certains d'entre eux, comme les *I. persica* et *scorpioides* sont susceptibles de former de jolies potées lorsqu'ils sont mélangés à d'autres plantes bulbeuses diverses, telles que les Crocus, les Scilles, les Jacinthes simples, les Tulipes *Duc de Thol.*

Les Iris du groupe des *Oncocyclus*, qui sont souvent détruits par l'hiver, lorsqu'ils sont en pleine terre, se trouvent très bien de la culture en pots. Remarquables par la grandeur de leurs fleurs, et d'une taille plus élevée que les Iris bulbeux, dont il vient d'être parlé, ils peuvent apporter dans les serres froides un élément décoratif de première valeur.

Sous le climat de Lyon, la floraison très hâtive de l'*I. stylosa* est presque toujours compromise par la neige ou la gelée. Cet inconvénient n'existe plus si on peut abriter les plantes sous un châssis. Elles épanouissent alors librement leurs fleurs délicates et fragiles comme elles le font dans le Midi de la France, où l'azur de leurs corolles est une des grâces des jardins de là-bas. L'*I. Xiphium* se cultive facilement en pots. Au printemps dernier, nous avons admiré à Verrières une superbe terrine de l'*I. Imperator*, dont la vive couleur bleue attirait de loin l'attention. L'*I. reticulata*, déjà cité, est un des meilleurs pour la culture en pots.

La floraison des Iris précoces se trouve encore devancée par la culture sous verre. Il ne s'agit pas, bien entendu, d'un forçage proprement dit, les Iris ne s'y prêtent qu'assez difficilement, mais simplement d'une légère avance sur l'époque normale de leur épanouissement.

Nous venons de passer en revue les divers emplois auxquels sont susceptibles de se prêter les Iris dans les jardins. Cette tâche nous a été d'autant plus facile et agréable qu'elle a contribué à faire revivre en nous le souvenir de journées charmantes passées autrefois parmi ces plantes. Tel feuillet de notre carnet de notes nous rappelait les beaux Iris du Jardin botanique de Cambridge, tel autre les riches collections de Miss Willmott, à Warley. Toutes ces impressions, déjà lointaines, sont revenues à notre esprit avec la même fraîcheur qu'au moment où, modeste jardinier, elles faisaient les délices de nos heures de loisir.

Puissent nos lecteurs trouver dans la culture de ces fleurs, des satisfactions aussi profondes que celles que nous avons éprouvées dans leur étude.

LES IRIS DANS LES JARDINS ET DANS LES ARTS DÉCORATIFS

PAR

M. Georges BELLAIR

Nous entendons dire, parfois, de la beauté de certaines choses qu'elle est incomparable et nous en concluons qu'elle est au-dessus de tout. Nous ne pouvons pas affirmer cela de la beauté des Iris puisque, au contraire, nous l'avons comparée à celle de certaines Orchidées ; mais cette comparaison nous sert. Si un Iris est comparable à un *Sobralia*, à un *Cattleya*, à un *Stanhopea*, c'est donc qu'il en a la beauté. Parfois, il la dépasse.

L'aspect d'un *Iris pallida* en fleurs évoque en moi le souvenir d'un *Vanda cœrulea*, mais je pousse plus loin la comparaison et c'est l'Iris qui l'emporte : par les reflets nuancés de leur bleu, par leur port, par l'étoffe de leurs pièces florales, les fleurs de l'Iris se montrent plus amples, plus imposantes, plus belles. En outre, le *Vanda cœrulea* est de serre chaude et l'*Iris pallida* est de plein air. Mais ceci n'est plus de l'esthétique.

Ainsi, les Iris nous apparaissent comme des sortes d'Orchidées rustiques avec des formes aussi curieuses, aussi élégantes ; des couleurs aussi rares, plus variables, sinon plus brillantes et associées avec plus d'imprévu.

Cette variabilité à souvent une influence considérable sur le sort et le commerce d'une plante. Souvenez vous des Tulipes au xviiᵉ siècle. Les semeurs hollandais en faisaient naître des formes curieuses. C'était nouveau. Il y eut alors une passion sans frein pour les Tulipes. Des gens y consacrèrent leur fortune. Ce fut le commencement d'une grande prospérité pour les cultivateurs de Haarlem, Sans aller aussi haut, la popularité des Iris pourrait bien grandir dans le même sens, mais il faudrait d'abord écarter l'appellation « d'Orchidées du pauvre » que nous leur avons donnée un peu trop promptement et qui jette sur eux un discrédit regrettable. Nous voulions grandir les Iris et nous les avons diminués. Qui sait si cette appellation ne leur a pas fermé certains parcs où cela est une consigne de n'admettre que ce qui est rare et cher.

Heureusement, une réaction s'est produite : Des amateurs généreux et enthousiastes ont créé des prix importants pour les Iris nouveaux les plus méritants, et ceci est le commencement d'une faveur qui grandira au fur et à mesure que se multiplieront les variétés considérées et les emplois qu'on leur peut donner.

Parmi ces emplois, voici ceux où les Iris sont traités comme objets d'ornement, soit dans les jardins, soit dans les arts décoratifs.

Dans les jardins, ce sont les modèles vivants que nous employons. Dans les Arts décoratifs, au lieu des modèles, nous n'utilisons plus que leurs portraits, peints ou gravés, tissés ou brodés, sculptés, ou forgés.

LES IRIS DANS LES JARDINS.

Au jardin, le premier emploi pour lequel on songe aux Iris est celui de vedette dans les plates-bandes ou les corbeilles de plantes vivaces. Là, ils formeront des groupes homogènes, c'est-à-dire ne renfermant qu'une seule variété par groupe; celui-ci sera à fond jaune avec *Canari*, *Darius* ou *Prince d'Orange;* un autre sera à fond bleu avec *Tamerlan*, *pallida* ou *Crépuscule*; un troisième sera à fond violet avec *germanica*, *Kharput*, *Molière* ou *Alcazar*; une quatrième à fond rose avec *Queen of May*, *Caprice* ou *Chérubin* et un cinquième à fond rouge ou rougeâtre avec *Duc Decazes*, *Prosper Laugier*, *Edouard Michel* ou *Peau rouge*. On pourra aussi faire des groupes à part avec chaque variété bicolore, comme *Loreley*, *Jeanne d'Arc*, *Juliette*, *Mme Blanche Pion*, etc.

Mais c'est en entrant seuls dans la composition de grandes corbeilles que les Iris procurent des effets décoratifs d'une incomparable beauté. On aura le choix entre une plantation homogène, imposante par l'idée de richesse qu'elle évoque, et une plantation en mélange toujours plus gaie.

Dans la plantation en mélange, il y a deux méthodes. La première ne va pas sans une certaine homogénéité, puisqu'elle n'assemble que les variétés de même couleur, mais de tons différents, par exemple *pallida speciosa*, *pulcherrima*, *Tamerlan*, *Crépuscule*, *Cluny*, *Diane*, etc. à fleurs bleues ou bleuâtres. Ces sortes de compositions sont d'une grande harmonie.

Les couleurs chanteront avec plus de vigueur dans les compositions franchement bi- ou tricolores; mais si nous voulons quand même réaliser une certaine harmonie, il faudra qu'une couleur domine et commande les autres. Ici, comme dans beaucoup de cas, l'harmonie est une hiérarchie, une soumission de plusieurs éléments à un autre plus fort. On pourra donc faire dominer les Iris violets, par exemple dans une composition où ils s'associeront aux seuls Iris jaunes ou aux Iris jaunes et aux Iris bleus.

Une autre préoccupation est celle de la floraison d'une corbeille d'Iris considérée dans sa durée. En vue de prolonger cette floraison, on associera par moitié des variétés de première et des variétés de seconde époque, on les plantera très serrées et en les alternant. De cette façon, la floraison du groupe des précoces suffira à colorer la surface entière de la corbeille et quand elle sera finie, la floraison des Iris tardifs l'aura déjà remplacée, c'est-à-dire que les deux floraisons se succèderont sans intervalle apparent, doublant la durée de l'effet décoratif.

Le tempérament des Iris est tellement souple, leur pouvoir de s'adapter tellement grand, qu'on les voit végéter normalement jusque dans les sous-bois clairs, mais ici leur floraison est réduite. En essayant, dans ces conditions, les nombreuses variétés d'*Iris germanica*, on en trouverait vraisemblablement chez lesquelles le pouvoir florifère élevé permettrait une adaptation plus parfaite encore et une floraison appréciable à l'ombre.

Pour ces mêmes situations ombragées, on trouve une précieuse plante dans l'*Iris fœlidissima variegata* qui s'y plaît.

Sur les talus, les Iris seront à la fois des ornements et des fixateurs du sol.

La résistance des *Iris germanica* hybrides à la sécheresse est considérable ; aussi ces plantes sont-elles indiquées pour garnir les rocailles et les vieux murs. On verra peut-être un jour des rocailles entièrement décorées d'Iris. Les variétés naines du groupe des *I. pumila* sont tout indiquées pour cela comme pour créer des bordures, en raison de leur petite taille.

Dans les vases qui ornent les balustrades, les murs de terrasse, le sommet des pilastres flanquant l'entrée des parcs, les Iris prospèrent encore. Vous les verrez là végéter presque sans eau, lutter contre l'aridité du sol et de l'air et lui opposer une résistance qui n'est atteinte que par certaines plantes grasses, telles que les Joubarbes et les Sedums. Mais si vous voulez obtenir, dans ces conditions, une végétation et surtout une floraison véritablement belles, il faudra renouveler chaque année les plantes et le sol des vases considérés.

Coupées, toutes les fleurs d'Iris, mais surtout celles à longues hampes, *Mmes Guerville, Canari, Crépuscule, Clio, Jacquesiana, Rébecca*, et encore les variétés à très grandes fleurs : *magnifica, Ambassadeur, Eugène Bonvallet, Goliath*, etc., forment des gerbes d'un cachet décoratif hors ligne. Sans doute, la durée de chaque fleur est un peu éphémère, mais sur chaque hampe baignant dans l'eau, la floraison se poursuit de bouton en bouton et la durée de la gerbe est prolongée d'autant.

Pour suivre les *Iris germanica*, en juin, nous avons la floraison des *I. Monspur, ochroleuca, sibirica, virginica*, et pour les précéder nous avons les Iris nains (*I. pumila*) dont la floraison s'établit vers la fin d'avril.

La plupart des Iris cités jusqu'ici sont, comme nous l'avons indiqué, adaptés à la sécheresse. Voici maintenant des espèces aquatiques ou presque, se trouvant bien, en tous les cas, d'être plantées dans les terres humides du bord des eaux et prospérant encore quand ces terres sont immergées : tels sont l'*Iris acoroides*, l'*I. mandschurica*, l'*I. Pseud-acorus*, tous les trois à fleurs jaunes, et l'*I. Kœmpferi*, ce dernier tout à fait remarquable par l'ampleur de ses fleurs (qui atteignent parfois 0 m. 18 de largeur) et par leurs couleurs variées, brillantes, n'ayant rien à envier à celles des *Iris germanica*. On y trouve, en effet, le bleu-mauve (*Aspasie*), le bleu violacé (*Astarté*), le violet-rougeâtre (*Eumée*), le rose lilacé pâle (*Ganymède*), le bleu pâle strié de bleu foncé (*Hélène*), le violet pourpre passant au lilas clair (*Hélios*), etc.

Dans sa forme, le caractère principal de la fleur des *Iris Kœmpferi* est de présenter une ampleur très grande des sépales, ou pièces externes, qui se tiennent horizontalement, alors que les pétales ou pièces internes sont courts, étroits et dressés.

Les Japonais cultivent les *Iris Kœmpferi* en terrain frais qu'ils immergent à volonté et périodiquement, par un dispositif très simple d'alimentation d'eau et de vannes. Des photographies prises au Japon nous montrent ces Iris mettant une magnifique marge fleurie au bord des étangs et des rivières des jardins de Tokio. C'est dans de pareilles conditions que nous pourrons tirer, nous aussi, les plus beaux effets décoratifs de l'*Iris Kœmpferi*, pendant les mois de juin et de juillet, époque de sa floraison.

Mais il est reconnu que cet Iris végète et fleurit parfaitement en terre saine, argilo-siliceuse, modérément pourvue d'humus, à condition d'y recevoir des arrosages abondants. C'est ainsi que nous pourrons le cultiver, spécialement pour la production des fleurs à couper.

LES IRIS DANS LES ARTS DÉCORATIFS FRANÇAIS.

Le cas le plus ancien de l'emploi de l'Iris comme élément d'art décoratif est celui où la fleur de cette plante fut choisie pour servir, sous le nom de « fleur de Lys », d'emblème à la monarchie.

Il suffit de regarder de près et d'analyser la fleur de lis du blason royal, tel qu'il fut représenté dans les siècles passés de notre pays, pour retrouver de suite la silhouette à peine stylisé d'un de nos Iris cultivés, et l'on semble admettre que c'est l'*Iris de Florence* (*Iris florentina, I. alba*) qui, dans ce cas, servit directement de modèle, puisque (signe curieux du choix qui en aurait été fait) on désigne encore cette espèce sous le nom d'*Iris arme de France*.

A la recherche de matériaux d'ornement d'origine végétale, classés par siècle et employés en ferronnerie d'art, en tentures, en céramique. en tissus, en sculpture, etc., je n'ai trouvé que ce seul élément qu'on puisse rapporter à l'Iris pendant les xiiie, xive, xve et xvie siècles. A ces époques, toujours, la fleur d'Iris se présente sous la forme de la fleur de Lys du blason royal. C'est ainsi qu'on la rencontre dans les grilles des églises et surtout dans les grilles des palais royaux ou autres, et cela jusqu'à l'étranger comme en Italie, à Sienne, où la grille de la chapelle du Palazzo publico est formée entièrement de fleurs de Lys (c'est-à-dire de fleurs d'Iris) qui se côtoient de toute part.

Pour trouver l'Iris vrai, l'Iris à peine stylisé dans les compositions décoratives, il faut se rapprocher beaucoup plus de nous, venir jusqu'au xviie siècle, époque où l'on trouve l'*Iris germanica* timidement mêlé aux Tulipes, aux Jacinthes, aux Renoncules, dans la peinture des dessus de portes de châteaux du même âge, comme Versailles, Trianon, Vaux-le-Vicomte, etc.

Nous pouvons faire la même constatation au xviiie siècle, car c'est la même présence timide et rare de l'Iris dans les peintures décoratives hollandaises de Van Dael et de Van Huysum en particulier, où l'Iris copié paraît être déjà, cependant, une variété supérieure aux espèces communes. A la même époque, une regrettable régression se produit; c'est un retour des décorateurs à la flore bizarre et toute d'imagination des artistes de l'antiquité. Un dessinateur du xviiie siècle, Pillement, crée toute une série de ces sortes de compositions où on ne retrouve rien ou presque rien, de ce qui existe dans les jardins et même de ce qui est dans la nature.

Les « fleurs baroques », c'est ainsi qu'on désigne les compositions de Jean Pillement, ressemblent à des ombrelles, à des grelots (qui n'ont cependant pas l'aspect d'une fleur de muguet ni d'une fleur de bruyère), à des raquettes rassemblées en bouquet, à des plumes, à de petits cornets accrochés, la pointe en bas, sur les bords d'une grande palme, à de petites pagodes, etc.

Pour nous autres, jardiniers et horticulteurs, toutes ces fleurs incompréhensibles sont des monstres.

Le pis, c'est que Jean Pillement, dont on trouve des précurseurs aux époques du Moyen Age et de la Renaissance, a eu des imitateurs (entre autres, Moucherat de Longpré au xixe siècle) qui ont retardé davantage une admission plus large, et pourtant si logique et si nécessaire des fleurs de nos cultures, comme l'Iris, dans les compositions décoratives d'alors.

Il faut arriver à la fin du xixe siècle et surtout aux premières années du xxe pour reconnaître enfin des portraits ressemblants de nos Iris dans les tissus de Lyon (soieries diverses, lampas, damas), dans les papiers peints, dans les porcelaines d'alors et jusque dans les grilles en fer forgé, comme celle de cet ascenseur, dont la Bibliothèque des Arts décoratifs de Paris nous a gardé la reproduction photographique. Ce fait n'est pas particulier aux seuls Iris ; c'est encore au commencement de notre siècle qu'on voit paraître dans des compositions décoratives du genre des précédentes les fleurs les plus belles des jardins et des serres, les Glycines, les Cattleyas, les Lælias, les Odontoglossums, les Cyclamens, les Glaïeuls, etc.

Nous assistions donc, avant qu'éclatât la guerre, à une renaissance de l'art décoratif français, renaissance d'autant plus belle et plus forte qu'elle s'alimentait aux sources saines des jardins et des champs. Les horticulteurs pouvaient s'enorgueillir alors de constater que les innombrables fleurs qu'ils avaient importées ou fait naître n'étaient pas étrangères à ce mouvement en avant.

La guerre a paralysé tout cela, mais des travaux comme ceux de la Conférence des Iris sont, dans ce cas, une heureuse réaction. Ils renouent les liens esthétiques nombreux qui doivent rattacher les Iris et toutes les belles plantes à nombre de travaux humains, à l'art des jardins d'abord, puis à la peinture, à la sculpture, à l'imprimerie, au tissage, à la ferronnerie d'art, où nos plus beaux Iris peints, gravés sculptés, imprimés ou tissés peuvent être appelés à orner les céramiques, les frises de pierre, les étoffes, les tentures, les tapis, les grilles et tant d'autres objets.

THE USE OF IRIS IN MEDICINE AND PERFUMERY

BY

Miss Helen E. RICKETTS

Member of American Iris Society

The use of Iris in medicine and perfumery was known to mankind farther back than it is convenient to trace in the literature.   However, a word or two found here and a few more there, give us some idea of the history of Iris.

As a perfume, Iris oil was mentioned in the third century, among the costly spices of the Egyptian King, Ptolemæus Philadelphus. As a medicinal plant it found favor with the ancient Greeks.   Theophrastus, the favorite pupil of Aristotle, stated that the plants growing in Illyria and about the Adriatic throve much better than elsewhere, and that they also varied in property with the locality, being less aromatic in the colder regions.   He also knew that the odor of the rhizome developed after drying and lasted for about six years.   Dioscurides, a Greek physician of the second century, informs us, in his *Materia Medica*, that the various colored Iris, white, light yellow, purple, and blue, were named Iris from the rainbow, and recommends that the roots be strung on threads when curing.   He stated a preference for the Illyrian and Macedonian roots to the Libian and others.   He also noted that with time the roots increased in pleasant odor.   He mentions a large number of ailments for which Iris was used, as does Pliny.   It was used as a chest remedy, and succus ireos served as a plaster preparation.   Heraclides of Tarent, who wrote on the subject of the preparation and use of Iris remedies, gave Iris with Hyssop and honey.   Alexander Tralleanius gave it whith licorice.

In speaking of the Iris, Pliny said : " If one will dig the root, let him scatter honey water about him for three months to appease the earth with flattery, mark a three fold circle about him with the point of his sword, pull out the root and raise it to the heaven ". This ritual which seems to have been considerably observed by the ancient herbalists and apothecaries no doubt owes its origin to the fact that phosphorescence is shown by the fractured rhizome of *Iris florentina*, when dug at night.

The Ancients embraced under Iris several other plants, as for instance Gladiolus, up to the time of the Middle Ages, was often called *ireos*. At this time Iris, according to the locality in which it grew, was known as *Iris, Hyrius, Irius, Ercus*, and *Yrius*.

The apothecary of the Middle Ages as well as the herbalist of Pliny's time prepared an Iris starch to which curative properties were ascribed.

According to records of Edward IV, in the year of 1480, a favorite toilet water was prepared by mixing orris root with anise. The species of Iris furnishing orris root were evidently first known in England about 1397. Orris root consists of the rhizomes of the three Iris species, *Iris florentina, I. pallida*, and *I. germanica*, peeled and carefully dried.

Orris root fingers apparently were the next form in which Iris was used, and this industry seems to have originated in Germany, at Ebingen and Wurtemberg. The fingers consisted of Verona root chiefly and were made by turning the commercial root on a lathe until flat and oval and securing them by a silk thread through a hole in the end. Iris for a time was cultivated for commercial purposes, having been introduced into Germany from Italy by the Benedicts, during the 16th. century. "Dentarnole", as orris root fingers were called by the Italians when they took up the manufacture, was used in the place of the more expensive coral and ivory teething rings for babies, and the juice absorbed from the root was considered an excellent digestive. At the present time, orris root fingers are manufactured by pharmaceutical houses and are offered for sale by our modern pharmacies, although the majority of physicians denounce the use of orris root fingers as harmful and claim the "excellent digestive juice" is disturbing to the stomach of the infant who cuts his teeth on orris root.

Besides "fingers" orris root furnished "palline" or beads which were used as rosaries and in medicine. During the 18th. century, science was of the opinion that an open wound was the surest way of curing scrofula and other skin diseases. Orris beads or "issue peas" were much in demand in this connection, being bandaged into the wound to keep it open. That this dubious practice was still in vogue during the early part of the 19th. century is evidenced by the fact that something like 20.000.000 beads were made in eastern Italy each year and exported through the port of Leghorn. Orris root was also reduced to grains and colored red, blue, green, and yellow and used to throw on fires to perfume halls and drawing rooms. Germany and Austria consumed the greater portion of the output of this product. Orris root, in the form of tiny chips was chewed by men servants to remove the smell of tobacco and garlic. Orris root is said to be responsible for the bouquet in much wine, likewise for the bitter in some beer and the savor of several soups.

The best orris root in the opinion of the ancients was produced in Illyria, while Florentine Orris Root is given the preference to day. The cultivation of orris root in the vicinity of Florence dates back to about the 13 th Century. In fact, the Iris was so intimately associated with the lives of the people, that the ancient arms of Florence bore a white Iris on a red shield, which subsequently changed to a red Iris, or lily, on a white shield. The product from the provinces lying to the east of Florence is famous for the fragrance, size, and whiteness of the roots. Although, according to literature, in former times Florentine orris root consisted exclusively of the rhizome of *Iris florentina*, such is not the case today. This variety or rather, this species, forms but a portion of the product now on the market as Florentine orris root, the rest being composed of certain varieties of *Iris germanica* and *I. pallida*.

While Iris will grow in any soil, the best orris root is produced in alluvial or stony moutain soil and the plantations for this reason are always located on the hillsides and never in the valleys. The plantings are not large, that is, measured as we do our corn fields, by acres, but consist of patches here and there on rocky slopes, in sunny open places in the woods, or between the vineyard rows. Fertilizing is not absolutely required, but the application of commercial fertilizer containing potassium salts is helpful. Rich land and heavy manuring result in a quantity of large roots, but the roots are neither fragrant nor of good quality, and when dry they shrivel up, so that they must be discarded. The plant also grows high on the moutains, but the snow and ice makes cultivation difficult. Usually, the roots are harvested during the month of August, three years after they are planted; however if prices are high, the plants are sometimes dug after two years. The roots are dug in small quantities and carefully sorted, the young or small roots being put aside for planting future crops, and the large, firm, fully matured roots washed, usually in a nearby stream. The product is collected and the roots are trimmed and peeled, generally by women who use curved knives to facilitate the removal of the skin. The roots are then spread on terraces to dry for two or three weeks. When dry they are baled and hauled to Leghorn, the nearest point of export and held in the markets there for sale. For several years during the early part of the 20 th. century, speculators cornered the market in orris root and forced prices up beyond reasonable limits, fortu-

nately, the growers of orris root and the manufacturers of orris
products managed to get the prices back on a fair level. During the
war, prices were again high and unsettled but are now back to a
normal basis.

From Verona, in north east Italy, comes the Veronese orris root,
the product of *Iris germanica*, which is inferior to the Florentine,
being darker in color and less fragrant. Of still poorer quality is the
Mogador root, or that exported from Morocco. In order to make this
root more presentable it is often bleached with sulphuric acid by
unscrupulous dealers.

Occasionally, a few huge bales of orris root from India have been
offered in the London market, but the material was practically worthless as it had not been properly grown nor collected. Orris root is
also produced in China, but is rarely entered in the European or
American markets.

Orris products occupy a highly important place in the manufacture of perfumes, toilet preparations and soaps. Scarecely an article
on Milady's dressing table but what is indebted in some way to
orris root, for its perfume, as an ingredient or as an aid in manufacture, etc. On the market, today, are many interesting and excellent
products derived from orris root.

First, comes the powdered root itself, which forms an important
ingredient in many toilet powders, talcs, complexion, tooth, foot,
hair, baby powders, and even others orris root is doubly valuable.
It has, besides its delightful violet fragrance, a property that is
known among perfumers as a " fixative quality ". In preparing
perfume extracts and perfumed powders, it is essential to reproduce
the conditions existing in the flower — to have the odor given off
gradually. This is done by adding to the perfume preparation a
substance such as orris root which retards the evaporation of the
flower odor. Consequently, tinctures of orris root form important
ingredients of many natural flower essences and in synthetic perfumes too. Powdered orris root is added to the pure fat base
employed by the perfumer in the enfleuraging process. Belfore the
days of the present delightfull talcum and baby powders, violet
powder was used, which was prepared by mixing starches and fragrant oils with orris root.

Next, but of prime importance, is orris oil. It is only within the
last few years that this orris product has been developed to its present excellence, but that does not signify that it is a comparatively
new preparation. The compounding of fragrant iris oils and odorous
salves was no small industry in Macedonia, Corinth and Elis in the
days of the ancient kings. Oil of orris has been the subject of many
experiments and much thought on the part of scientists until, as it

has been expressed, some of the orris oil products are " worth their weight in gold ". In the early part of the 19th. century, most of the orris oil was distilled in Paris, but the center of this industry soon moved to Germany, where some of the finest orris oils and products were manufactured until the time of the war. At the present, there are several very excellent orris oils on the market which are distilled in France, in England, and in Italy. Some of the very finest are distilled in southern France, where they grow, or at least have grown a portion of the root they distill. It has been said that the variety *Clio* has been cultivated chiefly, and although the climate is favorable, the cultivation is small compared to the amount of root used. The distillation, and at one time the cultivation too, has been attempted in the United States, but the greater portion of the orris oil and orris products are imported, chiefly from France.

Orris oil is offered to the perfumer in several forms, as orris concrete, the oil as it is distilled from the root, is a fatty substance solid at room temperature; orris liquid, a special distillation product, or in some cases an inferior preparation made by distilling the root with oil of cedar or other less valuable essential oils; orris resins or balsams, an extraction of the entire root; tincture of orris, made by percolating powdered orris root with alcohol, and several other products put out under trade names.

To orris root we are indebted for one of the most wonderful discoveries ever made in the perfume industry — the synthesis of *Ionone*, a substance which has a delightful violet odor when highly diluted. Violet has always been one of the most highly valued and popular of perfumes, but as violet flowers contain so little perfume the true natural violet flower oil is extremely expensive, seven hundred dollars an ounce. Scientists, noting the violet odor of orris root, started extensive research work with the root on the theory that the substance producing the violet fragrance in orris root was very similar if not the same, as the substance giving fragrance to the violet. To prove this, they determined to extract the odorous principle of orris root. After much work, they finally succeeded in getting a ketone which, diluted many times with alcohol, gave an intense odor of fresh violets, the true natural odor. This product was called Irone, but it too was expensive, since such a minute quantity was present in the root. Six hundred pounds of orris root yielded but one ounce of Irone. However, modern science is ever triumphant. The chemists next succeeded in synthesizing this product, developing it chemically instead of extracting it from orris root. This new synthetic violet odor was named Ionone and was first introduced by Schimmel and Company, in 1843. From the first it gained steadily in favor, until it is now considered as the standard synthetic violet. There are several derivatives and variations of the original Ionone now on the market, as Ionone α, Ionone β, etc. Since the advent of Ionone, several other synthetic essences of violet and of orris root have made their appearance, among them. *Isirone, Isiraline, Irisal, Iridoron, Irenia, Irine, Iso-Irone, Orrisol*, (a synthetic duplicating the fixative properties of orris root as well as the fragrance of the natural oil). Among the natural essences offered are : Iris tenfold, Orris Resinarome, Natural Essence Iris Supreme, etc. All this we owe to the Iris!

Orris root, while rising in importance with the perfumer, at the same time gradually lost its good standing with the physician, until at present it is but rarely used medicinally. At one time, orris root was in great demand by physicians of the continent, various curative properties, now discredited, being ascribed to the root. However, during the latter part of the period when orris root was losing its medicinal prestige, its American cousin, *Iris versicolor*, was gaining renown as the " vegetable mercury ". At first it was only accepted by doctors of the homoeopathic and eclectic schools, but soon found favor with practically the entire profession and was an official drug of the *United States Pharmacopeia*, Sixth Revision (1880-90). *Iridin*, a resinous principle which is extracted from the rhizome, still finds some use in England. *Iris versicolor* is a violent poison in over-doses and has caused the serious illness of children who have mistaken it for Sweet Flag. Some deaths are accredited to it. This Iris is a native of North America and is found along streams and in swampy places from Maine to Georgia, eastward to the Mississipi River. *Iris versicolor*, or Blue Flag, as it is known medicinally, has long been a bone of contention among the doctors, some declare it worthless, while others proclaim its value, meanwhile there has annually been a steady demand for the drug. This brings us to the problem that the manufacturer of Blue Flag preparations has had to face. Many tons of worthless drug have been on the market under the name " Blue Flag ", consisting usually of other species and varieties of Iris. This substitution and adulteration has seldom been intentional, but the botanist must be alert, as the illiterate root digger, who usually collect the drug, neither knows nor cares that he procures the exact species — he proceeds on the basis of " looks " and we can't deny that several species look like *Iris versicolor*, especially when it is not in bloom. The botanists of several drug houses have studied Blue Flag and have identified *Iris virginica* and *Iris caroliniana* as among the adulterants; *Iris missouriensis* has also been suggested in this connection.

Other species of Iris have been used medicinally and domestically from time to time, but not to any great extent. *Iris missouriensis* has been used in the Indian tribes, by the Medicinemen, as a smoking material mixed with another root or two and a little tobacco to give a person a severe nausea, in oder to secure a handsome fee for making him well again. *Iris fœtidissima* has been used by the ancient Greeks, and possibly *I. Pseudacorus*, which was described by Albertus Magnus who differentiated between it and *Iris germanica*. In this connetion, it is interesting to note that in England the seeds of *Iris fœtidissima* were used as a substitute for coffee.

Thus we see by the bits found here and there in history that the Iris family has long been intimately associated with the home lives and health of the people.

BIBLIOGRAPHY

1848 TILDEN AND COMPANY LABORATORY, *Iris Formula*, Tilden and Company's Book of Formulas, p. 62.

1872 GROVES (Henry), *Orris Root*, Jour. Applied Science, Sept. 1, 1872. (Amer. Jour. Pharm. **44**, p. 518).

1873 LANDERER, *Phosphorescence of Orris Root*, Wittstein's Viert. Schr. 1873, 68-74, from Schweiz. Wochenschr. (Amer. Jour. Pharm. **45**, p. 70).

1875 MAISCH (John M.), *Oil of Orris* (Oleum Iridis florentinæ) Pharm. Cent. Halle, 1875, 19 (Amer. Jour. Pharm. 1875, 47, 302).

1876 FLÜCKIGER (Friedrich, A.), *Iris florentina*, Documente zur Geschichte der Pharmacie, Halle 1876, p. 96. (Amer. Jour. Pharm. **48**, p. 365)·

1876 FLÜCKIGER (Friedrich, A.), *Oil of Orris*. (Amer. Jour. Pharm., **48**, p. 411).

1877 (Trade Notes), *Oil of Orris Liquid* (Amer. Jour. Pharm. **49**, p. 421).

1885 FLÜCKIGER (Friedrich, A.), *Orris* (Amer. Jour. Pharm., p. **57**, 133).

1894 TIEMANN (F.) and KRÜGER (P.), *Violet Perfume*, Ber. 26, p. 2675. (Jour. Chem. Soc. **66**, p. 80) (Schimmel et C°, Semi-Annual Report 1894, p. 67),

1894 DE LAIRE (G.) and TIEMANN (F.), *Iridin, the Glucoside of Violet Roots*, Ber. 26, p: 2010 (Jour. Chem. Soc. **66**, p. 47).

1895 KRAEMER (Henry), *The Violet Perfumes* (Amer. Jour. Pharm. **67**, p. 346).

1897 SCHIMMEL AND COMPANY, *Ionone*. Semi-annual Report, April 1897, p. 63.

1897 SCHIMMEL AND COMPANY, *Concrete Violet*. Deutsche Chem. Zeit. 1897, XII. 385 (Analyst 23, p. 14).

1897 TUCKER (Allen), *Chemistry of Orris Root* (Amer. Drug and Pharm. Record XXX, p. 171).

1897 COVILLE (Frederick V.), *Iris missouriensis as a Medicinal Plant of the Klamath Indians*. U. S. Nat. Herb. V. 2, 1897 (Pharm. Review, Vol. XV, p. 163).

1897 Tucker (Allen), *Proximate Analysis of Root*. (Amer. Jour. Pharm. **69**,
        p. 199).

1900 Schmidt (R.), *Detection of Ionone in Violet Scented Preparations*.
        Zeit. angew. Chem. 1900, 189. (Analyst 25, p. 161).

1900 Schmidt (R.), *Separation and Identification of alpha-Ionone and beta-
        Ionone.*, Jour. Chem. Soc. England, 1900, 69 (Analyst 25, p. 62).

1900 Stead (J.-C.), *Oil of Iris*. Schimmel et C°. Report, Apr. 1900. (Chem.
        Zeit. 1900, XXIV, 304) (Analyst 25, p. 216).

1900 (Trade Notes), *Orris Root* (Amer. Drug and Pharm. Record **37**, p. 377).

1900 Stead (J.-C.), *Otto or Orris*, Proc. Amer. Pharm. Assoc. (Pharm.
        Jour., March 17, 1900, 280).

1900 Weindell (G.), *Orris Essence*, Pharm. Journ. X, p. 690.

1900 (Trade Notes), *Crisis in the Orris Root Industry*. Jour. Pharm. **67**,
        p. 542 d.

1901 (Trade Notes), *Orris Root Industry*. Pharm. Jour. **67**, p. 648.

1902 (Trade Notes) *Orris Root Finger Industry*. Pharm. Jour. **68**, p. 279.

1902 Carmichael, *Orris Root Industry*. Pharm. Jour., **68**, p. 279.

1902 Carmichael, *Ionone*. Pharm. Journ. **68**, p. 182.

1903 Culbreth (David M.-R.), *Iris versicolor*. Materia Medica and Pharm.

1904 Bartholomew (Roberts), *Iris versicolor*. Materia Medica and Thera-
        peut. p. 763.

1905 Lloyd (John Uri), *Blue Flag Adulterated*. Pharm. Reviev., **23**, p. 330.

1908 Isakovics (Aloïs von), *Synthetic Perfumes and Flavors*. Notes from
        Lecture delivered at Columbia University N. Y. Apr. 18, 1908.

1919 Farwell (Oliver Atkins), *The Identity of Commercial Blue Flag*. Bul-
        letin of Pharmacy, **33**, p. 475.

1909 Cowperthwaite (A.-C.), Text Book Materia Medica and Therapeutics,
        p. 407, 10 th. Edition. *Iris versicolor*.

1909 Sadtler (Samuel P.), *Ionones alpha and beta*, Amer. Jour. Pharm.
        81, p. 181.

1909 Schimmel and Company, *Essential Oils*. Semi-annual Report, Nov.
        1908, 232 (Journ. Chem. Soc. **96**, ii p. 113).

1911 (Trade Notes), *Orris Root Cultivation*, Pharm. Jour. et Pharm., **86**,
        p. 861 (Oil Paint and Drug Reporter).

1911 Rusby (H.-H.), *Iris, Should it be official?* Pharm. Era **44**, p. 94.

1912 Thorpe, *Irone*, Dictionary of Applied Chemistry, Vol. II, p. 201.

1912 (Trades Notes), Schweiz. Wochenschr. 1912, p. 532 (Pharm. Era, **45**,
        p. 623.

1913 Thorpe, *Orris Root*. Dictionary of Applied Chemistry, Vol. IV, p. 24.

1913 Thorpe, *Iridin*. (Arch. Verdanungeskrunkheit, 1912, p. 133) (Pharm.
        Era).

1916 Gildermeister and Hoffmann, *Oil of Iris versicolor*. The Volatile Oils,
        Vol. II, p. 271 (Amer. Jour. Pharm. **83**, p. 2).

1916 Gildermeister and Hoffmann, *The Volatile Oils. Oleum Iridis*, Vol. II,
        p. 265.

1917 Tschirch (A. von), *Orris Root*. Handbuch der Pharmakognosie, II,
        p. 1143.

1918 Rusby (H.-H.), *Iridaceæ*. Proc. Amer. Pharm. Assoc. Vol. VII, 775.

1920 Advertisment, *Orrisone*. Amer. Perfumer XV, 8, p. 2.
1921   —   Morana Company *Resinoid d'Iris*. Amer. Perf. XV, 7, p. 17.
1921   —   *Orris balsam, Orris concrete*. Amer. Perf. XVI, 9, p. 2.
1921   —   *Orriol*. American Perfumer XVI, 5, p. 8.
1921   —   *Iris Essence, Natural Supreme*. Amer. Perf. XVI, 9, p. 45.
1921   —   *Ionardon*. American Perfumer, XV, 12, p. 18.
1921   —   *Irisal*. American Perfumer, XV, 12, p. 15.
1921   —   *Iridoron*. American Perfumer, XV, 7, p. 23.
1921   —   *Irenia*. American Perfumer, XVI, 9, p. 21.
1921   —   *Irine*. American Perfumer, XVI, 9, p. 15.
1921 Rolet, *Orris Root for Perfume Purposes*. La Parfumerie Moderne (Amer. Perf. XVI, 5, p. 207).
1922 9 Advertisement, *Orris Oil*. American Perfumer, XVI, 2.

RÉSUMÉ EN FRANÇAIS

L'Iris jouissait d'une grande renommée chez les anciens, à la fois comme parfum et comme médicament.

L'utilisation de sa racine (orris root) comme hochet pour les jeunes enfants, ou encore pour faire des grains servant en médecine à maintenir les blessures ouvertes, est bien connue. On l'employait aussi pour fabriquer des grains colorés que l'on jetait au feu pour parfumer les appartements ou encore des grains de chapelet.

La racine d'Iris servait à parfumer le vin de Toscane et sert encore aujourd'hui à parfumer le linge.

La culture de la racine d'Iris aux environs de Florence remonte au XIIIe siècle. C'était autrefois l'*Iris florentina*; ce sont surtout maintenant des variétés de l'*Iris pallida*. L'auteur donne d'intéressants renseignements sur cette culture en Italie.

La racine d'Iris jouit actuellement en parfumerie d'une importance considérable et son emploi est général. C'est l'un des meilleurs « fixatifs » connus. On sait que l'on donne ce nom à des substances qui ont le pouvoir de retenir les odeurs et d'en retarder l'évaporation.

L'essence d'Iris est également très demandée. C'est la variété de l'*Iris pallida* appelée *Clio* qui serait surtout cultivée pour la production de l'essence. La plus grande partie de l' « orris oil » importée aux Etats-Unis, provient de France.

C'est également à la racine d'Iris que l'on est redevable de la découverte de l'*Ionone* (Violette synthétique) qui amena toute une révolution dans l'industrie de la parfumerie. L'*Irone*, substance extraite de la racine d'Iris, fut le point de départ des recherches qui conduisirent à ce résultat.

Par contre, l'Iris a perdu tout intérêt comme médicament; seule une espèce nord-américaine, l'*Iris versicolor*, jouit d'une certaine faveur à ce point de vue aux Etats-Unis.

CULTURE DE L'IRIS A PARFUM

PAR

MM. BRETIN et ABRIAL

En mai 1919, le Comité régional lyonnais des Plantes médicinales fut chargé par M. le Professeur Perrot, directeur de l'Office national des matières premières végétales, d'étudier la culture de l'Iris à parfum à tous points de vue : culture proprement dite, exposition, nature physique et chimique du sol, engrais et amendements, altitude et latitude.

Les régions où se fait cette culture sont, en fait, localisées en Italie et en France, deux en Italie et une en France.

En Italie, les rhizomes sont produits : 1° *dans la province de Vérone*, dans les villages de Soave, Illasi, Monteforte, Ronca, Cazzano di Tramigna et Frequaco ;

2° *Dans la province de Toscane*, aux environs de Florence, dans les communes de Galluzzo, Bagno a Ripoli, Reggello, Greve, Montespertoli.

En France, dans les départements de l'Ain, aux environs de Seyssel, au pied du Grand Colombier, sur les pentes d'exposition est.

Rolet (*Plantes à parfums*, p. 276) donne à propos de l'Iris à parfum les détails suivants :

L'*Iris de Florence* est originaire de la Macédoine ou des bords Sud-Est de la Mer Noire.

Il est l'objet d'une culture suivie, surtout dans le département de l'Ain, où elle a été introduite en 1835.

On rencontre encore quelques cultures, dit-on, dans les Bouches-du-Rhône, et le Var, l'Algérie (les Arabes appellent la plante *Zechlouch*), l'Allemagne, la Turquie et surtout l'Italie — en Toscane (Florence) et aux environs de Vérone — en produisent d'assez grandes quantités...

La racine la plus parfumée viendrait d'Elis (Grèce). Les Romains tiraient le meilleur *Iris de Corinthe* et de *Cyzique*.

Le Maroc, le Cachemire feraient une concurrence sérieuse à Florence.

Ces indications sont discutables en plusieurs points : au point de vue espèce, ce n'est pas l'*Iris florentina* qui est cultivé en Italie, où, dans toutes les cultures visitées nous n'avons jamais rencontré autre chose que l'*Iris pallida* et le *germanica*. D'après les parfumeurs de Grasse, il n'y a pas de culture industrielle d'Iris dans le Midi de la France; seule, la région de Seyssel en fournit, et avec une production actuellement réduite, puisqu'elle est limitée à 12 à 15 tonnes par an. Quant au Maroc, il n'y a pas à proprement parler de cultures d'Iris; on y trouve la plante surtout en bordures dans les jardins. Le Maroc fournit environ 6 tonnes de rhizomes par an, ce qui n'est qu'une bien faible concurrence aux cultures de Florence et de Vérone.

Culture de l'Iris aux environs de Seyssel (Ain).

Dans cette région, la zone cultivée en Iris s'étend sur une longueur de 12 à 15 kilomètres et sur une largeur d'environ 1 kilomètre. Elle commence au sud de la commune d'Anglefort et se termine au nord au delà de Seyssel.

Ce rhizome à parfum et à pois à cautère est depuis longtemps considéré comme provenant de l'*Iris de Florence*, et des traités classiques, même récents, de matière médicale, indiquent que cette drogue est fournie par l'*Iris florentina*.

Or, il n'en est rien; cette espèce ne paraît avoir été cultivée que comme plante ornementale, pour faire des bordures très décoratives au moment de la floraison, ou comme fleur à couper, car elle fournit souvent de belles hampes portant 3 ou 4 grandes fleurs blanches, très odorantes. Dans les cultures de l'Ain, on ne trouve que l'*Iris pallida* type et quelques formes à fleurs plus grandes, à spathes moins scarieuses et à très gros rhizomes se ramifiant facilement. Cette culture a été importée d'Italie dans la région de Seyssel à Anglefort par M. Coiffier, en 1835, d'après Rolet.

Ce cultivateur, fixé à Anglefort, se rendit dans son pays natal et rapporta à son retour des graines de l'Iris à parfum qu'il s'était procurées dans les environs de Vérone. Ce serait dans la canne de son parapluie qu'il aurait mis ces graines pour passer à la douane à son retour en France. Ces graines, semées dans un bon sol, donnèrent la même année un assez grand nombre de plants; bien soignés et mis en place dans un sol approprié, ceux-ci poussèrent vigoureusement.

Quelques années plus tard, la culture nouvelle était devenue assez importante pour occuper plusieurs ouvriers pendant toute l'année et une quarantaine au moins au moment de l'arrachage, du pelage et de la plantation.

Pendant fort longtemps, M. Coiffier eut le monopole local de cette culture, puis il distribua des plants à ses collaborateurs sous condition expresse de n'en remettre à personne et de les cultiver exclusivement dans la commune d'Anglefort. Ce n'est qu'après la mort de M. Coiffier que la culture s'étendit de proche en proche aux communes voisines : Fontaine, Corbonod, Gigniez, etc... Actuellement, la culture d'Iris dans la région de Seyssel est en voie de diminution, les cultivateurs manquent de main-d'œuvre et préfèrent la vigne et les céréales, cultures momentanément plus rémunératrices.

Les cultures d'Iris à Seyssel, visitées au moment de la floraison, offrent un ravissant coup d'œil : tous les plants d'un même champ portent à la même hauteur des fleurs de même couleur. De loin, ces champs nous apparaissaient comme des rectangles ou des carrés bleu-pâle. De près, à l'examen, nous avons pu constater que tous les plants étaient semblables et nous n'y avons pu observer aucune variation, ce qui s'explique fort bien par l'origine commune de tous ces Iris qui proviennent des mêmes individus issus des graines rapportées par M. Coiffier. Ce dernier a sans doute choisi dans son premier semis une forme parfaite qu'il a multipliée et qui a été la souche commune de tous les plants actuellement cultivés dans la région.

Vers Seyssel, la multiplication s'est toujours faite en segmentant les rhizomes et tout particulièrement en enlevant le bourgeon terminal qui est isolé du rhizome pour être replanté avant de peler le rhizome.

Culture. — L'étude de la culture de l'Iris à Seyssel a été publiée par M. Pellissier, ingénieur-agronome, professeur d'agriculture à Belley (Ain), dans un article de la *Vie agricole* reproduit (décembre 1913) par le *Bulletin de la Société d'Agriculture, d'Horticulture et d'Acclimatation de Nice*, et aussi dans le livre de Rolet qui l'a très largement cité. Cette étude, très détaillée quant à la culture, contient pourtant une erreur initiale pour l'indication de l'espèce cultivée qui est donnée comme *Iris florentina*. M. Pellissier n'a pas vu les cultures au moment de la floraison, car il décrit la plante avec des fleurs blanches, au lieu des fleurs violet-pâle de l'*Iris pallida*, seul cultivé.

Pour le sol et sa préparation, M. Pellissier indique de choisir, de préférence aux terrains bas, des bandes en pente ou de petits plateaux surélevés. La friche est ouverte sommairement par un labour léger, un deuxième labour est fait en août, au moment de la plantation ; le sol ne reçoit aucune fumure, le fumier de ferme étant censé nuire à l'odeur du rhizome et la faible réserve humique du sol devant suffire à la végétation.

Après plusieurs récoltes et épuisements consécutifs du sol, on abandonne celui-ci à la flore spontanée pendant quelques années ; après ce repos, on défriche à nouveau la lande et on la regarnit de plançons. Il serait illusoire de songer à soumettre l'Iris à la rotation d'un

assolement quelconque, si peu exigeant soit-il ; les essais de fertili-
sation artificielle du sol appliqués à cette plante auraient été infruc-
tueux.

L'Iris redouterait spécialement l'effet des fumures organiques volu-
mineuses et les engrais azotés minéraux n'auraient pas donné de
résultats bien nets. Tout au plus pourrait-on enregistrer une légère
amélioration des rhizomes comme volume et comme intensité
d'arôme par l'emploi des engrais potassiques.

Telles sont les principales indications données par M. Pellissier
dans l'article précité.

Nous devons dire que nous sommes d'avis différent sur plusieurs
points, d'accord en cela avec les cultivateurs d'Iris de cette région.

Les fumures ne sont pas nuisibles au développement du rhizome,
bien loin de là : elles sont, au contraire, indispensables pour avoir des
plantes vigoureuses, donnant de gros et beaux rhizomes ; sans fumures,
les rhizomes sont petits et chétifs.

D'autre part, vers Seyssel, il n'est pas actuellement exact qu'on fasse
succéder une deuxième plantation d'Iris à une première, après avoir
abandonné le champ simplement à la flore sauvage. Nos remarques
personnelles et les renseignements recueillis auprès des cultivateurs de
toute la région de Seyssel nous permettent d'affirmer que, si, à l'origine, l'Iris a occupé des landes non utilisées pour d'autres cultures,
actuellement la culture s'est avancée jusque dans les meilleurs sols,
comme nous l'avons constaté lors de notre enquête. Toutes ces cultures d'Iris sont soumises à la rotation culturale comme les autres
plantes de grande culture, *mais l'Iris ne doit jamais être remplacé
par une culture de plantes à tubercules ni succéder lui-même à une
culture de Pommes de terre ou de Betteraves :* la plantation d'Iris
doit être faite après la culture d'une Céréale ou d'une Légumineuse, etc.
Nous avons remarqué deux plantations faites côte à côte et succédant
l'une à une culture de Pommes de terre, l'autre à une récolte d'Avoine.
Cette dernière était de belle venue, tandis que la première paraissait
très chétive, beaucoup de pieds manquaient et la récolte en rhizomes
s'annonçait comme devant être diminuée de plus de moitié.

Aux environs de Seyssel, cette culture de l'Iris se fait, comme nous
l'avons dit, sur les contreforts est du Grand Colombier du Bugey.
Les premiers terrains utilisés étaient bien des friches, mais les cultivateurs firent bientôt une place à cette culture dans la rotation d'un
assolement et les Iris s'avancèrent vers des terres de meilleure qualité ; aussi rencontre-t-on actuellement presque toutes les cultures
d'Iris au voisinage des habitations, les parties hautes étant laissées
à la flore sauvage.

En somme, la culture se fait de la manière suivante :

Préparation du sol. — Se fait par un défonçage à la charrue, à l'automne ou au printemps, puis par plusieurs labours avant la plantation. Dans le courant du printemps, on fera un apport de fumier ou bien on cultivera une légumineuse annuelle qui sera enfouie dans le sol vers juin ou juillet. Au moment de la plantation, on pourra employer soit un engrais complet riche en potasse, soit simplement un engrais potassique : l'Iris est avide de potasse. Le dernier labour se fait en août au moment de la plantation, mais il est bon de ne labourer le terrain qu'au fur et à mesure de la mise en place des plants pour repiquer dans une terre fraîchement remuée, la terre retournée depuis plusieurs jours, surtout à cette époque, est déjà sèche et, à la plantation, il est difficile de trouver de la terre humide pour couvrir les racines et la reprise est très lente s'il ne pleut pas.

Plantation. — Les rhizomes que l'on veut replanter sont choisis avec grand soin, parmi les plus beaux ; on ne plante jamais ceux qui sont trop gros et on rejette également ceux qui sont trop faibles. Le terrain est divisé en lignes distantes de 0 m. 30 les unes des autres, et orientées de la base vers le sommet, on plante les Iris à 0 m. 25 les uns des autres. Si l'on veut cultiver à la charrue ou à la bineuse à cheval, on espacera les lignes de 0 m. 60 à 0 m. 70, mais on pourra rapprocher un peu les pieds d'Iris (0 m. 20 au lieu de 0 m. 25).

Dans la région de Seyssel, on attache une très grande importance à la direction donnée aux rhizomes dans la plantation. La coupe doit toujours être tournée vers le haut du terrain et le bourgeon vers la partie déclive. A Anglefort, l'orientation est la suivante : la coupe vers l'ouest et le bourgeon vers l'est. Cette orientation n'est que fortuite, la disposition des rhizomes n'a rien à voir avec les quatre points cardinaux, mais elle doit tenir compte de la déclivité du sol, car si le bourgeon regardait la partie la plus élevée du terrain, lors des binages qui descendent légèrement la terre, ce bourgeon serait mis à découvert, ce qui nuit à son développement. On doit donc retenir que, dans ces terrains en pente, la coupe du rhizome doit regarder vers le haut et le bourgeon vers le bas du terrain, sans naturellement tenir compte de l'orientation.

Les plants doivent être très courts ; le fragment de rhizome portant le bourgeon ne doit pas dépasser 0 m. 05 de long.

Les sujets sont enterrés de 6 à 8 centimètres de profondeur et bien serrés au sol au moyen du plantoir, afin que le vent ne puisse ni les arracher, ni les coucher.

Les soins à donner à la plantation consistent en binages ; si le terrain est envahi par l'herbe, il sera bon de faire un premier binage au début d'octobre. L'année suivante, on fera un binage au printemps et un à l'automne. Enfin, si cela était nécessaire, on en ferait encore un au printemps suivant, mais généralement le sol est si bien garni par les Iris que les mauvaises herbes ne peuvent plus s'y développer.

L'Iris est arraché tous les deux ans ; il occupe le terrain exactement deux ans, mais à cheval sur trois années. La plantation se fait au moment de l'arrachage ; on coupe, sur les rhizomes arrachés, les fragments qui seront replantés dans un autre terrain préalablement préparé comme nous l'avons indiqué plus haut. L'arrachage et la plantation se font dans le courant d'août.

PRÉPARATION DES RHIZOMES POUR LA VENTE.

Les rhizomes sont arrachés à la pioche en ayant soin de ne pas les casser ; les femmes et les enfants secouent les touffes pour enlever la terre et coupent le plus près possible du rhizome les racines, les jeunes bourgeons et les anciennes tiges florales. Cette opération est très délicate ; c'est d'elle que dépend en grande partie la beauté du produit. La coupe des tiges florales doit être faite par une section nette, très près de la portion charnue, car s'il reste sur le rhizome un fragment de la hampe florale, ce fragment se dessèche, se plisse, se ratatine, ce qui nuit à la présentation du produit, et ce qui est plus grave encore, le rhizome peut se ramollir et moisir. Les petites racines doivent aussi être sectionnées très près du rhizome.

Si l'arrachage se fait au mois d'août, le rhizome se pèle presque aussi bien qu'une pomme de terre nouvelle ; en septembre, le rhizome ne se pèle plus que comme une pomme de terre mûre et cet épluchage devient un travail assez long. Aussitôt pelés, les rhizomes sont jetés dans un baquet plein d'eau pour les laver : le récipient doit être en bois et non en métal, car le rhizome rougirait et serait moins marchand. Il faut ensuite sécher les rhizomes en les étendant au soleil *très ardent*, car si les rhizomes ne sont pas surpris par la chaleur, ils prennent un aspect graisseux et la dessiccation complète devient très difficile à obtenir. Si le temps est pluvieux ou incertain, il faut laisser les rhizomes dans l'eau jusqu'au moment où l'on pourra les exposer au grand soleil, mais il est nécessaire de renouveler l'eau une fois par jour au moins ; mieux vaut encore les tenir dans l'eau courante. En tous cas, on ne peut les laisser dans l'eau que pendant huit jours, pas davantage. Si le temps n'est décidément pas favorable ; il faut sécher au four de boulanger, à une température pas trop élevée, par exemple après la cuisson du pain.

Les rhizomes bien raclés et bien surpris par le soleil ou par le four sèchent ensuite assez rapidement. Au bout de huit jours de séchage au soleil, on peut les rentrer d'abord sur un plancher bien aéré, puis dans un grenier où ils attendront la vente. Bien entendu, pendant la durée du séchage, les rhizomes sortis pendant le jour doivent être rentrés chaque soir, dès que le soleil a disparu, et on les met pour la nuit dans un local sec et bien aéré. En somme, le séchage est assez délicat, mais comme on opère au mois d'août, on peut généralement compter sur la favorable collaboration du soleil.

Culture de l'Iris a parfum aux environs de Vérone.

Notre enquête sur la culture des Iris d'Italie remonte à mai 1919.

A Turin, il nous a déjà été affirmé que seul l'*Iris pallida* était communément cultivé. A Milan, nous avons vu M. Migone, parfumeur, et MM. Ingegnoli frères, marchands grainiers à Milan et à Rome. M. Migone nous a assuré qu'il n'y avait aucune différence entre les rhizomes de Florence et ceux de Vérone, et qu'au surplus, ils provenaient tous deux de la même espèce, l'*Iris pallida*. MM. Ingegnoli frères, très au courant de la question Iris à parfum, déclarent également que l'Iris communément cultivé en Italie pour le commerce des rhizomes est de l'*Iris pallida* ou une forme très voisine.

A Vérone, les renseignements nécessaires pour se rendre dans les cultures d'Iris de cette province nous ont été fournis par M. le Directeur de la chaire ambulante d'agriculture. Ces cultures, dites de Vérone, ne sont pas, comme on pourrait le croire, aux environs de la ville, mais en sont distantes d'au moins une vingtaine de kilomètres : les plus importantes sont à Illasi. Nous étions accrédités auprès des principaux cultivateurs et M. Girelli Giuseppe, instituteur, nous a servi de guide et d'interprète.

Ces cultures d'Iris sont établies sur une petite chaîne de montagnettes calcaires, riches en fossiles et couvertes d'oliviers. C'est sous ces oliviers que l'on cultive l'Iris, soit en bordure des planches, soit sur les talus qui séparent ces planches superposées et disposées en gradins ; mais on trouve également quelques parcelles de terrain occupées entièrement par l'Iris.

Les Iris étant déjà défleuris, nous n'avons pu examiner que quelques fleurs tardives ; c'est sur ces rares échantillons fleuris que nous avons noté la couleur des fleurs, la texture de la spathe, la hauteur des tiges, la couleur des feuilles (identique dans les pieds fleuris et défleuris), et de l'ensemble des caractères, il résultait nettement que cet Iris tardif est bien une forme d'*Iris pallida*.

Au surplus, nous avons recueilli 15 kilogrammes de rhizomes en un colis qui, après maintes difficultés d'expédition et de transport, est tout de même parvenu à Lyon où la plus grande partie des rhizomes était encore en bon état.

Dès l'année suivante, en mai 1920, nous avons vu fleurir ces Iris et avons dû modifier notre première impression : tous les individus rapportés de Vérone appartiennent les uns à une forme de l'*Iris pallida*, les autres à une forme se rapprochant de l'*Iris germanica* par les caractères de la fleur.

La forme du rhizome, sa taille, la couleur des feuilles, la grandeur des tiges, sont autant de caractères rapprochant cette forme de l'*Iris pallida* type, mais les spathilles semi-scarieuses, les grandes fleurs violet-foncé, en font des *Iris germanica*. (Nous continuons à parler de l'*Iris germanica* comme d'une espèce, mais nous n'ignorons pas que cette prétendue espèce n'est qu'un hybride entre l'*Iris aphylla* et une espèce indéterminée, conformément aux intéressants travaux de M. Dykes). Cette forme de Vérone est tout à fait remarquable et nous la suivons depuis trois ans avec intérêt, car elle paraît devoir être bien plus avantageuse comme culture que l'*Iris pallida* type; elle donne des touffes extraordinairement vigoureuses et un rhizome volumineux, qui doit donner un rendement d'au moins 30 à 40 p. 100 supérieur au type.

Alors qu'à Vérone, M. le Directeur de la chaire ambulante d'agriculture nous disait que ces Iris étaient de 2ᵉ qualité, parce qu'ils provenaient du *pallida* tandis que ceux de Florence provenant du *germanica* étaient de 1ᵉʳ choix, nos observations et nos essais de culture montrent que, au point de vue espèce, ce serait presque le contraire; comme nous le verrons plus loin, les Iris de Florence sont uniquement fournis par du *pallida* et ceux de Vérone sont dus à des formes de *pallida* et de *germanica*.

Nous nous en tenons sur ce point à nos observations faites sur place ou sur les Iris rapportés et cultivés par nous, car les renseignements donnés en Italie ne laissent pas d'être contradictoires, car ayant demandé depuis de nouveaux renseignements sur ces cultures d'Iris aux chaires ambulantes de Toscane et de Vérone, par l'intermédiaire de M. Valvassori, directeur de l'École d'horticulture de Florence, M. Ednaldo de Angelis, directeur de la chaire ambulante de Vérone, écrit, ce qui nous paraît exact :

« A Vérone, on cultive de préférence l'*Iris germanica*, puis par ordre d'importance l'*Iris pallida* et l'*I. florentina*; cette dernière espèce est très peu cultivée. »

Nous pensons que cet *I. germanica*, ainsi signalé, est la forme à grandes fleurs violet-foncé que nous avons décrite plus haut comme ayant des feuilles de *pallida* et des fleurs de *germanica*.

M. E. de Angelis, ajoute :

« Il est impossible de mesurer la superficie des cultures d'Iris dans la province de Vérone, cette plante étant cultivée en bordure des plates-bandes superposées sur les montagnettes couvertes d'oliviers et d'autres cultures ».

Les communes de la province de Vérone où la culture de l'Iris est la plus développée sont : Soave, Illasi, Monteforte, Ronca, Cazzano-di Tramigna et Frequaco.

Les producteurs les plus importants sont : MM. Silvio Fumagalli et Ditta Piccoli di Cellere, tous deux à Illasi (Vérone).

CULTURE DE L'IRIS A PARFUM AUX ENVIRONS DE FLORENCE.

En Toscane, cette culture se fait sur toutes les collines aux environs de Florence, et particulièrement à Bagno a Ripoli, sur les côteaux dans la vallée de l'Arno, et surtout à Pontassieve. A Florence, nous avons visité la collection d'Iris du Jardin botanique dont M. le Directeur a eu l'amabilité de nous faire accompagner dans les champs d'Iris de la région par M. Pampanini, botaniste émérite et un de ses meilleurs collaborateurs. En sa compagnie, nous sommes allés à Bagno a Ripoli et, chemin faisant, nous avons rencontré de nombreux champs d'Iris malheureusement défleuris. Les quelques fleurs tardives que nous avons pu examiner, étaient toutes de l'*Iris pallida*, et M. Pampanini qui, depuis de longues années, herborise dans cette région, n'y a jamais vu cultiver autre chose que l'*Iris pallida*.

Quelques kilos de rhizomes ont été expédiés de ces cultures à Lyon par nos soins; ces Iris ont fleuri en 1920 et nous avons pu constater qu'il s'agissait bien d'*Iris pallida*. Toutefois, quelques sujets n'ont pas encore fleuri; ils avaient été notés précisément comme possédant des fleurs plus grandes et de couleur plus foncée; nous espérons les voir fleurir cette année, mais ce n'est qu'une forme de *pallida*.

Cette culture de l'Iris dans la province de Toscane a fait l'objet de diverses notes parues dans les journaux agricoles et horticoles de Florence. La chaire ambulante d'agriculture de cette ville nous a donné les renseignements suivants :

« En Toscane, on cultive presque exclusivement l'*Iris pallida* rarement l'*Iris florentina*, à fleurs blanches, qui est moins apprécié. Il n'est pas possible de savoir combien d'hectares de terrain sont occupées par l'Iris. Les cultures sont très éparses et les champs sont plus ou moins grands.

« Très souvent, ces cultures sont faites en bordure de planches superposées sur les pentes des vallons ».

A Florence, la culture de l'Iris est faite spécialement dans les villages de : Galluzzo, Bagno a Ripoli, Reggello, Greve, Montespertoli, et dans tous les environs de Florence.

Les principaux producteurs en Toscane sont :

M. le Comte Ugo Grotztanelli, ferme di Pitiana, à Florence;

M. le Marquis Pelli Fabbroni, rue Ricasoli, à Florence;

M. le Marquis Viviani della Robba, place d'Azeglic, à Florence.

Culture de l'Iris a parfum au Maroc.

Cette culture est très limitée au Maroc; elle est localisée dans les régions du Sud; il ne s'agit pas de culture industrielle, faite en grand, mais seulement en bordures, dans les jardins.

Quelle est l'espèce cultivée? Les rhizomes que nous avons reçus du Comité marocain des Plantes médicinales nous paraissent bien être des rhizomes d'*Iris pallida*, mais nous n'avons pas encore pu avoir de rhizomes frais pour planter. Par M. Treyve, de Trévoux, attaché à l'Office agricole du Maroc et qui connaît très bien les régions d'où proviennent ces rhizomes d'Iris, nous espérons en recevoir prochainement et pouvoir résoudre cette question d'origine, car d'après Schimmel, l'Iris marocain serait l'*Iris germanica*.

Les marchands en gros de cette drogue nous affirment que l'Iris marocain posséderait une odeur violente, mal définie « animalisée » bien différente de la fine et suave odeur de violette des rhizomes d'Iris de Seyssel et d'Italie.

Culture de l'Iris a parfum dans la région Méditerranéenne.

Nous avons dit que Rolet, dans son livre : *Plantes à parfums et Plantes aromatiques*, signale cette culture dans les Bouches-du-Rhône et dans le Var.

Nous avons recueilli sur place des renseignements à Grasse et à Antibes. Aucun parfumeur de Grasse n'a connaissance de ces cultures.

M. Ferrand, Président du Sous-Comité de Grasse, se souvient de tentatives de cette culture, il y a 25 ou 30 ans, mais il n'a aucun renseignement sur leur rapport, sur l'espèce cultivée et sur le lieu exact des cultures. D'un autre renseignement, fortuitement obtenu, il résulterait qu'un Iris très pâle serait cultivé pour son rhizome à Tourette-sur-Loup par Mmes Berthe et Blacas. Un essai avait été fait près de Nice, à Saint-Laurent-du-Var, puis la plantation fut abandonnée et ces Iris vendus à M. Besson, horticulteur à Nice, qui les replanta dans le talus de la propriété du Roi des Belges à Saint-Jean-Cap-Ferrat.

Nous nous sommes procurés de ces plants d'Iris qui ont fleuri, ce qui nous permet de dire que c'était de l'*Iris germanica* qui avait été ainsi planté.

Enfin, un autre essai avait été tenté aux environs de Toulon, par un Lyonnais, M. Coutagne, avec des plants provenant de Seyssel. Cette expérience n'a pas eu de suite, la plantation faite juste avant la guerre, n'a reçu aucun soin depuis. M. Coutagne offre au Comité lyonnais de lui donner tous ses Iris, mais ces rhizomes, trop âgés, sont inutilisables au point de vue parfum; ils sont plus ou moins vides de réserves et ne contiennent à peu près plus d'essence. Ils pourraient servir à une nouvelle plantation.

Signalons, pour terminer, que nous avons établi à Fontvielle, près Arles, dans la propriété de M. Massal, sur le flanc sud du massif calcaire des Alpilles, une importante culture d'Iris qui est ainsi placée sensiblement dans les mêmes conditions de sol et de climat que les cultures de Florence, établies sur les coteaux de la vallée de l'Arno.

L'Iris cultivé à Florence étant le même que celui de Seyssel, nous avons pris dans cette région les plants nécessaires. Un premier envoi de 25.000 plants fut fait en décembre 1919, mais beaucoup furent endommagés par une invraisemblable durée de transport; la plantation en souffrit beaucoup, et à l'automne suivant, les plants étaient de petite taille. L'année suivante, en septembre, un second envoi de 25.000 pieds de même provenance arriva plus vite que le premier; la plantation fut meilleure et au printemps de 1921, les seconds avaient rattrapé les premiers. Ces deux plantations pourront être arrachées en août prochain; la récolte et la préparation devront être faites suivant la technique indiquée pour l'Iris de Seyssel, et après une année de conservation en lieu sec, les rhizomes pourront être livrés aux parfumeurs.

Production du rhizome d'Iris.

La production totale du rhizome d'Iris nous est mal connue, mais nous connaissons à peu de chose près la production annuelle de l'Italie, de la France et du Maroc.

En Italie, il se fait annuellement 1.200 à 1.500 tonnes de rhizomes secs, soit 600 à 700 tonnes en Toscane, et 600 à 800 tonnes à Vérone. D'ailleurs, la production de Vérone est en grande partie expédiée à Florence, et de là, au port de Livourne où ils sont vendus comme *Iris de Florence*. Cependant, avant guerre, une partie de la récolte de Vérone était expédiée directement à un commerçant wurtembergeois.

La production française annuelle est de 12 à 15 tonnes seulement (soit 100 fois moins que l'Italienne).

Le produit des cultures de Seyssel a été longtemps méconnu, jusqu'avant guerre; la récolte n'était guère achetée que par un herboriste lyonnais qui la payait à des prix peu élevés. Il n'en est plus de même actuellement, les cultivateurs sont groupés en un Syndicat dont le bureau s'efforce de rechercher des débouchés et de trouver de meilleurs prix.

L'année dernière, toute la récolte de la région a été ainsi vendue à un prix très rémunérateur à la Maison Chiris, de Grasse. Or, ces rhizomes de Seyssel se sont montrés très parfumés et très riches en essence.

Enfin, le Maroc exporte chaque année par les ports de Mogador et de Safi environ 6 tonnes et demie de rhizomes d'Iris.

UTILISATION.

En pharmacie : pois à cautère; bâtonnets cylindriques donnés à mâcher aux enfants à la façon des racines de guimauve, au moment de la dentition; poudres dentifrices. Cette consommation est très restreinte.

On peut y ajouter : l'emploi en liquoristerie pour parfumer le vermouth, les liqueurs ou même certains vins.

L'emploi ménager des chapelets de fragments d'Iris pour parfumer les lessives, ou de sachets de poudre placés dans les armoires pour parfumer le linge.

L'emploi fait à Saint-Claude de ce rhizome d'Iris que l'on tourne pour fabriquer des porte-cigarettes.

La véritable consommation importante est faite par la parfumerie qui en retire un parfum analogue à la violette. D'après Rolet, la seule ville de Grasse recevrait chaque année d'Italie et de France plus de 350 tonnes de rhizomes secs d'Iris. D'après les renseignements que nous avons pris sur place, en mai 1919, ce chiffre serait plus élevé et la consommation faite annuellement par les maisons de Grasse est d'environ 1.000 tonnes.

LES MONSTRUOSITÉS CHEZ LES IRIS

PAR

M. A. GUILLAUMIN

Les monstruosités sont assez fréquentes chez les Iris : un certain nombre ont été citées dans les traités classiques de Tératologie de Masters, Penzig, Worsdell et, depuis, Miss Armitage, Bliss, Lynch et Mottet en ont observé plusieurs autres dans les cultures (1).

On en trouve dans toutes les sections, sauf les *Evansia* et les *Gynandriris*, dans les espèces botaniques, aussi bien que dans les variétés horticoles : elles sont cependant plus nombreuses dans ces dernières, ce qui peut faire supposer, quoi qu'en dise Miss Armitage, que la culture et l'hybridation peuvent en être la cause.

RAMIFICATION DE L'INFLORESCENCE

L'inflorescence est normalement en épi ou en grappe. Mottet a observé en 1902, dans les cultures de la Maison Vilmorin-Andrieux et Cie, des *Iris germanica* dont l'inflorescence était ramifiée, les rameaux étant opposés ou opposés-décussés, c'est-à-dire que le plan passant par 2 rameaux opposés faisait un angle droit avec celui passant par les 2 rameaux situés immédiatement au-dessus.

VIRESCENCE ET COLORATION DES BRACTÉES

Miss Armitage a signalé la tendance des bractées scarieuses des espèces du groupe de l'*Iris pallida* à devenir partiellement vertes et elle a décrit un *Iris xiphioides* chez lequel la 1re bractée était verte et garnie d'un appendice latéral bleu foncé, les 2e et 3e entièrement bleues et veinées comme de petits sépales, la 4e membraneuse, étroite, longue et peu colorée.

(1) Une importante collection de monstruosités mises en herbier était présentée à la séance plénière de la Conférence par la Maison Vilmorin-Andrieux et Cie.

Réapparition des étamines épipétales

Les Iridacées peuvent être considérées comme des Amaryllidacées
dont le cycle interne d'étamines a disparu, car, dans des cas très nombreux, ces étamines reparaissent, au moins partiellement, sous forme
d'étamines bien constituées ou de staminodes colorés. Heinricher
a publié sur ce sujet une série de mémoires qui ne laissent aucun
doute à ce sujet pour l'*Iris pallida* et ses variétés; cette réapparition
a été également observée chez les *Iris Kæmpferi, Sieboldii* et *ochroleuca*.

Fusion de plusieurs fleurs

La fusion de plusieurs fleurs ensemble ou synanthie a été signalée
chez les *Iris versicolor* et *sambucina* par Masters. Miss Armitage l'a
décrite chez les *Iris variegata Maori King* et *pallida variabilis* où
elle était presque totale et chez l'*Iris aphylla nudicaulis* où elle était
moins complète. Mottet a décrit une fusion complète de deux fleurs
chez l'*Iris Kæmpferi* et on l'a noté, également à Verrières, chez
l'*Iris germanica*.

L'un des cas cités pour l'*Iris aphylla nudicaulis* est des plus intéressants, sinon au point de vue horticole, du moins au point de vue
purement botanique : la fleur résultant de la fusion était du type 7
(sauf absence de deux pétales) et l'ovaire au lieu de présenter 7 loges
avec une placentation centrale n'offrait qu'une seule cavité avec 7 placentas pariétaux portant des ovules bien constitués. On sait que,
dans la famille des Iridacées, il n'y a que le seul genre *Hermodactylus*, si voisin des Iris par ses caractères extérieurs qu'on l'y a souvent incorporé, qui présente cette disposition.

Prolifération

Masters avait déjà signalé la prolifération, c'est-à-dire la superpo-
sition de deux fleurs, mais sans préciser dans quelle espèce. Miss Armitage l'a de nouveau observée chez un *Iris sibirica* double et, chose
curieuse, les 3 fleurs qui surmontaient l'ovaire normal étaient elles-
mêmes partiellement doubles, comprenant 7 sépales et pétales et quelques étamines.

Multiplication des pièces des divers verticilles floraux

La multiplication des pièces d'un verticille floral ou polyphyllie
est, certainement, la monstruosité la plus fréquente. On a signalé jus-

Monstruosités des Iris.

Iris Ed. Michel, à divisions toutes réfléchies.

Iris Pallida-dalmatica, à divisions toutes barbues et réfléchies, et présentant, au centre, quelques lamelles pétaloïdes.

Iris des jardins, hampe à ramifications opposées et décussées.

qu'à 9 sépales, 6 pétales, 5 étamines dans le même verticille, sans compter la réapparition possible de celles du cycle interne, et 5 loges à l'ovaire. Dans l'ensemble, il y a tendance très marquée vers les types 4 et 5, ce dernier étant normal chez les Dicotylédones, tandis que le type 3 est de règle chez les Monocotylédones.

Ce phénomène est assez fréquent chez les *Iris Kæmpferi* mais plus rare dans les Iris des jardins.

MÉTAMORPHOSE DES PIÈCES DES DIVERS VERTICILLES FLORAUX

Iris à fleurs doubles. — La duplicature vient moins d'une multiplication des pièces du verticille que d'une transformation, d'une métamorphose de celles-ci.

Bliss a insisté sur le fait que la duplicature ordinaire (celle des Composées étant d'un tout autre ordre) est un phénomène centripète, la pétalodie intéressant les étamines et les pistils, tandis que la pélorie (celle qui consiste en la régularisation d'une fleur zygomorphe étant laissée de côté) présente une tendance centrifuge, les pétales et autres verticilles internes tendant à prendre la forme et l'aspect des sépales.

Bien que la pétalodie des étamines ait été signalée chez les *Iris Kæmpferi* et *Sieboldii* par Worsdell et chez l'*Iris Vartani alba* par Miss Armitage, et la pétalodie des styles par Celakowsky chez un Iris non précisé, c'est surtout à la sépalodie des pétales que sont dûs les Iris à fleurs doubles : c'est donc une pélorie plutôt qu'une duplicature et l'on ne peut s'empêcher de songer aux Digitales à fleur terminale pélorïée quand on voit ces hampes d'Iris terminées par ces fleurs anormales.

Chez les *Iris Kæmpferi* doubles, il y a transformation des 3 pétales en 3 sépales, portant ainsi le nombre de ceux-ci à 6, transformation des 3 étamines en 3 pièces pétaloïdes et commencement de transformation des 3 styles en 3 pièces pétaloïdes. L'*Iris Kæmpferi Erynnie* est celui qui présente ce type le plus parfaitement.

C'est une transformation analogue, mais moins complète, qui se produit chez les *Iris pallida dalmatica* et les *Iris ochroleuca* doubles.

On a vu plus haut que le phénomène se compliquait de prolifération chez les *Iris sibirica* doubles et de fusion de plusieurs fleurs ensemble chez les *Iris variegata Maori King*, *pallida variabilis* et *aphylla nudicaulis* (Armitage).

Iris à fleurs de Clématite. — Il faut rapprocher intimement des *Iris* à fleurs doubles ceux à « fleurs de Clématite » : chez ceux-ci, les pétales restent des pétales sans barbes si on a affaire à un *Pogoniris* comme les *Iris germanica*, *Edouard Michel* et *Clematis* et l'*Iris intermédiaire Dorothée*, et avec leur coloration propre, mais affectent le port des pétales : au lieu d'être dressés, ils deviennent tombants.

Ce phénomène semble, du reste, lié à une question de turgescence des tissus et telle espèce présente cet aspect, dès que l'air est sec et que la plante tend à se faner.

Réduction des pièces des divers verticilles floraux

La réduction des pièces par suppression est presque aussi fréquente que leur multiplication. Fournier l'a signalée dès 1861 et Heinricher a étudié tout spécialement le passage à la fleur du type 2 avec 2 sépales, 2 pétales, 2 étamines, 2 styles et 1 ovaire à 2 loges, chaque pièce étant normalement constituée.

Miss Armitage a également signalé un *Iris xiphioides* et un *Iris hollandais Gérard Don* complètement du type 2.

Présence de crêtes sur les pétales chez une espèce n'appartenant pas a la section Evansia

Les pétales sont dénudés ou ornés de barbes ou de crêtes suivant les sections; il est donc du plus haut intérêt au point de vue botanique de constater l'apparition de crêtes, rappelant celles des pétales des Iris de la section *Evansia*, sur l'onglet d'un pétale chez l'*Iris tauri* comme l'a fait Miss Armitage, et chez l'*Iris sibirica* qui a été observé à Verrières en 1906.

Panachure

La panachure des fleurs est assez rare chez les Iris : Mottet a cependant signalé des *Iris Kæmpferi* à fleurs mouchetées, tigrées ou chinées et Miss Armitage a décrit un *Iris florentina* blanc ayant les sépales panachés de blanc et de bleu mais les pétales unicolores, les uns blancs, l'autre bleu.

Chez les Iris des jardins, les variétés *Arlequin malinais* et *Victoire Lémon* ont leurs pétales généralement mouchetés de violet sur un fond presque blanc.

Monstruosités diverses, malformations

On a signalé, en outre, des sépales et des pétales malformés, contournés ou crispés sans doute par suite de leur position dans le bouton, des pétales bifurqués, cordés, avec un long filament inséré dans l'échancrure, des étamines transformées en longs appendices filamenteux et des ovaires surmontés d'une sorte d'étamine ou d'une pièce allongée en lanière étroite.

On a observé la soudure d'un pétale avec le pédicelle et l'ovaire dans toute sa longueur, ce qui obligeait la fleur à prendre une position à angle droit par rapport à l'axe. Enfin, on a constaté la torsion régulière de la tige et l'apparition de bulbilles axillaires chez les *Iris germanica*.

Les causes de ces diverses monstruosités restent obscures : il paraît, cependant, que beaucoup sont dues à des troubles causés par une longue culture et des croisements répétés. On a objecté que les fleurs monstrueuses se rencontraient aussi bien chez des plantes croissant côte à côte que chez des plantes élevées dans des conditions de sécheresse ou d'humidité différentes, mais il n'y a pas là un argument sérieux.

De ce que les monstruosités n'ont pas été observées dans les groupes *Juno, Oncocyclus, Regelia* et leurs hybrides il n'en ressort pas que l'hybridité ne joue aucun rôle, non pas comme croisement de facteurs mendeliens, mais comme cause de troubles nutritifs.

Quant à y voir une mutation, comme on l'a suggéré, l'explication est peut-être exacte quand il s'agit de l'*Iris plicata Mme Chéreau* à fleurs toutes déformées, mais elle n'est certainement pas vraisemblable pour tous les cas où une même plante porte des fleurs normales et des fleurs monstrueuses.

Au point de vue horticole, il est bien évident que les Iris à fleurs doubles, à fleurs de Clématite et à fleurs panachées sont les seuls qui présentent de l'intérêt.

LISTE DES ESPÈCES ET VARIÉTÉS D'IRIS OU DES MONSTRUOSITÉS
ONT ÉTÉ OBSERVÉES

Iris aphylla nudicaulis (Armitage) (1).
— *Bakeriana* (Armitage).
— *cœlestis* (Vilmorin).
— *Delavayi* (Armitage).
— *florentina alba* (Armitage).
— *foliosa* (= hexagona Lamancci) (Armitage).
— *germanica* (Mottet, Vilmorin).
— *clarissima* (Vilmorin).
— *Clematis* (Cayeux).
— *Crépuscule* (Vilmorin).
— *Dorothée* (Vilmorin).
— *Edouard Michel* (Mottet, Armitage).

(1) Les noms entre parenthèses sont ceux des observateurs.

Iris Eugène Sue (Vilmorin).
— *Monsieur Poiteau* (Vilmorin).
— *Prosper Laugier* (Vilmorin).
— *hybrida* (= amœna). *Comte de Saint Clair* (Armitage).
— *lævigata* (= Kæmpferi) (Mottet, Worsdell, Armitage).
— — *albo-purpurea* (Armitage).
— — *Erynnie* (Mottet).
— *Leichtlinii* (Armitage).
— *neglecta Harlequin* (Armitage).
— *ochroleuca* (Vilmorin).
— — *sulfurea* (Armitage).
— *pallida* (Heinricher, Armitage, Bliss).
— — *abavia* (Heinricher).
— — *dalmatica* (Mottet, Armitage).
— — *Princess Beatrice* (Armitage).
— — *Queen of May* (Armitage).
— — *variabilis* (Armitage).
— — *Willie Barr* (Armitage).
— *plicata Madame Chéreau* (Bliss).
— *reticulata* (Armitage).
— *sambucina* (Masters).
— *sibirica* (Armitage, Vilmorin).
— *Sieboldii* (Worsdell).
— *tauri* (Armitage).
— *Troost* (Cayeux).
— *unguicularis* (= stylosa) (Lynch).
— *variegata Chelles* (Armitage).
— — *Gracchus* (Armitage).
— — *Maori King* (Armitage).
— — *Rigoletto* (Armitage).
— *Vartani alba* (Armitage).
— *versicolor* (Masters).
— *xiphioides* (Armitage).
— *Xiphium* (Armitage).
— — *hybrides* (= Iris hollandais) *Gerard Don* (Armitage).

BIBLIOGRAPHIE

Fournier. — In *Bull. Soc. biol. France*, VIII, 1861, p. 152.
Masters. — *Vegetable Teratology*, 1869, *passim*.
Heinricher. — In *Iahresber. Akad. natuw. Ver. Graz*, IV, 1878, p. 1-7, 1 pl.
— In *Iahresber. Akad. naturw. Ver. Graz*, V, 1880, p. 1-10.
— *Sitzungeb. Akad. Wiss. Wien*, LXXXVI, 1883, p. 112-119.
— *Biolog. Centralbl.*, XVI, 1896, p. 13-24.
Celakowsky. — In *Œster. bot. Zeitschr.*, XLII, 1893, p. 269-272, pl. 14, *pro parte*.
Mottet. — In *Rev. Hort.*, 1895, p. 421, fig.
Armitage. — In *Gardn. Chron.*, 1916, II, p. 203.
Bliss. — In. *Gardn. Chron.*, 1917, II, p. 1.
Penzig. — *Pflanzenteratologie*, *passim*.
Worsdell. — *Principles of Plants' Teratology*, *passim*.
Lynch. — *The book of the Iris*, p. 62, Phot.

LES MALADIES DES IRIS

PAR

M. ET. FOËX

INTRODUCTION

L'auteur de ces lignes regrette amèrement d'avoir accepté de traiter un sujet pour lequel il se sent bien mal préparé.

Avec des notions aussi élémentaires que celles qu'il possède sur les Iris, comment pourrait-il mener à bien une étude qui nécessiterait une connaissance des plus approfondies de la Systématique, de l'Anatomie, de la Physiologie, de la Biologie et de la Culture de ces végétaux?

Ces derniers ne paraissent, d'ailleurs, pas avoir beaucoup retenu l'attention des Pathologistes, qui ne leur ont consacré qu'un petit nombre de travaux. A part le beau mémoire de Van Hall sur la Pourriture bactérienne des Iris, nous ne connaissons guère que de rares notes succinctes sur les maladies de ces plantes.

Et cependant combien cette étude serait attrayante, instructive et facilitée par la magnifique Monographie de M. Dykes : *The genus Iris*.

Quelle belle occasion aurait le Pathologiste d'étudier la manière de se comporter d'un parasite déterminé vis-à-vis d'un groupe dont la Systématique paraît avoir été sérieusement établie.

Le *Puccinia Iridis* qui, au dire de Grove, vit sur 35 espèces d'Iris les attaque-t-elles toutes au même degré et de la même façon? Végète-t-il aussi bien sur l'une que sur l'autre de ces sortes? Telle de ces espèces hôtes est-elle aussi propre que telle autre à la production des fructifications du *Puccinia Iridis?* Ne sait-on pas que plusieurs des sortes cultivées paraissent être moins favorables au développement des téleutospores que le sont certaines espèces spontanées?

N'est-on pas en droit de conclure de ce fait que le voisinage des dernières est dangereux pour les sortes cultivées? Pas forcément, s'il existe chez cette espèce des formes biologiques spécialisées du type de celles que l'on connaît chez d'autres Urédinées. Grove paraît supposer qu'il pourrait en être ainsi. La question ne saurait être tranchée que par des recherches analogues à celles qu'a si brillamment et si patiemment conduites le Professeur Jakob Eriksson.

Quoi qu'il en soit, le *Puccinia Iridis* se rencontre sur un grand nombre d'espèces appartenant à toutes les tribus du genre Iris.

Au contraire, plusieurs parasites sont cantonnés sur des groupes bien définis. Ainsi, au dire de Van Hall, les Iris à bulbes, par exemple, sont attaqués par des organismes qui ne se portent généralement pas sur des espèces à rhizomes, mais ont pour hôtes des plantes bulbeuses telles que les Tulipes. Dans les cultures hollandaises, l'*Iris hispanica* est la proie du *Botrytis parasitica* qui constitue les « *Bosen Stellen* » des champs de Tulipes.

Le fait que certains parasites ne sortent pas du cadre de certaines tribus du genre Iris, ne tend-il pas à prouver que ces dernières constituent bien des groupements naturels?

Il est vrai que, dans d'autres cas, les parasites ne paraissent pas tenir grand compte de ces derniers. Cavara n'a, par exemple, pas pu infecter les *Iris florentina*, *I. suaveolens*, *Iris tectorum* avec une bactérie qui détermine la pourriture de l'*Iris pallida*.

Certaines inoculations, qui paraissaient avoir réussi, ne furent pas suivies de la pénétration de la bactérie. Cependant, les *Iris pallida* et *florentina* sont sans doute pourvus de grandes affinités. Il suffit parfois de bien légères différences pour assurer ou entraver une infection.

La présence d'un parasite sur un hôte particulier est parfois déterminée par les conditions de milieu dans lesquelles vit ce dernier. Ainsi sur l'*Iris Pseudacorus*, plante qui aime les terrains humides, existe une Chytidinée, le *Cladochytrium Iridum*, qui a été décrite par De Bary. Cet organisme ne saurait se passer d'eau liquide.

Lorsqu'on examine la liste des champignons qui ont été décrits sur l'Iris, on constate que la plupart d'entre eux ont été rencontrés sur des parties mortes ou dépérissantes de la plante. On est alors amené à les considérer comme de vulgaires saprophytes. Est-on cependant en droit d'agir ainsi? Ne savons-nous pas, en effet, que des champignons ne fructifient que dans les tissus qu'ils ont tués? Or, ce n'est, généralement, que lorsque ces fructifications sont apparentes que le mycologue s'aperçoit de la présence de ces organismes qui ont peut-être été la cause de la mort des organes sur lesquels on les trouve.

Il y a, sans doute, dans l'Iris, comme dans beaucoup de végétaux, de ces parasites obscurs qui ne sont pas vraisemblablement aussi redoutables que ceux sur lesquels l'attention a été dès longtemps attirée mais qui finissent par prélever un tribut sur nos cultures.

Certains parasites échappent à l'observation parce qu'ils ne se trouvent pas placés en évidence. C'est le cas des organismes souterrains tels que le *Leptosphœria heterospora* (De Notaris. Niesse) qui a été, de loin en loin, signalé sur les rhizomes encore vivants d'*Iris germanica*, *I. pumila*, *I. arenaria*, en Autriche, en Italie et en France, (d'après Saccardo) et que le Professeur Comes mentionne dans sa *Crittogamie Agrarie*, ce qui indique qu'il le considère bien comme un parasite. On ne sait cependant rien de précis sur le rôle de ce champignon. Attaque-t-il des rhizomes sains? Ne s'implante-t-il que dans ceux de ces organes qui sont afffaiblis? Est-il cantonné dans les portions dépérissantes ou mortes, souvent présentes dans les régions superficielles de ces tiges souterraines charnues?

On voit combien sont fragmentaires et imprécises nos connaissances sur la Pathologie de l'Iris. Souhaitons que quelqu'un ait la bonne inspiration d'entreprendre une étude d'ensemble sur les maladies de ce groupe. S'il veut réussir, il devra d'abord apprendre à connaître les charmantes plantes qui constituent ce dernier. Ce ne sera qu'après les avoir suivies au cours de leur végétation annuelle, soit dans la nature, soit dans les champs horticoles ou les jardins, après s'être initié aux détails de leur culture qu'il pourra aborder dans de bonnes conditions des recherches sur leurs maladies.

Les études de ce pathologiste auront, sans doute, pour effet d'allonger la liste des parasites de l'Iris. Mais devons-nous nous en plaindre? Pour bien combattre ses ennemis, le mieux n'est-il pas de commencer à les bien connaître?

Description des principales maladies de l'Iris.

On en peut distinguer deux principales catégories :
1º La pourriture des rhizomes et bulbes.
2º Les maladies des tiges, feuilles et inflorescences.

I. — **Pourritures des rhizomes et bulbes.**

I. — Les pourritures bactériennes des Iris.

Dans plusieurs des contrées où les Iris sont cultivés (Hollande, Angleterre, Italie), ont été signalées des maladies d'origine bactérienne qui répondent toutes sensiblement au même type.

La plupart des détails qui suivent ont été empruntés au mémoire de Van Hall.

Symptômes de la maladie.

Au printemps, lorsque le rhizome entre en végétation, certaines pousses restent en retard sur les autres. Les sommets de ces organes brunissent, se dessèchent et présentent bientôt un dépérissement qui s'étend graduellement vers la base, si bien que la pousse toute entière ne tarde pas à être tuée. On conçoit que l'aspect de la plante malade varie beaucoup suivant le degré de développement qu'elles avaient acquis lorsqu'elles ont été attaquées. Généralement, la marche de la maladie est rapide. Huit jours après que le sommet foliaire a montré un signe de dépérissement, se produit la mort de la pousse tout entière.

Si l'on observe la partie souterraine de la plante, on constate que la base foliaire et la portion du rhizome âgée d'un an sont déjà pourries et transformées en une masse molle, véritable bouillie jaune ou brun clair, que Van Hall dit être inodore, alors que Cavara et Massee signalent qu'elle est pourvue d'une mauvaise odeur.

Peut-être les maladies signalées par ces deux derniers auteurs ne sont-elles pas rigoureusement identiques à celle décrite par le premier.

Pendant l'été, dans la plupart des cas, la maladie reste cantonnée dans la partie du rhizome âgée d'un an. Mais, ensuite, elle gagne parfois le reste de cet organe, lequel est transformée en une bouillie farineuse, qu'entoure, comme d'une peau lâche, la couche liégeuse saine du rhizome. A ce moment, la masse putride a une couleur blanc clair et présente une odeur de moisi.

L'agent de la maladie; son mode d'action sur la plante.

Dans les organes envahis par la pourriture, aucun champignon, mais une multitude de bactéries.

Au début de l'attaque, une seule espèce par pied, laquelle diffère suivant l'espèce d'Iris qu'on examine. Dans le même milieu, un pied d'Iris peut être attaqué par une bactérie et un autre pied par un autre.

C'est ainsi qu'aux environs d'Amsterdam, Van Hall a trouvé trois sortes de bactéries qui, toutes trois, peuvent être tenues pour responsables de la pourriture des Iris. Sa liste pourrait peut-être s'allonger dans la mesure où le champ de ses observations se serait accru. Cependant, ce n'est pas certain. Les bactéries, agents de ces pourritures molles, sont sans doute des organismes très ubiquistes, qui, à l'occasion, abandonnent la vie saprophytique qu'ils mènent dans le sol pour parasiter des plantes. C'est généralement travers des blessures qu'ils pénètrent dans les tissus, dans lesquels ils se répandent en restant d'abord strictement localisés dans les espaces intercellulaires. Ils accroissent du reste ces derniers en dissolvant la lamelle moyenne et déterminant ainsi un décollement et par suite un isolement des cellules. Une fois qu'une de ces dernières a perdu toute connexion avec ses voisines, tout échange devient impossible et la mort est inévitable. Du reste, des sécrétions toxiques de la bactérie hâtent cet événement qui, dans la plupart des cas, paraît précéder l'isolement de la cellule. En effet, lorsqu'avec Van Hall on examine les tissus qui sont à la limite de la région altérée et de celle qui est saine, on y observe des cellules qui, bien qu'encore soudées les unes aux autres, ont déjà leur protoplasme contracté. Les diverses phases de l'altération sont généralement ensuite les suivantes :

1° Décollement des cellules par dissolution du ciment de pectate de chaux. 2° Fissuration de la lame cellulosique de la paroi, phénomène qui se produit en même temps que les granulations protoplasmiques tendent à s'effacer. 3° La diminution de la turgescence des cellules. Amincie, mais présentant encore les réactions de la cellulose, la paroi cellulaire se plisse et s'affaisse sur des restes protoplasmiques, eux-mêmes condensés, autour des grains d'amidon qui n'ont pas été attaqués.

Van Hall, qui a décrit avec tant de précision la marche des phénomènes, a, par diverses méthodes (filtration à travers une bougie poreuse, précipitation par l'alcool, le chloroforme, etc.), isolé une substance renfermant la toxine de la bactérie. Il a alors pu obtenir la production d'altérations en dehors de la présence de ce dernier organisme, qui n'agit donc que par ses sécrétions.

Aussi à quelque espèce qu'appartienne l'agent de cette maladie parasitaire, il opère toujours à peu près de la même façon et, notamment, reste cantonné à l'extérieur des cellules, tout au moins tant que la désorganisation de ces dernières n'est pas trop avancée. Mais finalement, lorsque l'organe attaqué s'est transformé en une masse pâteuse, presque liquide, à aspect de bouillie, la bactérie parasite a été en grande partie supplantée par une foule d'organismes saprophytes, qui disloquent et décomposent ce qui reste à détruire.

Les phénomènes qui viennent d'être décrits sont ceux qui accompagnent les pourritures molles, dont la plus connue est sans doute celle de la Carotte, maladie fort bien étudiée par le professeur Jones.

Van Hall a constaté qu'aux environs d'Amsterdam trois bactéries sont à l'œuvre, dont la première dans la liste ci-dessous est de beaucoup la cause la plus fréquente de la maladie.

Ce sont : *Bacillus omnivorus* Van Hall.

Pseudonomas Iridis.

Pseudonomas fluorescens exiliosus.

Cavara n'a pas déterminé la bactérie qui occasionne, en Italie, une pourriture de l'*Iris pallida* Lam.

La grande autorité en matière de maladies bactériennes des végétaux, le Docteur ERWIN SMITH, suppose que le *Bacillus omnivorus* VAN
HALL ne doit pas différer du *Bacillus carotovorus* JONES.

SUSCEPTIBILITÉ DES PLANTES AUX ATTAQUES DE LA MALADIE ET CONDITIONS
DE MILIEU QUI FAVORISENT LE DÉVELOPPEMENT DE CETTE DERNIÈRE.

Il n'a pas été possible à VAN HALL d'établir avec précision une
échelle de résistance pour les diverses variétés d'*Iris germanica* et *I.
florentina*. De toutes les sortes, la plus sensible lui a paru être cependant l'*Iris florentina alba*.

En ce qui concerne la résistance individuelle, elle est également
difficile à définir. Il faut, en effet, distinguer entre celle qui est absolue,
indépendante des conditions d'âge et de milieu et celle qui varie avec
ces dernières. Jeunes, les organes sont beaucoup plus exposés aux
attaques de ces bactéries que lorsqu'ils sont parvenus à l'état adulte.
Si la base de la feuille a une susceptibilité supérieure au reste du
limbe, c'est qu'elle demeure plus longtemps à un état dit méristé-
matique, c'est-à-dire peu différencié. C'est pour des raisons du même
ordre que dans le rhizome la partie qui a moins d'un an d'exis-
tence est plus sujette à la pourriture que la portion plus âgée de cet
organe souterrain.

Certaines des conditions chimiques et physiques du sol ont une
grande action sur le développement de la maladie. Parmi ces dernières,
la teneur en eau, ou plus exactement la quantité de ce liquide qui peut
être cédée à la plante a une grande importance. La pourriture bactérienne de l'Iris est avant tout une maladie des milieux humides. Elle
est rare durant les années sèches, ou le « feu » des Narcisses et Iris
(*Heterosporium gracile*) exerce ses ravages (VAN HALL).

Les sols calcaires, alcalins, sont favorables au développement de
la maladie. Ceux arides lui sont fatales (DYKES).

TRAITEMENTS.

Assainir le sol, l'acidifier dans une certaine mesure par l'apport de
superphosphate, par exemple.

Surveiller les plantes pendant la végétation. Dès que les jaunisse-
ments ou brunissements caractéristiques se produisent sur les feuilles,
arracher les pieds atteints et les brûler.

Examiner avec soin les rhizomes avant plantation, en retrancher
tout ce qui paraît suspect. Traiter ensuite par le permanganate de
potasse en solution à 2 p. 1.000. Enfin, planter en terre neuve
(DYKES, *The genus Iris*, p. 16).

Bibliographie.

Cavara. — Bacteriosi del Giogiolo (in *Bull. soc. bot. Ital.*, 1911, p. 130).

Dykes. — *The genus Iris*, p. 16.

Van Hall. — *Bijdragen tot den Kennis der Baktericele plantenziekten*, p. 116.

— Das Fraulen der junge Schosslinge und Rhizome von *Iris florentina* und *I. germanica* usw, p. 119 (*Zeitsch. f. Planzenk.*, XIII, 1903).

Jones. — Bacillus carotovorus N; s. p. die Ursache einer weicher Faulnis der Mohré (*Centralbl f. Bakt*, 2 abt., VII bd. 1901, p. 12 et 61.)

— A soft rot of carrot and other vegetables (*13° report, Vermont Exp. Sta.*, 1901).

Jones Harding and Morse. — The bacterial soft rots of certain vegetables (*23° Annual report, Vermont Exp. Sta.*, 1910).

Massee. — *Disease of cultivated plant and trees.* London, Duckworth and C°, 1910.

Erwin Smith. — *Bacteria in relation to plant diseases*, vol. I et II.

— *An introduction to bacterial disease of plants*, p. 239, Philadelphia and London, W. B. Sander Company, 1920.

Sorauer. — *Handbuch der Pflanzenkrankheiten*, p. 52, Vierte suflage, Bd. II. Berlin, 1921.

II. — La pourriture a sclérotes des Iris. *Sclerotinia Bulborum* (Wakker) Rehm.

Le parasite qui détermine cette pourriture est celui qui est responsable de la maladie des plantes à bulbes connue sous le nom de « Morve noire des Jacinthes ».

Au début, les feuilles jaunissent, ensuite leur base pourrit. Cette décomposition se manifeste, du reste, dans toute la partie souterraine de la plante.

Les organes attaqués présentent à leur surface une véritable pourriture blanche, déterminée par l'entrelacement de filaments irréguliers.

Ces derniers pénètrent dans les tissus qu'ils décomposent rapidement par les sécrétions que le champignon émet.

Finalement, il se produit une condensation du mycélium en corps d'abord blancs et qui noircissent au fur et à mesure qu'ils durcissent. Ce sont les sclérotes ou organes de conservation du champignon, grâce auxquels ce dernier peut hiverner ou franchir sans inconvénient la période de sécheresse. Lorsque les conditions d'humidité et de température le leur permettent, ils germent en constituant, soit de simples filaments mycéliens, soit des fructifications en forme de coupe pédicellée (Pézizes) sur lesquelles prennent naissance des sacs (asques) renfermant des ascospores.

Placés dans l'eau, ces derniers germent en constituant des filaments ou des conidies.

En Hollande, Ritzema Bos a constaté que la plupart des espèces d'Iris étaient moins fortement attaquées que les Tulipes et les Jacinthes. Cependant, l'*Iris Xiphium* souffre autant de la maladie que les Tulipes elles-mêmes.

ET. FOËX

Aucun traitement direct n'est connu. Les auteurs ne préconisent contre cette maladie que les mesures que leur suggère le bon sens : arrachage, suivi d'incinération des pieds malades, alternance des cultures.

Cependant, Ferraris dit qu'on aurait obtenu de bons résultats, soit par le chaulage du sol, soit en incorporant à ce dernier du sulfate de fer ou encore du carbonileum.

Mais ce savant ne fournit aucune précision sur la façon d'appliquer ces traitements.

En ce qui concerne le chaulage, il conviendrait, sans doute, de ne pas l'exagérer, afin de ne pas exposer les plantes aux attaques des bactéries.

BIBLIOGRAPHIE.

Ferraris. — *I parassiti vegetali delle piante coltivate od utili* (Milano, 1915, p. 292).

Klebahn. — Ueber die *Botrytis* Krankh. d. Tulpen (*Zeitsch. f. Pflanzenkr.*, XVI, 1904, p. 18).

Ritzema Bos. — In phytopathologische Beobachtungen die Belgicum und Hollande (*Zeitsch. f. Pflanzenkr.*, 1904, p. 350).

Wakker (J.-H.). — Contribution à la Pathologie végétale (Ext. *Arch. Néerlandaises*, p. 13).

III. — Croutes noires du bulbe d'Iris reticulata. *Mystrosporium adustrum* Massee.

Cette maladie a été étudiée par Massee qui en fait la description suivante :

Le *Mystrosporium adustrum* attaque parfois les bulbes de l'*Iris reticulata*, sur la tunique externe desquels il forme de grandes taches croûteuses noires. Le mycelium atteint le cœur du bulbe.

C'est le groupement de filaments mycéliens serrés qui constitue les croûtes sur lesquelles se dressent des filaments rigides qui portent des spores de couleur brun foncé. Ces dernières sont ovales, obtuses aux extrémités, souvent pourvues de deux couches de cloisons disposées perpendiculairement (disposition muriforme).

Lorsque les bulbes sont peu attaqués, il suffit de les plonger pendant deux heures dans une solution d'une partie de formaline pour trois cents d'eau. On tire ainsi le champignon sans nuire aux bulbes. Cependant, il est plus sage de détruire les bulbes atteints que de courir les risques d'infecter le terrain.

BIBLIOGRAPHIE.

Massee. — *Disease of cultivated Plants and Trees*. London, 1910.

II. — Maladies des tiges, feuilles et inflorescences.

I. — ROUILLES DE L'IRIS.

A. — *Puccinia Iridis* (DC.) WALLR.

Sur les deux faces des feuilles (parfois sur l'inférieure seulement) apparaissent des pustules qui restent longtemps recouvertes par l'épiderme et prennent un aspect pulvérulent par suite de la rupture de ce dernier. Elles sont souvent petites, oblongues ou ovales allongées; ces pustules sont constituées par des urédospores. Du reste, la disposition et l'aspect de ces pustules sont très variables. Parfois ces dernières ne constituent pas de véritables taches. Mais souvent leurs spores sont disposées en couches arrondies ou allongées qui, tantôt sont uniformément colorées en jaune pâle, tantôt sont blanchâtres ou jaunâtres au centre et brun verdâtres à la périphérie.

Dans bien des localités et sur certaines sortes cultivées, on ne distingue généralement que ces pustules à urédos. Mais, en examinant avec soin vers la fin de la saison, la face inférieure de la feuille, vers la base du limbe, on arrive parfois à découvrir sur les Iris attaqués des pustules plus foncées formées de téleutospores.

Dans certains cas, urédos et téleutospores se rencontrent en même temps. Dans d'autres cas, ces dernières spores n'apparaissent qu'à la fin de l'automne et même en hiver, où on les rencontre sur des feuilles en voie de dépérissement.

Voici la liste des hôtes indiqués par Sydow dans sa *Monographia Uredinearum* :

« *Hab. in foliis vivis Iridis æquilobæ, caucasicæ, decoræ, dichotomæ, Douglasianæ, ensatæ, filifoliæ, flavescentis, flavissimæ, florentinæ, fœtidissimæ, fumosæ, fuscatæ, germanicæ, gracilis, gramineæ, Hartwegi, ibericæ, Kingii, longipetalæ, ochroleucæ, Pallasii, pallidæ, Pseudacori, pseupimulæ, pumilæ, ruthenicæ, spuriæ, tectorum, Tolmienæ, versicoloris, virginicæ, Xiphii, xiphioidis, in Germania, Austria, Hungaria, Italia, Hispania, Britania, Belgio, Suecia, Rossia, Serbia, Sibiria, Yunnan, Japonia, America bor.* ».

GROVE fait remarquer que le *Puccinia Iridis*, qui est, dit-il, connu sur 35 espèces d'Iris doit posséder plusieurs formes biologiques.

DYKE conseille de traiter avec une solution de foie de soufre (30 grammes de foie de soufre ou sulfure de potassium dans 10 à 15 litres d'eau).

Asperger le feuillage tous les trois jours.

BIBLIOGRAPHIE.

DYKES. — *The genus Iris.*
GROVE (W.-B.). — The British Rust Fungi (*Uredinater*, Cambridge, 1913).
MASSEE. — *Disease of cultivated Plants and Trees.* London, 1910.
ow. — *Monographia Uredinearum.*

B. — *Puccinia caucasica* SAVELLI MARTINO.

Le Docteur SCHELKORONINOW a récolté, dans le Caucase, des exemplaires d'*Iris flavescens*, qui portent une rouille. Les feuilles présentent sur leurs surfaces de grandes taches arrondies ou ovales, en forme de stromas, déterminées par une Urédinée que le Docteur SAVELLI MARTINI a reconnu nouvelle et nommée *Puccinia caucasica*.

II. — LES SEPTORIOSES DE L'IRIS.

Septoria Iridis MASSAL.

Plusieurs cas de parisitisme non douteux ont été observés en Italie par MONTEMARTINI d'abord, sur *Iris germanica* à « Calavena presso Trejnojo di Verne » (1913) et à Spoleto, en août 1914; par CORRADO COLIZZA ensuite dans les cultures florales du Latium et des Castelli Romani (environs d'Albano, non loin de Rome). C'est à la fort intéressante étude de cet auteur que nous empruntons ce qui suit.

CARACTÈRES EXTÉRIEURS DE LA MALADIE.

Sont attaqués : *Iris florentina* et *I. germanica*. Au début, se manifestent par de simples décolorations du limbe. La forme en général elliptique de la tache, dont le diamètre principal est parallèle à la longueur principale de la feuille, s'accuse au fur et à mesure que la dessiccation des tissus, d'abord limitée au centre de l'altération, s'étend à toute la région atteinte, moins une auréole périphérique qui reste plus claire. L'augmentation en nombre et en surface des macules est accompagnée d'une extension de la mortification sur une portion de plus en plus étendue du limbe. Ce sont, en général, les feuilles inférieures qui sont le plus gravement atteintes et ce sont elles qui se dessèchent les premières. Au centre des vieilles taches apparaissent des ponctuations noires (fructifications du parasite).

Les phénomènes de dessiccation sont généralement plus accusés en été qu'au printemps, saison où la maladie commence à évoluer.

TRANSFORMATIONS SUBIES PAR LES TISSUS SOUS L'ACTION DE LA MALADIE.

Au début, se produit une décomposition de la chlorophylle et de son support (chloroleucites). Ainsi s'explique que de verte qu'elle était, la région atteinte devienne jaune. Les cellules perdent ensuite leur turgescence et tendent à s'aplatir. A ce moment-là, les chloroleucites ont complètement disparu, tandis que le contenu cellulaire est devenu jaune. Il finira par brunir.

CARACTÈRES MICROSCOPIQUES DU CHAMPIGNON.

Des filaments gris (1 à 2 millièmes de millimètre), cloisonnés, hyalins, perforent les cellules dans lesquelles, à l'extrémité de ramifications mycéliennes, ils constituent des suçoirs sphériques. Ces filaments sont distribués dans tous les parenchymes. Ils y sont soit isolés, soit groupés en faisceaux. La région la plus envahie est généralement la partie centrale du limbe, où se présente un véritable réseau mycélien

Alors que les macules sont devenues brunes ou opaques, se constituent des fructifications (pycnides) qui s'installent généralement dans les chambres sous-stomatiques. C'est par l'ostiole de celle de ces dernières dans lequel il est logé, que le conceptacle vient s'ouvrir et déverser ses spores à l'extérieur.

Jaune clair au début, brun foncé ensuite, les pycnides ont généralement 75 à 120 millièmes de millimètre. Ce n'est que dans des milieux très humides qu'elles peuvent atteindre 250 millièmes de millimètre.

Par l'intermédiaire de très courts pédicelles (sporophores), les spores cylindriques ou fusiformes, unicellulaires ou 1 à 3 fois septées, hyalines ou verdâtres, s'insèrent sur le fond de la pycnide. Ces spores toujours très allongées, ont généralement 25 sur 3, 5 à 8, 5 millièmes de millimètre. Celles qui se constituent dans des pycnides, lesquelles se sont elles-mêmes formées en chambre humide, peuvent atteindre 75 millième de millimètre.

Ces spores, qui placés au soleil perdent très facilement leur faculté germinative, germent dans l'eau en émettant un ou deux tubes qui partent soit de leur extrémité, soit de leur flanc. Alors qu'il n'est pas situé dans les tissus de l'Iris, mais simplement plongé dans le liquide, le mycélium ainsi constitué ne tarde pas à y former des éléments de même type que ceux qui, rencontrés dans les cellules, y sont interprétés comme des suçoirs.

IDENTIFICATION DU CHAMPIGNON.

MASSOLONGO avait décrit sur l'Iris deux type de champiguons, qu'il avait rattachés à deux genres différents :

Septoria Iridis MASSALONGO ;

Stagonospora Iridis MASSALONGO.

La distinction était basée sur la dimension des conceptats, des spores, sur la consistance et la couleur de la paroi des pycnides, etc.

CORRADO COLLIZA paraît avoir prouvé que le *Stagonospora* n'est qu'une forme jeune du *Septoria* et qu'il n'y a, en somme, qu'une seule espèce qui mérite le nom de *Septoria Iridis* Massolongo.

Causes prédisposantes a la maladie.

Parmi des causes prédisposantes citons :

1° L'humidité, qu'elle soit naturelle à la station (où elle peut provenir soit d'un sol trop richement pourvu d'eau, soit d'une atmosphère à l'état hypométrique élevé), ou qu'elle résulte de la grande densité des plantations

Cette dernière a, en outre, pour effet de protéger contre les rayons solaires les spores situés sur les feuilles inférieures et de les soustraire ainsi à une cause de destruction de leur faculté germinative.

2° Certaines compositions ou constitutions du sol : terrain riche en matière organique, pauvre en potasse.

Lutte contre la maladie.

Eclaircir chaque année les plants, en éliminant les parties sèches ou malades de ces dernières.

L'expérience ayant montré que des spores renfermées dans leurs pycnides y conservent leur vitalité pendant plusieurs mois, il faudra brûler tout ce qui aura été arraché ou coupé.

Autant que faire se peut, surveiller les cultures pendant leur végétation et supprimer toutes les feuilles ou plantes dès que la maladie se manifeste.

Assainir le terrain.

Fournir aux plantes d'assez abondantes fumures aux engrais minéraux (sels de potasse, de chaux, de phosphate).

Les traitements anticryptogamiques (Bouillies cupriques ou ferriques) ne sauraient agir que préventivement.

Telles sont les mesures préconisées par le Dr Corrado Colliza de la station de Pathologie végétale de Rome.

Bibliographie.

Massalongo. — Contrib. myc. veron. p. 96, Tab. II, fig. 16, 1889 (*Bot. centralbl.*, 1890, n° 26, p. 386).

Corrado Colliza. — Sopra una Malattia poco nota del Giogiola prodotta detta *Septoria Iridis* Massal. (*Mem. dell. staz. di Patologia vegetale*, Rome. *Date Stazione sperimentale agrarie Italiana*, vol. LIII, 1920, p. 494 à 504).

D'autres espèces de *Septoria* ont été signalées sur l'Iris. Nous ne savons que peu de chose sur leur identité aussi bien que sur leur rôle.

Tel est le cas des *Septoria iridina* Sacc. et *S. murina* Thüm. trouvés sur *Iris fœtidissima*.

III. — L'hétérosporiose de l'Iris. *Heterosporium gracile* (Wallr.) Sacc.

Caractères extérieurs de la maladie.

Taches oblongues, disséminées sur le limbe, d'abord petites et livides qui, en s'accroissant, fournissent des zones alternantes de brun clair et de brun foncé. La multiplication et l'extension superficielle de ces macules peut être telle qu'elles occupent la plus grande partie des feuilles. La plante finit alors par souffrir. La maladie sévit surtout dans les milieux qui manquent de calcaire; il semble qu'elle s'accommode assez bien d'une sécheresse relative.

L'agent de la maladie.

Il s'agit d'un champignon du groupe des Hyphomycètes dont le mycélium envahit les tissus de la feuille et la dessèche. De place en place, il constitue, au-dessous de la cuticule, des masses stromatiques qui émettent des filaments fructifères (conidiophores), lesquels sont robustes, tortueux, surtout vers leur sommet où ils sont coudés; leur couleur est olive clair, et ils sont deux ou trois fois septés. A l'extrémité de ces filaments, naissent des spores qui, une fois tout à fait différenciées, sont généralement, non pas absolument cylindriques, mais le plus fréquemment épaissies à leurs deux extrémités, si bien qu'elles affectent la forme de biscuits. Elles sont deux ou trois fois septées et leur couleur est claire.

D'après Tisdale, auquel nous empruntons les renseignements suivants, à Madison (Wisconsin U. S. A.) le champignon hiverne sous la forme mycélienne dans les feuilles mortes. L'auteur a découvert, à Madison, des périthèces de *Didymella Iridis*, qui appartiennent à ce parasite; ces conceptacles se développent de bonne heure au printemps, mais ne produisent pas toujours des asques, apparemment à cause des conditions atmosphériques. Des périthèces stériles portent des conidies au sommet. Au printemps, une abondante production de conidies constitue la principale source d'infection précoce. Expérimentalement, Tisdale n'a pas pu révéler d'autre mode de pénétration par les stomates.

Hôtes.

Les seules espèces d'Iris qui ont été trouvées infectées aux environs de Madison sont les Iris à larges feuilles ou Iris d'Allemagne (*Iris germanica, I. florentina*, var. *albicans* ; *I. variegata* var. *honorabilis*).

RITZEMA BOS avait attribué une sérieuse maladie des Narcisses à ce champignon qui, d'après ELLIS, avait attaqué *Hemerocalis fulva* dans le New-Jersey. Les essais d'inoculation que TISDALE a effectués avec les spores d'*Heterosporium gracile* récoltés sur Iris lui ont permis d'infecter les Narcisses et les *Hemerocalis*.

TRAITEMENT.

TISDALE conseille d'éliminer les feuilles infectées avant apparition des feuilles nouvelles.

La maladie peut, suivant DYKES, être combattue par une solution de sulfate de cuivre ammoniacal :

Sulfate de cuivre	30 grammes.
Carbonate de soude.	30 grammes.
Ammoniaque.	1 litre.
Eau.	100 litres.

Ce traitement n'est efficace que s'il est appliqué préventivement.

BIBLIOGRAPHIE.

BAILEY (L.-H.) (ed). — *Standard Cyclopedia of horticulture*, 3, 1663-1682, New-York, London, 1915.

BERKELEY (M.-J.). — Parasite (*Helminthosporium echinulatum*) on the leaves of a carnation (*Gard. Chron.*, 1870, 382 fig., 63, 1870).

BRIOSI et CAVARA. — *Funghis parassiti delle piante coltivate od utili.*

CAVARA, FRIDIANO. — Contribuzione alla micologia lombarda (*Atti Ist. Bot. Univ. Pavia*, II, 2, 286, 1892).

COOKE (M.-G.). — *Characteristics of the genus Heterosporium* (Grevillea 5, 122, 1887).
— Iris disease (*Gard. Chron.*, III, 15, 78, 1894).
— Iris leaf blotch (*Journ. Roy. Hort. Soc.* (London), 26, 450-451, 1901).
— *Fungoid pests of cultivated plants*, p. 75, London, 1906 (Reprinted from. *Journ. Roy. Hort. Soc.* (London), v. 27, 398, 1902-1903).

DELACROIX et MAUBLANC. — *Maladies parasitaires des plantes cultivées.*

DYKES. — *The genus Iris.*

FERRARIS. — *Prassiti vegetali delle piante coltivate od utili.* Milano, 1910.

FERRARIS (TOODORO). — Hyphales. Dematiaceæ, p. 448 (*Societa Botanica Italiana. Flora italica cryptogama.* I, Fungi, fasc. 8).

GUSSOW (H.-T.). — *Leaf spot of Iris* (*Canada Expt. Farms Rpts.* 1911, 12, 208, 1912).

HOHNEL (FRANZ VON). — Mycologische Fragmente (*Ann. Mycol.*, 16, 64-66, 1918).

LINDAU (GUSTAV). — Fungi imperfecti, p. 79 (RABENHORST, L. *Kryptogamen Flora Aufl.* 2 Bd. I, Abt. 9, Lfg. 106, Leipzig, 1907).

MASSEE. — *Disease of cultivated Plants and Trees.* London, 1910.

OUDEMANS (C.-A.-J.-A.). — Catalogue raisonné des champignons des Pays-Bas, p. 513, Amsterdam, 1904 (*Verhandl. K. Akad. Westench., Amsterdam sect.*, 2, Deel. 11) Bibliographie, p. 4-6.

RAMSBOTTOM (J.-K.). — Iris leaf-blotch disease (*Heterosporium gracile* Sacc.) (*Journ. Roy. Hort. Soc.* (London), 40, 481-492, 7 pl. on 4, 1915. Bibliography, p. 492).

RITZEMA BOS (JAN). — Der Band der Narzussenblätter (*Zeitschr. Pflanzenk.*, 13, 87-92, 1903).

SACCARDO (P.-A.). — Fungi gallici. Séries III (*Michelia*, 2, 364, 1881).
SACCARDO (P.-A.). — *Sylloge Fungorum*, 4, 480, Patavii, 1886.
SCHROETER (JOSEPH). — Die Pilze Schlesiens. 2, 499 (COHN, FERDINAND, *Kryptogamen-Flora von Schlesien*, 3, Halfte 2, Lfg. 4, Breslau, 1897).
STEVENS (F.-L). — The fungi which cause plant disease, p. 611, New-York, 1913.
TISDALE (W.-B.). — Iris leaf spot caused by *Didymellina Iridis* (*Phytopathology*, vol. X, nº 3, p. 147-160, 6 fig. 2 pl. March 1923).

IV. — LES CLADOSPORIOSES DE L'IRIS.

On trouve sur les feuilles mortes d'Iris, comme sur beaucoup d'autres plantes, des « noirs » fournis par des champignons de divers groupes. *Macrosporium, Alternaria, Cladosporium.* Certains d'entre eux, cependant, peuvent devenir parasites. C'est, semble-t-il, le cas du *Cladosporium fasciculare* (PERS. FR.) qui constitue sur les feuilles des macules oblongues de couleur cendrée, sur lesquels se dressent des bouquets de filaments (conidiophores) brun-foncés qui portent des petits spores (conidies) d'une teinte plus claire.

C'est à ce champignon que SORAUER attribue le noir des oignons de Jacinthes.

Cuscute.

Le professeur MONTEMARTINI signale, dans la *Rivista di Patologia*, un cas de parasitisme du *Cuscuta europœa* sur *l'Iris germanica*.

CONCLUSIONS.

Suivant les milieux et les saisons, telle catégorie de maladie est plus à redouter que telle autre.

Les pourritures tendent à se manifester en sol humide. Celle de nature bactérienne est à craindre en terrain calcaire, celle déterminée par le *Sclerotinia bulborum* est menaçante dans les milieux qui n'ont pas de réaction alcaline.

L'emploi des superphosphates permet de lutter, dans une certaine mesure, contre la première de ces maladies, mais ces engrais ne tendent-ils pas à rendre le milieu plus favorable à la seconde, ainsi qu'au développement de l'*Heterosporium gracile*?

Il faut, avant tout, tenir compte des exigences de la plante. Tout ce qui vient troubler gravement son économie (insuffisance ou excès de certains éléments nutritifs, par exemple) n'est-il pas destiné à la rendre plus accessible aux attaques de certains parasites? Or, toutes les espèces d'Iris n'ont pas les mêmes exigences, si la plupart sont calcicoles, certaines ne le sont que peu ou pas *I. Xiphium, I. Kœmpferi, I. Pseudacorus* par exemple.

En ce qui concerne les exigences en eau, quelles différences entre l'*Iris Pseudacorus* et l'*I. pumila*, par exemple?

Relativement à la température, les différences ne sont pas moindres entre les espèces indigènes et certaines sortes exotiques des pays chauds.

Le pathologiste doit tenir compte de tous ces faits. Lorsqu'il préconise des traitements, il ne doit, non plus, pas oublier qu'il opère sur des plantes d'ornement, qu'on ne peut, sauf des cas particuliers, couvrir d'une couche continue de bouillie salissante ou maculer de fungicide.

Enfin, il doit envisager des possibilités économiques. Certains traitements sont trop onéreux pour être conseillés ou ne sont pas applicables faute de main-d'œuvre, etc. Il est des méthodes qui sont utilisables dans certains milieux par certaines personnes et non par d'autres.

Somme toute, le pathologiste ne pourra faire œuvre utile que s'il se documente constamment auprès des cultivateurs d'Iris et s'il travaille en étroite collaboration avec eux.

Nous nous excusons de n'apporter ici qu'un programme de recherches ou plus exactement des conseils destinés à celui de nos confrères qui aura la bonne inspiration de se livrer à une étude dont l'utilité et l'intérêt ne nous paraissent pas douteux.

En terminant, nous tenons à remercier d'une manière toute particulière M. Mottet, pour l'amabilité avec laquelle il a bien voulu nous prêter le précieux secours de sa science, de sa grande expérience et de sa profonde connaissance des Iris.

QUELQUES INSECTES NUISIBLES AUX IRIS

PAR

M. P. LESNE

L'Iris des marais (*Iris Pseudacorus* L.) et, à un moindre degré, quelques autres de nos espèces indigènes du même genre, hébergent fréquemment certains insectes qui se nourrissent de leurs tissus et dont les principaux sont énumérés ci-après. Les Iris cultivés dans nos jardins échappent le plus souvent aux attaques de ces ennemis; mais les exemples abondent d'Insectes vivant aux dépens de plantes indigènes qui sont susceptibles de devenir un fléau dans les cultures en se jetant, à l'occasion, sur les plantes congénères importées. C'est pourquoi il n'est pas sans intérêt de jeter ici un rapide coup d'œil sur ces ennemis éventuels des Iris cultivés.

Nous citerons d'abord les chenilles de trois Noctuelles, qui broutent les feuilles des Iris en même temps que celles de diverses autres plantes de marais appartenant principalement aux familles des Graminées et des Cypéracées. Ce sont les *Arsilonche venosa* Bork., *Hadena secalis* L. et *Polia vetusta* Hübn.

La chenille de la première espèce se rencontre en juin, puis en août-septembre. Le papillon vole d'abord en avril-mai et lors d'une seconde génération, en juillet.

L'*Hadena secalis* L. s'observe depuis le mois de mai jusqu'en août. Sa chenille, après avoir hiverné, atteint son complet développement au printemps et s'installe alors dans le sol pour se transformer.

Le *Polia vetusta* Hübn., espèce de plus grande taille que les précédentes, se rencontre depuis le mois d'août jusqu'en mars de l'année suivante. On trouve la chenille de mai à juillet, époque où elle se rend en terre pour se métamorphoser.

Une larve moins polyphage que les chenilles précédentes est celle d'une Tenthrède, le *Rhadinocera micans* Kl. (*Monophadnus iridis* Kalt.) qui, en juillet, ronge les feuilles en les entamant sur les bords. Elle vit généralement en société et attaque non seulement les Iris indigènes mais aussi beaucoup d'espèces cultivées. Cette larve, qui mesure de 20 à 25 millimètres de longueur, est d'un jaune verdâtre rembruni sur le dos et est ornée de rangées transverses de petites verrues épineuses blanches; la tête est noire et les pattes thoraciques brunes. Elle se rend dans le sol pour hiverner et pour subir la nymphose. L'adulte apparait au printemps, fin avril et commencement de mai.

La minuscule larve d'un Muscide, l'*Agromyza atra* Meig, creuse, dans l'épaisseur du parenchyme des feuilles, une mine qui suit toujours la nervure médiane. On observe de ces mines à deux reprises dans l'année, d'abord en juin-juillet, puis, lors d'une seconde génération, en septembre-octobre. La pupaison dure environ 3 semaines pour la génération d'été, tandis que les pupes d'automne hivernent.

Un autre Diptère ennemi des feuilles est un Némocère, également de petite taille, le *Cecidomyia iridis* Kalt., dont les larves orangées se tiennent en petites sociétés, en juin-juillet, dans la gaine des feuilles de l'*Iris Pseudacorus*. Elles érodent l'épiderme et déterminent par leurs succions, l'apparition de taches jaunes ou brunes.

Enfin, un autre rongeur des feuilles est une Altise, l'*Aphthona non-striata* Gœze, qui, à l'état adulte, en broute le parenchyme, tandis que la larve, comme on le verra plus loin, se développe dans les parties souterraines de la plante.

La tige des Iris donne asile à plusieurs chenilles qui vivent à son intérieur. Trois d'entre elles, qui sont très polyphages, appartiennent au groupe des Noctuelles. Ce sont :

1º L'*Hadena ophiogramma*, espèce dont le papillon vole en mai et dont la chenille creuse la tige des Iris et des Graminées palustres depuis le mois de juillet jusqu'en mars.

2º L'*Hadena leucostigma* Hübn. qui, à l'état parfait, se montre depuis juin jusqu'en août et dont la chenille vit au printemps et dans la première partie de l'été, à la fois dans les tiges et dans les rhizomes des Iris.

3º Le *Gortyna ochracea* Hübn., dont l'adulte vole d'août en octobre. La chenille, encore plus polyphage que les précédentes, creuse les tiges florifères de l'*Iris Pseudacorus* et celles d'autres plantes aussi différentes que les Sénecons, les Chardons, le Sureau, les Scrofulaires, etc.

Une autre chenille, celle-ci de petite taille, vit aussi dans la partie inférieure des tiges et dans les feuilles de l'*Iris Pseudacorus* et de diverses autres plantes palustres (*Sparganium*, *Scirpus*, *Poa*, etc.) où on la trouve en société. C'est celle d'un Microlépidoptère du groupe des Teignes, l'*Orthotœlia sparganella* Thunb., dont l'adulte vole dans la seconde moitié de juillet.

Dans les rhizomes de l'*Iris Pseudacorus*, y creusant des galeries irrégulières, se tiennent les larves de petite taille d'une Altise, l'*Aphthona non-striata* Gœze dont il a été question plus haut. Elles quittent la plante au moment de la métamorphose pour se rendre dans le sol. On trouve l'adulte à deux reprises, au printemps et en automne. C'est lui qui pratique sur les feuilles des Iris ces mangeures caractéristiques en forme de traits longitudinaux.

Les inflorescences sont habitées par la chenille d'un Microlépidoptère de la famille des Tortricides, le *Tortrix costana* F. qui, en mai et juin, vit dans les boutons à fleurs, puis dans les capsules tendres. Elle subit la métamorphose entre les feuilles et donne le papillon au bout de trois semaines, en fin juin et en juillet. Le *Tortrix costana* attaque, outre l'*Iris Pseudacorus*, d'autres plantes palustres telles que les *Symphytum*, *Epilobium*, *Scirpus*, etc.

L'une des rares formes et peut-être la seule qui semble être exclusivement inféodée aux Iris, est un petit Charançon noir, le plus souvent marqué d'une tache blanche au niveau de l'écusson, le *Mononychus pseudacori* F. Ses larves apodes, blanches à tête brune, se nourrissent des graines, dont deux ou trois sont nécessaires à leur complet développement. Chaque capsule peut recéler de une à trois de ces larves. Sous l'influence de leurs attaques, les capsules se déforment souvent, en se gonflant et en se recourbant. La métamorphose a lieu sur place et, à la fin de l'été ou en automne, l'adulte s'échappe des fruits où il s'est développé pour aller hiverner sur les plantes voisines. On le retrouve, au printemps suivant, en pleine activité sur sa plante nourricière, ponctionnant les jeunes capsules à l'aide de son rostre pour se nourrir de leurs tissus, s'accouplant et pondant.

D'une façon générale, les insectes qui précèdent peuvent, au cas où ils se montreraient nuisibles dans les jardins, être atteints par les pulvérisations arsenicales habituelles, notamment celles à base d'arséniate de plomb, que l'on trouve dans le commerce toutes préparées sous forme de poudres. Le point important est d'opérer en temps voulu, au début de l'apparition des larves ou des adultes qu'il s'agit de détruire, dans tous les cas lorsqu'ils vivent à découvert à la surface de la plante.

TABLE SUCCINCTE DES SECTIONS, DES ESPÈCES ET DES PRINCIPALES VARIÉTÉS OU HYBRIDES D'IRIS

alata, 161.
Amas, 64, 65, 101, 131.
Amasia, 97.
acoroides, 127.
albicans, 81, 112.
albo-purpurea, 72, 122.
amœna, 70, 81, 85.
Amœna (section), 104, 109.
Angleterre (d'), 146.
aphylla, 70, 110, 198.
Apogon (section), 68, 71, 121, 152.
asiatica, 97.
atropurpurea, 111.
australis, 110.
Armes de France, 172.
aurea, 122.

Dakeriana, 73, 161.
balkana, 120.
barnumæ, 131.
belgica, 44, 56.
biflora, 119.
Boissieri, 72.
bosniaca, 120.
bucharica, 73, 139.
Buriensis, 54, 55, 105.

Ciengialti, 69.
chamæiris, 71, 73, 119.
chrysographes, 71.
Clarkei, 71.
Clématite (à fleur de), 199.
cretensis, 129.
cypriana, 64, 65, 85, 101, 110, 111.

Danfordiæ, 167.
Delavayi, 122.
Douglasiana, 71.

ensata, 122.
Espagne (d'), 141, 144.
Evansia (section), 44, 73.
Ewbankiana, 130.

filifolia, 72, 137.
fimbriata, 44, 45.
flavescens, 106.
Flavescens (section), 76, 81, 104, 106.
florentina, 50, 51, 103, 110, 112, 172, 176, 185, 192.

fœtidissima, 44, 122.
foliosa, 72.
Forrestii, 71, 123.
fulva, 72, 123, 162.
fulvala, 72.
fleurs doubles, 124, 127, 199.

Gatesii, 131, 134.
germanica, 50, 70, 79, 84, 108, 176, 186, 192.
Germanica (section), 103, 110.
graminea, 123.
Gynandriris, 48.

Hermodactylus, 46, 49, 198.
hexagona, 72, 123.
Histrio, 161.
Hoogiana, 132, 135.
Hollande (do), 141, 148.
hungarica, 57.

iberica, 131, 134.
imbricata, 71, 106.
Intermédiaires, 118.
interregna, 119.

japonica, 45, 167.
juncea, 72.
Juno (section), 45, 49, 73, 138, 142.

Kæmpferi, 42, 72, 124, 162, 172, 199.
kasmiriana, 65, 112.
Kochii, 110, 111.
Korolkowi, 132, 134.

Leichtlini, 132.
lævigata, 42, 72, 124.
leucographa, 70.
longipetala, 125.
Lortetii, 131.
lupina, 131.
lusitanica, 136, 144.
lutescens, 71, 119.
lurida, 106, 112.
Lurida (section), 104, 106.

macrantha, 97, 101.
Macrantha (section), 77, 98, 103, 111.
mandschurica, 125.
Manissadjiani, 131.
mesopotamica, 70, 86, 101, 111.

missouriensis, 125, 180.
Monaurea, 125.
Monnieri, 72, 125.
Monspur, 125.
Moræa, 49.

neglecta, 76, 78, 81, 85, 108.
Neglecta (section), 104, 108.
nepalensis, 111.
Notha, 128.

ochroleuca, 72, 126.
ochraurea, 126.
olbiensis, 119.
Oncocyclus (section), 49, 69, 130, 142, 153.
orchioides, 73.
orientalis, 71, 126.

pallida, 51, 70, 76, 85, 96, 97, 100, 112, 176,
    186, 192.
Pallida (section), 103, 112.
paradoxa, 141.
persica, 138, 168
plicata, 75, 77, 80, 85, 114.
Plicata (section), 103, 112, 114.
Pogo-cyclus, 132, 143.
Pogoniris, 49, 68, 69, 100, 150.
Pseudacorus, 45, 52, 127, 219, 220.
pumila, 51, 70, 119.
pumila (race), 119.

Redouteana, 106.
Regelia (section), 69, 132, 143, 153.
Reichenbachii, 120.
reticulata, 73, 167.
Ricardi, 64, 70, 101, 112.
Regelio-cyclus, 133, 135, 143, 153.
Rosenbachiana, 73, 142.

sambucina, 55, 70, 112.

Sambucina (section), 103, 107.
Sari, 131.
serbica, 120.
scorpioides, 167.
sibirica, 51, 71, 127.
sindjarensis, 73.
sofarana, 130.
spuria, 68 72, 128.
squalens, 55, 70, 76, 81, 85, 112.
Squalens (section), 104, 107.
stenophylla, 140, 167.
stolonifera, 132.
stylosa, 127, 161.
susiana, 45, 130, 134.
Swertii, 55.

tectorum, 69.
tenax, 71.
lingitana, 72, 137.
troyana, 64, 70, 81, 86, 101, 110.
Tubergeniana, 138.

unguicularis, 128.
urmiensis, 130.

variegata, 55, 70, 100, 104, 112.
Variegata (section), 76, 85, 104.
Vartani, 61, 199.
versicolor, 71, 129, 180.
versicolor vetus, 55.
virginica, 129, 180.

warleyensis, 73.
Willmottiana, 138.
Wilsonii, 71.

Xiphion (section), 49, 136, 154.
xiphioides, 45, 146, 197.
Xiphium, 45, 68, 136, 141, 144.
    — præcox, 137.

TABLE DES MATIÈRES

Introduction 1

Actes et Comptes rendus 5

   Résumé des travaux de la Conférence des Iris 5
   Liste des souscripteurs 8
   Présentations faites à la Conférence des Iris 10
   Avis concernant les nouveautés 12
   Visites aux cultures d'Iris de MM. Cayeux et Le Clerc 13
   Excursion à l'établissement de MM. Vilmorin-Andrieux et Cie 16
   La collection d'aquarelles d'Iris de Mme Ph. de Vilmorin 18
   Choix des meilleures variétés d'Iris des jardins 29
   Liste des variétés nouvelles ou peu répandues et insuffisamment connues . . . 33
   Iris des jardins les plus appréciés en Amérique 37
   Calendrier de la floraison des Iris sous le climat parisien 38

Mémoires 39

   Listes des auteurs 39
   Introduction à l'étude des Iris 41
   Les caractères botaniques du genre Iris 47
   Les Iris chez les anciens 50
   Histoire et développement des Iris des jardins 52
   L'hybridation chez les Iris 68
   Some results in hybridization of bearded Iris 74
      Résumé en français 82
   The range and distribution of color in Pogoniris 84
      Résumé en français 91
   How I obtained vigour and branching habit un Iris raising 96
      Résumé en français 99
   Classification des variétés d'Iris des jardins 100
   Historique de l'introduction, de l'hybridation et des variétés d'Iris du groupe Apogon. 121
   Espèces, variétés et hybrides d'Iris des groupes Oncocyclus, Regelia, Regelio-cyclus, Xiphion et Juno 130
   Les Iris des groupes Oncocyclus, Pogo-cyclus, Regelia, Regelio-cyclus, Iris d'Espagne, Iris de Hollande 141
   Les races horticoles des Iris bulbeux 144
   Culture et multiplication des Iris des sections Pogoniris, Apogon, Oncocyclus, Regelia, Regelio-cyclus, Xiphion et Juno 150
   Emploi des Iris dans l'ornementation des jardins, des serres froides et pour la production des fleurs à couper 156
   Les Iris dans les jardins et dans les arts décoratifs 169
   The use of Iris in medecine and perfumery 175
      Résumé en français 184
   Culture de l'Iris à parfum 185
   Les monstruosités chez les Iris 197
   Les maladies des Iris 203
   Quelques insectes nuisibles aux Iris 219
   Table succincte des sections, des espèces et des principales variétés ou hybrides d'Iris 222

Coulommiers. — Imp. Ernest Dessaint. — 9-23.